Pro/Engineer Wildfire 5.0

基础设计与实践

丁淑辉　编著

U0288461

清华大学出版社

北京

内 容 简 介

本书采用 Pro/Engineer Wildfire 5.0 作为软件基础,系统概述了使用 Pro/Engineer 软件进行产品设计的基本内容。全书共分 10 章,详细介绍了草图设计、零件设计、曲面设计、模型外观显示与渲染、装配设计、工程图制作等软件基本功能,重点介绍了软件的使用技巧及使用过程中应该注意的问题。本书不但有建模过程的详细介绍,还有建模原理的理论分析,可以使读者在理解模型建立原理、理顺建模思路的基础上,轻松、牢固地掌握模型的建立方法。

本书既适用于初学者快速入门,也适于老用户学习新版软件、巩固提高之用,可作为高等院校和职业院校学生以及机械等工程专业人员的学习和参考书籍。通过本书的学习,读者可以系统掌握使用 Pro/Engineer 进行产品模型设计的基本方法,能够轻松完成机械工程中常用产品与装备的计算机辅助设计。同时本书配有随书光盘,方便读者使用。

图书在版编目(CIP)数据

Pro/Engineer Wildfire 5.0 基础设计与实践/丁淑辉编著. ---北京:清华大学出版社,2010.10(2016.1重印)

ISBN 978-7-302-23558-3

Ⅰ. ①P…　Ⅱ. ①丁…　Ⅲ. ①工业产品－计算机辅助设计－应用软件,Pro/Engineer Wildfire 5.0　Ⅳ. ①TB472-39

中国版本图书馆 CIP 数据核字(2010)第 158064 号

责任编辑:庄红权
责任校对:刘玉霞
责任印制:何　芊

出版发行:清华大学出版社
   网 址:http://www.tup.com.cn,http://www.wqbook.com
   地 址:北京清华大学学研大厦 A 座   邮 编:100084
   社 总 机:010-62770175   邮 购:010-62786544
   投稿与读者服务:010-62776969,c-service@tup.tsinghua.edu.cn
   质 量 反 馈:010-62772015,zhiliang@tup.tsinghua.edu.cn
印 刷 者:北京季蜂印刷有限公司
装 订 者:三河市金元印装有限公司
经 销:全国新华书店
开 本:185mm×260mm   印 张:23.75   字 数:544 千字
   (附光盘 1 张)
版 次:2010 年 10 月第 1 版   印 次:2016 年 1 月第 7 次印刷
印 数:13001~15000
定 价:45.00 元

产品编号:034916-02

前 言 P

Pro/Engineer Wildfire 5.0 基础设计与实践

Pro/Engineer 是当今机械工程领域流行的高端三维设计软件,广泛应用于机械、工业设计等相关行业。近年来随着三维计算机辅助设计技术的应用和普及,Pro/Engineer 也逐渐成为国内外大专院校、职业院校工科学生必修的软件之一。

本书以 Pro/Engineer Wildfire 5.0 为软件基础,介绍了进行三维设计所需的基本功能。全书共 10 章,详细讲述了草图设计、零件设计、曲面设计、装配设计、工程图制作等常用内容,重点介绍了软件的使用技巧及使用过程中应该注意的问题。本书不但有建模过程的详细介绍,还有建模原理的理论分析,可以使读者在理解模型建立原理、理顺建模思路的基础上,轻松、牢固地掌握建模方法。

本书具有鲜明的思路:首先以机械零件的建立为例提出问题,然后结合建模理论分析问题,再通过建模过程的详细介绍来解决问题,最后以机械零件为作业巩固加深对于问题的理解。整本书的写作过程符合读者思考思路,可以引导读者轻松掌握 Pro/Engineer 软件,并尽快融入工程实际产品设计中去。

本书是一本以实践为主、理论结合实际的实用性书籍,既适用于初学者入门,也适用于有一定基础的读者提高之用。掌握本书内容后,即可借助 Pro/Engineer 软件轻松建立产品或装备三维模型,并快速生成二维图纸。

本书配有随书光盘,内容包括书中所用实例和习题答案,读者可将其复制到计算机硬盘中,然后在 Pro/Engineer 软件中直接打开。另外,作者还制作了与本书配套的电子教案,如需要可向作者邮件索取。

本书由丁淑辉编著,刘凤景、李东民、孙雪颜、丁宁、杜军、魏群等参加了本书的编写工作。

本书虽几易其稿,但因作者水平有限,加之时间仓促,难免有疏漏之处。诚望广大读者和同仁不吝赐教!作者联系方式:shuhui.ding@163.com。

丁淑辉

2010 年 8 月

目 录 Pro/Engineer Wildfire 5.0 基础设计与实践

第 1 章　Pro/Engineer Wildfire 5.0 概述及基础知识

本章概述 Pro/Engineer 软件,主要内容包括 Pro/Engineer 的发展历史、主要功能简介、使用 Pro/Engineer 前应做的准备工作、Pro/Engineer 主要菜单简介、Pro/Engineer 中模型的基本操作方法及鼠标的使用等。

1.1　Pro/Engineer 软件概述

1.1.1　Pro/Engineer 的起源与特性

Pro/Engineer 是美国参数技术公司(Parametric Technology Corporation,PTC)开发的机械产品设计软件。PTC 成立于 1985 年,1988 年发布 Pro/Engineer 1.0,这是市场上第一个参数化、全相关、基于特征的实体建模软件,从此三维设计软件进入参数化时代。Pro/Engineer 凭借其领先的技术优势在后来的十几年内迅速发展成为流行的产品三维设计领域高端软件,其 Pro/Engineer 在产品设计软件销售市场上一直处于前列。

Pro/Engineer 由于问世较晚,因此有条件采用 CAD 方面的一些先进理论和技术,其起点较高。主要特点如下。

1. Pro/Engineer 首次采用了基于特征的参数化建模技术

Pro/Engineer 中模型的建立是以"特征"为基本组成单位的,每个特征的基本结构一定,有许多参数控制着特征的具体形状和大小,模型的建立实际上就是指定一个个特征参数的过程,因而这个过程也称为"参数化"建模的过程。如图 1.1.1 所示法兰盘中,参数 h 是其高度的控制参数,确定 h 值的过程便是参数化建模过程的一部分。

图 1.1.1　参数化建模示意图

2. Pro/Engineer 首次提出了单一数据库、全相关等概念

在 Pro/Engineer 中,无论是工程图(参见第 10 章)还是装配模型(参见第 9 章),其基本数据都源自一开始建立的零件模型,即装配模型和工程图中所使用的都是零件模型中的数据。因此,如果零件模型中的数据发生变动,装配模型或三视图在重新生成的时候就会调用新的零件模型数据,保证了模型的正确性。由此可见,零件模型、工程图、装配模型是"全相关"的。由于 Pro/Engineer 这种独特的数据结构,使产品开发过程中任何阶段的更改都会自动应用到其他设计阶段,保证了数据的正确性和完整性。

3. Pro/Engineer 软件的硬件独立性

Pro/Engineer 开发初期就建立在工作站上,使系统独立于硬件,它能够有效管理和统一各种环境上的差异,可以方便地让信息在不同的机器之间相互转换。Pro/Engineer 可以在包括 DEC、HP、IBM、SUN 和 SGI 等几十种不同的工作站,以及差不多所有微机等硬件系统上,在 UNIX、Windows 等多种操作系统软件平台上执行,并在每个系统维持相同的界面。

当然,当今多数建模软件都已经具有参数化建模、单一数据库、硬件独立性等特点,但 Pro/Engineer 无疑开创了这些特性的先河。

1.1.2　Pro/Engineer 主要功能模块简介

Pro/Engineer 提出的单一数据库、全相关、基于特征的参数化设计等概念改变了传统 CAD 设计的线框建模方法、改变了工程师产品设计时的思维方式,这些全新的概念已经成为了当今机械 CAD 领域的新标准。也正是因为单一数据库、全相关这些概念,方便了用户使用 Pro/Engineer 生成不同格式的文件,完成概念设计与渲染、零件设计、虚拟装配、功能模拟、生产制造等整个产品生产过程。根据功能的不同,Pro/Engineer 目前共有20 多个大的模块,用户根据需要可以自行选择模块配置。针对产品设计的不同阶段,Pro/Engineer 将产品设计分为概念与工业设计、机械设计、功能模拟、生产制造等几个大的方面,分别提供了完整的产品设计解决方案。

(1) 概念与工业设计方面　Pro/Engineer 可帮助客户通过草图、建模以及着色来轻松快速地建立产品概念模型,其他部门在其流程中运用已认可的概念模型,尽早进行装配研究、设计及制造。其主要模块有 Pro/3Dpaint(在画板和三维模型上绘制方案)、Pro/Animate(快速动画模拟)、Pro/Designer(快速模型概念设计)、Pro/Networkanimator(网络动画渲染)、Pro/Perspectasketch(草图照片快速生成三维模型)、Pro/Photorender(创建逼真图像)等。

(2) 机械设计方面　工程人员可运用 Pro/Engineer 准确地建立与管理各种产品的设计与装配方案,获得诸如加工、材料成本等详尽模型信息;设计人员可轻松地探讨数种替换方案,可以使用原有的资料,以加速新产品的开发。其主要模块有 Pro/Engineer(全参数化实体建模核心,本书将重点介绍)、Pro/Assembly(构造管理大型复杂装配模型)、Pro/Composite(复合材料平板设计)、Pro/Dieface(冲压零件设计)、Pro/Ecad(计算机辅助电子设计)、Pro/Feature(高级特征创建工具)、Pro/Netbook(开发过程管理)、Pro/Piping(参数化配管设计)、Pro/Scantools(仿制及逆向工程设计)、Pro/Surface(高级曲面造型开发)、Pro/Welding(焊接装配体参数化设计工具)等。

(3) 功能模拟方面　可以使工程人员评估、了解并尽早改善他们设计的功能表现,以缩短推出市场的时间并减少开发费用。与其他 Pro/Engineer 解决方案配合,以使外形、配合性以及功能等从一开始就能正确地发展。其主要模块有 Pro/Fempost(有限元分析）、Pro/Mechanicacustomloads（载荷处理）、Pro/Mechanicamotion（装配体运动分析）、Pro/Mechanicastructure（灵敏度优化分析）、Pro/Mechanicathermal（热分析）、Pro/Mechanicatiremodel（驾驶路面响应分析）、Pro/Mechanicavibration（振动模态分析）、Pro/Mechanicamesh（有限元网格划分）等。

（4）生产制造方面　运用 Pro/Engineer 能够准确制造所设计的产品，并说明其生产与装配流程。直接加工实体模型，增加了准确性而减少了重复工作，并直接集成了 NC（数控）程序编制、加工设计、流程计划、验证、检查与设计模型。其主要模块有 Pro/Casting（铸造模具优化设计）、Pro/Mfg（数控加工模块）、Pro/Moldesign（注塑模具设计）、Pro/Nc-check（操作的仿真）、Pro/Ncpost（任意型号的 CNC（计算机数控）设备的 NC 后处理）、Pro/Sheetmetal（钣金工具）等。

1.1.3　Pro/Engineer 软件包概述

从功能上来说，Pro/Engineer 软件横跨工业设计、实体建模、加工制造、仿真、渲染等多个领域，包含的功能模块较多。在销售和使用过程中，PTC 将 Pro/Engineer 按其包含功能模块的不同分为 5 个软件包，供不同规模和应用层次的用户选择。分别为：Pro/Engineer Foundation XE、Pro/Engineer Advanced SE、Pro/Engineer Advanced XE、Pro/Engineer Enterprise SE、Pro/Engineer Enterprise XE，其中 XE 为 eXtended Edition 的缩写，表示扩展版本；SE 为 standard Edition 的缩写，表示标准版本。

1. Pro/Engineer Foundation XE 软件包

Pro/Engineer Foundation eXtended Edition（基本扩展版本）是实体建模必不可少的 3D CAD 软件包，包含了实体建模所必须的功能。本软件包是三维设计领域唯一的一个可以伸缩的产品开发核心平台，用户可以在这个软件包基础之上扩展 PTC 的其他功能模块。

Pro/Engineer Foundation XE 包含的主要功能有：实体建模、创建 2D 和 3D 工程图、专业曲面设计、扭曲技术、钣金件建模、焊接建模和文档、组件建模、AutobuildZ（用于将 2D 工程图转化为 3D 模型）、分析特征、数据互操作性、修复导入的数据、ModelCHECK、机构设计、设计动画、实时高级渲染、Web 功能、零件与工具库等。

2. Pro/Engineer Advanced SE 软件包

Pro/Engineer Advanced Standard Edition（高级标准版本）软件包在 Pro/Engineer Foundation XE 基础上增加了产品数据管理的功能，可轻松管理在设计过程中产生的数据和文档，从而可以加快产品开发过程。

Pro/Engineer Advanced SE 中包含的主要功能除了 Pro/Engineer Foundation XE 中提供的所有功能外，还有 Windchill PDMLink、IBM On Demand 托管等数据管理功能。

3. Pro/Engineer Advanced XE 软件包

在 Pro/Engineer Advanced SE 软件包实体建模和管理数据的基础上，Pro/Engineer

Advanced eXtended Edition(高级扩展版本)软件包提供了一种高性能附加模块供用户使用。

在数据管理方面,本软件包提供了 Windchill PDMLink 和 Pro/INTRALINK 供用户选择一种;另外,PTC 还提供了以下 5 种高性能设计模块供用户任选其一:Pro/Engineer 高级装配、Pro/Engineer 行为建模、Pro/Engineer 交互式曲面设计、Pro/Engineer 机构动力学、Pro/Engineer 管道设计和电缆敷设。

4. Pro/Engineer Enterprise SE 软件包

Pro/Engineer Enterprise Standard Edition(企业标准版本)在提供 Pro/Engineer Advanced SE 所包含的 3D CAD 模型设计、数据管理、高性能附加模块的基础上,还提供了基于 Web 的协同和项目管理功能。本软件包为产品开发全过程提供了完整的解决方案,使开发团队能够协同工作、有效地共享信息、推进设计重用,并充分利用可确保设计完整性和可追溯性的自动化变更流程。

本软件包提供了 Pro/Engineer Advanced XE 所包含的所有功能,包括实体建模、数据管理、所有 5 个高性能功能模块;还提供了 WindChill ProjectLink 模块,用于完成基于Web 的协同和项目管理功能。

5. Pro/Engineer Enterprise XE 软件包

Pro/Engineer Enterprise eXtended Edition(企业扩展版本)在包含 Pro/Engineer Enterprise SE 所有功能的基础上,增加了用于工程过程标准化和优化的多个工具。本软件包不但提供了完善的产品开发解决方案,还可标准化并优化产品开发过程。

在提供 Pro/Engineer Enterprise SE 所有建模、数据管理、高性能模块、协同和项目管理功能的基础上,Pro/Engineer Enterprise XE 还提供了 Arbortext Editor(XML 文本创作工具)、Mathcad(工程计算工具)、Pro/Engineer Mechanica(分析与优化工具)等工具用于使工程过程标准化和优化。

Pro/Engineer 软件包的分类及功能组成如表 1.1.1 所示。由表中也可以看出,这 5 个软件包存在向上包含的关系,后面的包含前面软件包的所有功能且其功能依次加强。

表 1.1.1   Pro/Engineer 各软件包功能概述

功　能	功能详解	Pro/Engineer Foundation XE	Pro/Engineer Advanced SE	Pro/Engineer Advanced XE	Pro/Engineer Enterprise SE	Pro/Engineer Enterprise XE
零件建模与 3D 详细设计	实体、钣金件和焊接建模	●	●	●	●	●
	工程图	●	●	●	●	●
	设计验证(ModelCHECK)	●	●	●	●	●
	3D 电缆敷设和管道设计			○	●	●
曲面设计	高级参数化曲面设计	●	●	●	●	●
	全局建模和扭曲曲面修改	●	●	●	●	●
	ISDX 曲面设计			○	●	●

功　能	功　能　详　解	Pro/Engineer Foundation XE	Pro/Engineer Advanced SE	Pro/Engineer Advanced XE	Pro/Engineer Enterprise SE	Pro/Engineer Enterprise XE
组件建模	用 AssemblySense 嵌入形状、拟合和函数	●	●	●	●	●
	用于多个几何状态的单一 BOM 条目	●	●	●	●	●
	创建简化表示和 Shrinkwrap	●	●	●	●	●
	自顶向下高级装配、过程设计、可制造性设计			○	●	●
互操作性和数据交换	包含 Web 服务以提供固有的 Web 连接性	●	●	●	●	●
	修复导入数据	●	●	●	●	●
	支持包括 Windows/Solaris 等多种平台	●	●	●	●	●
	支持 STEP/IGES/DXF/STL/DWG 等主要标准	●	●	●	●	●
仿真	照片渲染、动画设计	●	●	●	●	●
	机构运动学设计	●	●	●	●	●
	力、速度、加速度、扭矩的机构动力学模拟			○	●	●
	用于产品设计和优化的高级行为建模			○	●	●
	结构和热模拟				●	●
协同和项目管理	与全球团队成员进行协同的工作空间				●	●
	项目管理				●	●
数字化产品数据管理和过程控制	Pro/Engineer CAD 数据管理		●	●	●	●
	企业产品数据管理		●	●	●	●
	自动化的变更管理过程		●	●	●	●
	配置管理		●	●	●	●
工程过程标准化和优化	XML 文本创作工具 Arbortext Editor					●
	工程计算工具 Mathcad					●
	扩展的可视化功能 ProductView					●
	针对以上内容的 PTC 大学培训					●

注：●表示包含在软件包中；○表示软件包中的可选件。

1.1.4　Pro/Engineer 野火版发展历程及功能演变

PTC 自 1988 年发布 Pro/Engineer 1.0 以来已经发布了 30 余个版本，本书所用软件版本为 Pro/Engineer Wildfire 5.0。近几年 PTC 发布的几个软件版本如表 1.1.2 所示。

表 1.1.2   **Pro/Engineer 近期版本一览表**

版本号	2001	Wildfire	Wildfire 2.0	Wildfire 3.0	Wildfire 4.0	Wildfire 5.0
发布日期	2001.11.9	2002.6.10	2004.5.21	2006.4.25	2008.1.16	2009.7.17

注意

Pro/Engineer 的版本通常是以"Pro/Engineer Wildfire x.x (Mxxx)"格式来编排的，x.x 表示版本号，如 3.1、4.0 等，后面括号中的 Mxxx 表示日期代码，如 Pro/Engineer Wildfire 5.0 (M010)，其中 M010 表示本日期代码版本在 Wildfire 5.0 内发布时间的早晚，数字越大表示越是最近发布的。

相对于以前版本，2002 年发布的 Wildfire(野火)版从默认的工作区背景颜色，到菜单的排列、操控面板和提示信息都有较大的变动。2004 年发布的 Wildfire 2.0 版添加了"复制"、"粘贴"与"选择性粘贴"等功能，与 Microsoft Windows 操作系统的复制方式更加接近，使软件使用者容易掌握；同时，在特征阵列功能方面，增加了"轴阵列"的方式，可以使软件使用者轻松生成特征的环形阵列。

2006 年发布的 Wildfire 3.0 版主要从提高个人效率以及流程效率两方面作了改进。在提高个人效率方面，Pro/Engineer Wildfire 3.0 不但提供了快速草图工具、快速装配、快速制图、快速钣金设计、快速 CAM 等新功能，还大大增强了其他制图功能。如：抽壳特征支持对不需抽壳的曲面进行选择，从而保证抽壳的准确性；阵列新增沿曲线阵列、沿曲面阵列、阵列后再阵列等功能；交互式曲面设计新增绘制圆和圆弧工具，提高了交互式曲面设计模块的曲线创建能力；工程图模块添加了目前比较流行的放置着色视图功能等。为提高流程效率，最新版本提供了专家系统智能流程向导，内嵌制造流程信息的智能模型，提供了与 PTC 的其他产品如 Windchill、Pro/Intralink 等的智能互操作性。

2008 年发布的 Wildfire 4.0 相对于 Wildfire 3.0 又添加了近 200 项新功能，主要集中在接口与数据交换、零件建模、组件设计、曲面设计、工程图、仿真等几大方面。在数据交换方面，新增了对 AutoCAD 2004、AutoCAD 2005、AutoCAD 2006 以及 UniGraphics NX3、UniGraphics NX4 格式文件的导入导出支持；在零件建模方面，新增了草绘诊断工具、自动倒圆角、增强的孔特征、抽壳、拔模等功能；在曲面设计方面改进了曲面合并功能，可实现两个以上相邻曲面的合并；在自由曲面造型界面中增加了样式树；在自由曲面的修改方面，增加了使用控制网格直接拖拉曲面的曲面编辑方法；在组件设计方面，增加了显示活动的元件功能，激活组件内的元件会使所有非活动的元件变为灰色且透明，还可以将选定的元件透明显示，以便观察其他部分结构。

2009 年发布的 Wildfire 5.0 相对于 Wildfire 4.0 又添加了许多实用功能，其中最引人注目的是无忧虑设计和特征的动态编辑功能。Pro/Engineer Wildfire 5.0 的无忧虑设计使得设计过程中当模型不能生成或组件中元件不能检索时，不再有"解决模式"，而是将未能生成的特征或元件以失败的特征在模型中加亮显示，设计者可以编辑、重定义、隐含或删除失败的项目。特征的动态编辑特性使得在不退出三维建模窗口的情况下，设计者可以直接更改特征尺寸或移动草绘图元,同时可直观地查看模型变化。

除了以上两项功能外,Wildfire 5.0 的草绘功能也有很多改进。例如,添加了"几何中心线",并可将其应用到零件建模和装配模块中;在基准特征中,去掉了"草绘基准点",并在草绘中添加了草绘"几何"点以替代"草绘基准点"特征的功能等。

在二维工程图设计中,Wildfire 5.0 使用了基于"带状条"的用户界面,添加了"制图树"以及工作表标签,其命令操作方式也有明显改进,使设计者的工作流程和设计效率都得到大大改善。

1.1.5 Pro/Engineer Wildfire 5.0 系统需求

Pro/Engineer Wildfire 5.0 可运行于图形工作站和个人计算机(personal computer,PC)上。图形工作站因其强大的图形处理速度、海量的内存以及良好的综合性能是使用 Pro/Engineer 进行复杂产品或大型部件处理的首选。但因其价格昂贵,对于个人用户或一般企业设计人员来说 PC 就成为首选。为保证软件在 PC 上能够正常运行,计算机软硬件需求如下。

1. 主机系统

Pro/Engineer 软件对主机系统的要求不能单纯从主频速度来考虑,因为计算机运行速度的快慢并不完全取决于中央处理器(CPU)主频,而是取决于整个主机系统的整体性能,如 CPU 主频、CPU 流水线各方面性能指标(如缓存大小、指令集、CPU 位数等)、内存以及外频等方面的综合。下面简单解释一下主机系统中用到的各项指标。

CPU 主频表示微处理器的运行速度。通常情况下,主频越高,计算机运算速度就越快。运行 Pro/Engineer Wildfire 5.0 所需的最低 CPU 主频为 500MHz,为保证软件的运行速度,推荐使用 2.4GHz 以上主频。

CPU 缓存是可以进行高速数据交换的存储器,它先于内存与 CPU 交换经常要用到的数据,因此速度很快。缓存又分为一级缓存和二级缓存。对于运行 Pro/Engineer 来说,原则上缓存容量越大越好,一般说来计算机的配置要在一级缓存容量 8KB、二级缓存容量 256KB 以上。

内存用于计算过程中间信息的存储,由主机系统的内存条提供。当系统使用的信息量超出了实际内存容量时,还需要用到虚拟内存。虚拟内存是为了存储超出实际物理内存容量的信息,而在硬盘上开辟的虚拟存储空间,用于存放 CPU 运算过程中不经常用到的数据。由于虚拟内存其实是放在外存上的,因而与物理内存相比读写速度都非常慢。如果 CPU 需要虚拟内存上的这部分数据,就需要进行实际内存与虚拟内存的数据置换,这时计算机的运行速度就会显得较慢。因此内存容量越大,内存和虚拟内存的置换次数就越少,计算机运行速度也就越快。有时 Pro/Engineer 运行过程中会自动退出,有可能就是因为内存,若计算机的内存很小,而设置的虚拟空间又小,当系统运行所需要的数据量超过可以存储的范围时,便会出现程序自动退出的情况。运行 Pro/Engineer Wildfire 5.0 最低可以使用 256MB 内存,推荐使用 1GB 以上内存,虚拟内存设置 1GB 以上。不过随着所作模型复杂度的增加,需用的内存量会增大,这时可以酌情调整内存和虚拟内存的大小。

外频即外部总线频率,为主板速度,外频越高说明微处理器与内存交换数据的速度越快,因而计算机的运行速度也越快。

由此可见,CPU 主频、CPU 缓存、CPU 位数、内存、外频等因素共同决定了计算机的运算速度,在配置计算机时要综合考虑。

2. 硬盘

单纯安装 Pro/Engineer Wildfire 5.0(包含帮助系统)所需要的最小硬盘空间是为 3.8GB,另外虚拟内存空间一般需要 1GB 左右。所以,安装软件前计算机硬盘的剩余空间一般要大于 5GB。

3. 图形显示系统

与图形显示有关的硬件包括显卡和显示器。显卡又称图形加速卡、显示适配器,是用于 CPU 和显示器之间数据传递和转换的芯片,对于图形的显示有着至关重要的作用。因为三维图形处理、特别是复杂曲面处理需要的数据量和数据的计算量都非常大,推荐采用计算能力强的独立显卡,以便加快图形处理速度和得到较好的显示效果。若采用性能较差的集成显卡,在进行模型表面纹理设置、模型渲染时可能会得不到正确结果。

对于显示器,因为 Pro/Engineer 运行时屏幕上相关信息较多,若显示器面积过小,将使显示模型的图形窗口很小,不便于观察,推荐采用 17in(1in＝25.4mm)以上的显示器。

4. 网卡

因为 Pro/Engineer 是采用网卡的物理地址(physical address)作为生成许可证文件的依据,要运行 Pro/Engineer 必须安装网卡。

注意

若计算机中存在多个网卡,如笔记本中同时安装了无线网卡和普通网卡时,当按照其中一个网卡的物理地址生成许可证文件后,在运行软件时可能出现许可证错误。这种情况下,可以暂时将另一个网卡停用,重新启动 Pro/Engineer 软件即可。Windows 操作系统中网卡停用的方法:在【控制面板】里,找到【网络和拨号连接】选项(Windows XP 操作系统中为【网络连接】),选中要停用网卡的网络连接,右击并在快捷菜单中选择【禁用】菜单项,完成后【网络连接】的图标变为灰色。以后如果要使用此网络连接时,双击即可将其启用。

以上 4 个方面为计算机硬件选用方面应注意的问题。在操作系统方面,Pro/Engineer Wildfire 5.0 可以运行在 UNIX、Windows NT、Windows 2000/XP/Vista 等操作系统上。本书中所给出的例子均在 Windows XP Professional 上测试过。

PTC 官方公布的 Pro/Engineer Wildfire 5.0 安装在 Windows XP/Vista 操作系统下主要的系统需求如表 1.1.3 所示。

表 1.1.3　安装 Pro/Engineer Wildfire 5.0 的系统需求

硬 件 项 目	配 置 要 求	
	最 低 配 置	推 荐 配 置
内存	256MB	1024MB
硬盘空间	3.8GB	5GB 或更大
CPU 主频	500MHz	2.4GHz 或更高
浏览器	Microsoft Internet Explorer 7.0 或 6.0 SP1	
显示器	1024×768 分辨率、24 位色及以上	
网络	Microsoft TCP/IP 协议网卡	
鼠标	3D 鼠标	
文件系统	NTFS	

1.2　Pro/Engineer Wildfire 5.0 使用前的准备

本节讲述使用 Pro/Engineer 所要了解的基础知识,包括软件启动方法、界面、工作路径等内容。

1.2.1　Pro/Engineer Wildfire 5.0 的启动

根据自己的喜好,读者可使用下面方法中的任意一种进入到 Pro/Engineer 软件环境。

1. 双击桌面上的快捷方式图标

在 Pro/Engineer 默认的安装情况下,在桌面上都会生成一个启动 Pro/Engineer 的快捷方式。双击此快捷方式,软件便开始启动,根据计算机运行速度的快慢,启动耗费时间可能为几十秒到几分钟不等。

注意

因为 Pro/Engineer 为大型软件,启动耗时比较长,切忌不要在双击 Pro/Engineer 快捷方式图标后,看到软件没有立即启动起来而再次双击图标。如果多次双击图标,软件将被多次启动,这样会导致启动速度变慢,甚至由于启动过程中内存不足而退出。

2. 从【开始】菜单启动

在 Windows 操作系统下,大部分软件都可以通过屏幕左下角【开始】菜单来启动,启动 Pro/Engineer 的方法为:单击 ⊞开始 菜单,然后依次选取【程序】→【PTC】→【Pro Engineer】→【Pro Engineer】命令,系统启动。

3. 从快速启动栏启动

此种方法不是 Pro/Engineer 软件安装的默认选项,需要软件安装完成后添加。在快

速启动栏添加快速启动项的方法为：拖动桌面上的 Pro/Engineer 快捷方式图标至屏幕
下方的快速启动栏，当在要放置的地方出现插入图标 时放开鼠标，这时快速启动栏
中便多了一个图标 ，以后单击此图标即可启动 Pro/Engineer。

1.2.2 Pro/Engineer Wildfire 5.0 的界面

Pro/Engineer Wildfire 5.0 启动后进入到零件设计模块后的工作界面如图 1.2.1 所
示，本节以零件设计模块为例，介绍 Pro/Engineer Wildfire 5.0 工作界面，后面章节中将
要讲述的草图设计模块、组件装配模块界面与此类似。

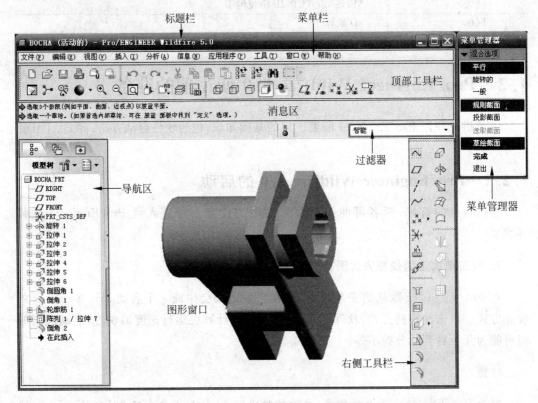

图 1.2.1 Pro/Engineer 工作界面

Pro/Engineer Wildfire 5.0 的工作界面一般由标题栏、图形窗口、导航区、菜单栏、顶
部工具栏、右侧工具栏、菜单管理器、消息区和过滤器等部分组成，说明如下。

1. 标题栏

位于 Pro/Engineer 工作界面顶端，用于显示打开模型的文件名及窗口是否活动、软件版
本等信息。图 1.2.1 的标题栏为 BOCHA（活动的）- Pro/ENGINEER Wildfire 5.0 ，表示当
前打开的文件名为"bacha.prt"，并且此窗口当前为活动窗口，软件版本为 Wildfire 5.0。

当此界面为活动窗口时，标题栏显示为蓝色；当为非活动窗口时，标题栏显示为
灰色。

2. 图形窗口

图形窗口是 Pro/Engineer 的主要工作区,用于显示建立的模型。

3. 导航区

导航区有 3 个选项卡,分别为: 模型树(或层树)、 文件夹浏览器、 收藏夹。单击每个选项卡都可以打开相应的面板。

• 模型树　列出了活动文件的所有特征,并以树状结构按层次列出。在零件图模型树中,其顶部对象是模型的名称,如 bocha.prt,下面显示的为组成此模型的特征,其中特征前面有 ⊞ 或 ⊟ 的表示此特征由多部分组成,如图 1.2.2 所示,特征"阵列 1"由多个拉伸特征构成,单击 ⊞ 展开特征、单击 ⊟ 叠起特征。

• 层树　显示了当前图形中的层,可以使用层树有效组织和管理模型中的层。在导航区中单击 图标,弹出菜单如图 1.2.3 所示,单击【层树】菜单项,即可打开层树,如图 1.2.4 所示。

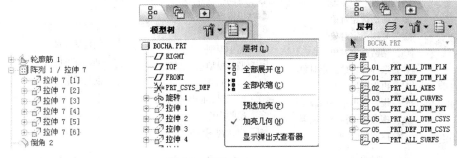

图 1.2.2　由多个特征组　　图 1.2.3　打开【层树】菜单　　图 1.2.4　模型层树
　　　成的特征

• 文件夹浏览器　提供了浏览本机及网络上文件的功能,包括已经打开的存在于进程中的文件、本机硬盘上的文件、网上邻居中的文件和共享空间中的文件。此选项卡类似于 Windows 操作系统中的资源管理器。

• 收藏夹　用于组织和管理个人资源,可以将喜爱的链接保存到收藏夹中,内容可以为到目录、Web 位置或 Windchill 属性页面的链接。

4. 菜单栏

系统菜单栏位于标题栏下部,Pro/Engineer 所有的操作都可以通过这些下拉菜单完成,将在 1.3 节简单介绍。

5. 工具栏

用户单击工具栏上的图标可以直接启动相应的命令,以便快速进入命令或设置工作环境。默认状态下,Pro/Engineer 中的工具栏分为位于菜单栏下部的顶部工具栏和位于窗口右侧的右侧工具栏。

顶部工具栏中所包含的都是与模型操作相关的命令,包括文件操作、窗口操作、模型与基准显示、视图操作等。各命令按钮的功能如图 1.2.5(a)～(e)所示。

右侧工具栏包含了与模型建立相关的命令,包括基准特征建立工具、基础特征建立工具、工程特征建立工具、特征编辑工具等,各命令按钮的功能如图 1.2.5(f)～(i)所示。

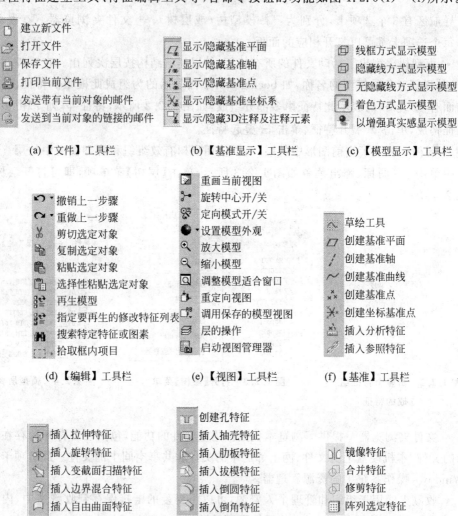

图 1.2.5　工具栏详解

6. 菜单管理器(浮动菜单)

菜单管理器显示并管理 Pro/Engineer 的浮动菜单,是一系列用来执行某些复杂任务的层叠菜单,根据系统执行操作的不同而动态显示。在软件启动时菜单管理器并没有启动,在进行某些特定操作时,系统弹出此菜单,通常位于主窗口的右侧。

注意

Pro/Engineer 启动时默认并不是最大化窗口,而是在右侧留有一段窄的空间,就是为了以后操作浮动菜单的方便。基于此考虑,操作过程中无特殊情况尽量不要将 Pro/Engineer 窗口最大化。

7. 消息区

消息区位于图形窗口之上,当用户执行有关操作时,与该操作相关的信息会显示于此。另外,此区域还是用户的输入区,用于输入文件名、数字等信息。消息区大小可改变,一般默认消息区内显示 3 行信息。用鼠标拖动消息区上侧边线可改变消息区大小,拖动消息区右侧滚动条或单击滚动条向上的箭头可浏览以前的消息。

消息区中的每条消息前有一个图标,它表示了消息的类别:

- ⮩ 表示提示,提示用户下一步将要进行的操作;
- ● 表示信息,用于显示用户操作所产生的结果和信息;
- ⚠ 表示警告,提示用户注意可能的错误;
- ☒ 表示出错,提示用户操作失败;
- ⊗ 表示危险,提示到达临界状态,引起用户注意。

8. 过滤器

过滤器位于主窗口右上角,使用该栏中相应选项,可以有目的地选择模型中的对象。单击过滤器右侧箭头,打开下拉列表,如图 1.2.6 所示,可以选择不同类型的对象。如要想选中模型中的某一条线,则可先从过滤器下拉列表中选择"几何",然后用鼠标在图形窗口中选择时,特征、基准、面等被过滤掉,就只能选中点、线等几何元素了,从而提高了选择的准确性。如果没有选择过滤器的特定栏目,系统将根据鼠标指向按"智能"方式自动选择对象。

如图 1.2.7 所示,若想选中六面体的一个顶点,将鼠标指向顶点,但同时此顶点又是 3 条边的交线,也是与之相临 3 个面上的点,单击此顶点时也可选中最后面的那个面,还可能选中整个六面体。任何时候选中的都有可能是特征、平面或边线,而不是真正想要的顶点。要想在选择时过滤掉无关的元素,单击过滤器选择"几何"栏目,表示要选择的只是模型上的点、线等几何要素,可缩小选择范围。关于"过滤器"的使用,详见 4.2.2 节。

图 1.2.6　使用过滤器选取不同元素

图 1.2.7　使用过滤器选取顶点

提示

除了"过滤器"外,还有多种选取特定对象的方法与技巧,在复杂模型中,选取特定对象常使用"从列表中拾取"的方法,此部分内容将在 4.2.2 节讲述。

1.2.3　设置工作目录

工作目录又称工作路径,是保存文件的默认路径,也是打开文件的初始路径。工作目录设定后可以方便以后文件的保存与打开,既方便了文件的管理,又节省了文件打开与存储的时间。

工作目录的设定方法为:打开【文件】→【设置工作目录】菜单,在弹出的【选取工作目录】对话框中指定一个自己认为合适的目录,单击【确定】按钮完成工作目录的设定。在此以后,每次打开和保存文件的默认路径都是上面选定的路径,直到退出 Pro/Engineer 软件为止。

1.3　Pro/Engineer Wildfire 5.0 版基本操作

本节详细介绍 Pro/Engineer Wildfire 5.0【文件】菜单中与文件操作有关的菜单项的含义,概述【编辑】、【视图】等其他菜单功能,最后介绍模型旋转、缩放、移动等操作的方法,并总结鼠标的使用方法。

1.3.1　【文件】菜单的操作

单击菜单栏的【文件】项,弹出【文件】下拉菜单,如图 1.3.1 所示。下面介绍该菜单中常用菜单项的含义与使用方法。

1. 新建

Pro/Engineer 可以完成草图绘制、零件设计、组件装配、工程图、模具设计、NC 加工、结构分析等多方面的功能,而多数功能模块生成的文件类型不同,此菜单项可以建立大部分 Pro/Engineer 可建立的文件。单击【文件】菜单中的【新建】菜单项,系统弹出【新建】对话框,如图 1.3.2 所示,该对话框包含了要建立文件的类型及其子类型。与本书有关的几种文件及其子类型介绍如下。

• 草绘　建立二维草图文件,用于绘制平面参数化草图,其扩展名为.sec。草图文件的建立方法在第 2 章讲述。

• 零件　建立三维零件模型文件,用于零件设计,其扩展名为.prt。零件模型文件又包含了实体、复合钣金等多种子类型,通常创建的零件模型文件为【实体】子类型,建立的方法从第 3 章开始介绍。

• 组件　建立三维模型装配文件,其扩展名为.asm。装配文件又分为设计、互换、模具布局等多种子类型,每种子类型对应不同的应用,本书只介绍设计组件文件的建立,详细内容将在第 9 章讲述。

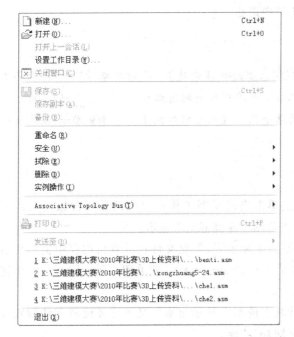

图 1.3.1　【文件】下拉菜单

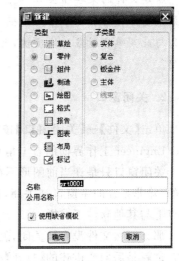

图 1.3.2　【新建】对话框

- 绘图　建立二维工程图文件，其后缀为“.drw”，本部分内容在第 10 章简述。

　　【新建】对话框中【名称】和【公用名称】后的输入框用于指定文件名和文件公用名称。每当新建文件时系统给出文件的默认名称，若不更改则接受之，以后此文件将按此名称保存。文件公用名称用于与其他模块或 PTC 公司其他产品如 Pro/Intralink、Windchill 的参数传递，本书中没有涉及，可不填写。

注意

　　Pro/Engineer 系统不支持中文名，文件名中不能包含任何中文字符。但是可以在文件的公用名称中输入任意中文名称，此中文名称可以通过关系设置的方法传递到工程图模块和应用到 PTC 公司的其他产品如 Pro/Intralink、Windchill 等中去。

　　除了不支持中文名之外，Pro/Engineer 的文件名还要满足下列条件：

- 文件名限制在 31 个字符以内，系统不能创建或检索文件名长度大于 31 个字符的文件；
- 文件名中只能包含字母、数字以及连字符和下画线，不能使用空格、〔 〕、{ }、标点符号（. ?!;）等；
- 文件名的第一个字符不能是连字符。

　　当名称名中包含非字母、数字、连字符和下画线字符（如 @、♯ 和 ％）时，文件名不会在 Pro/Engineer 的对话框中显示，也不能从中检索，而且也不能保存文件名称中包含非字母数字字符的新对象文件。

　　对话框中文件名输入框的下面是【使用缺省模板】复选项。复选框选中表示使用系统默认的模板,关于模板的问题在 3.3.1 节中讲述。

提示

新建文件的菜单项显示为 ⬚新建(N)...Ctrl+N ,【新建】后面的省略号"…"表示单击此菜单项后将会打开一个对话框,在本书中菜单项后面的省略号"…"一律省略;Ctrl+N 称为与此菜单项对应的快捷键,表示按这个组合键也可以起到单击 ⬚新建(N)... 菜单项的作用。

2. 关闭窗口

单击【文件】→【关闭窗口】按钮,或单击当前模型工作窗口中的关闭按钮 ✕ (位于 Pro/Engineer 工作界面的右上角),使当前图形在屏幕上不显示。

关闭窗口只是让当前图形不在显示器上显示了,但此文件在计算机内存中仍然是运行的,除非系统的主窗口被关闭,也就是 Pro/Engineer 软件被关闭。Pro/Engineer 在这一点上与其他软件不一样。

那么既然文件没有被关闭,怎样让其在屏幕上显示出来? 又怎样才能将文件彻底关闭? 这就是后面要讲述的【打开】和【拭除】的功能。

提示

如果本窗口为 Pro/Engineer 的主窗口,则单击关闭按钮 ✕ 时,系统提示是否退出系统,若选【是】按钮,将会退出 Pro/Engineer 系统,所有的模型均不存在于内存了,此时单击关闭按钮 ✕ 的作用是关闭软件;只有当软件中存在多个打开的窗口时,单击关闭按钮 ✕ 才能起到上述【关闭窗口】的作用。

3. 保存

每个 Pro/Engineer 的模型文件都有两个扩展名,第一个代表此文件的类型,如.prt、.asm 等;第二个扩展名代表文件版本号,如".1"、".2"等。设定计算机可以看到文件的扩展名(方法:从【我的电脑】或【资源管理器】的菜单中,单击菜单【工具】→【文件夹选项】打开【文件夹选项】对话框,选择【查看】选项卡,取消选中【高级设置】框里的【隐藏已知文件类型的扩展名】),然后打开配书光盘中的任何一个目录,将看到每个文件的扩展名。例如,单击【文件】→【新建】菜单项,选择建立一个"零件"类型的文件 aa.prt,当单击【文件】→【保存】菜单项或单击工具栏按钮 ⬚ 存盘后,存储在计算机中的文件名为 "aa.prt.1",若再次存盘,则生成一个文件名为"aa.prt.2"的文件。

Pro/Engineer 中保存文件的方式与常用的其他软件有较大差别。其他软件在保存文件时将原来的文件覆盖,而 Pro/Engineer 则是将要保存的模型文件以增加版本号(将第二个扩展名加 1)的方式建立一个新的版本文件,原来版本的文件仍然存在。例如,单击【文件】→【新建】菜单项,选择建立一个"零件"类型的文件 aa.prt,当单击【文件】→【保存】菜单项或单击 ⬚ 工具栏按钮存盘后,存储在计算机中的文件名为"aa.prt.1",若再次存盘,文件名变为"aa. prt. 2"。

4. 打开

单击【文件】→【打开】菜单项,系统弹出如图 1.3.3 所示的【文件打开】对话框,使用该对话框可以打开系统可识别的图形文件。

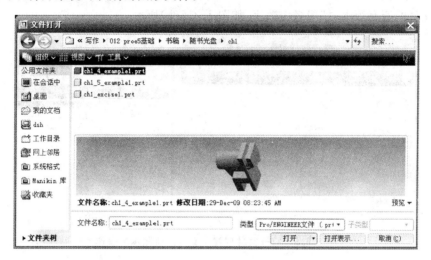

图 1.3.3　【文件打开】对话框

(1) 打开文件的位置　可在对话框左侧的【公用文件夹】中选取要打开文件的位置,包括当前路径文件夹以及收藏夹、系统格式、在会话中、我的文档、网上邻居、Manikin 库等。也可单击对话框左下角的【文件夹树】打开文件目录树查找文件。

提示

在会话中的文件即使用【关闭窗口】命令关闭的文件,这些文件虽然在屏幕上看不到,但实际上其文件信息仍存在于内存中,是处于运行状态的,这样的文件也称为位于进程中。

(2) 打开文件的类型　单击打开图 1.3.3 所示【文件打开】对话框下部的【类型】下拉列表,选择要打开文件的类型,如图 1.3.4 所示。

提示

Pro/Engineer 可打开的文件类型有近 60 种,除了在 Pro/Engineer 中直接生成的草绘(. sec)、零件模型(. prt)、装配(. asm)、工程图(. drw)等文件,还可打开与其兼容的文件,如 IGES 格式文件(. igs)、STEP 格式文件(. set)、中性文件(. neu)、CATIA 文件(. model)等,但在打开这些兼容文件时,由于数据结构的不同,可能图形会有所损失。

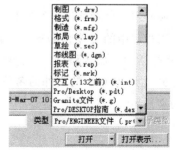

图 1.3.4　打开文件时选取要
打开文件的类型

（3）打开文件的版本　打开文件时，默认状态下打开最新版本的文件，即最近一次保存的文件。若要打开以前保存的版本，单击【文件打开】对话框中的【工具】按钮，在弹出的下拉列表中选择【所有版本】即可显示文件的所有版本。例如，单击【文件】→【打开】菜单项，将查找范围选定在随书光盘目录 ch1 中，看到的文件扩展名均为. prt。单击【文件打开】对话框上的【工具】按钮，如图 1.3.5(a)所示，在弹出的下拉列表中选择【所有版本】，显示出文件的所有版本，扩展名为数字，如图 1.3.5(b)所示。

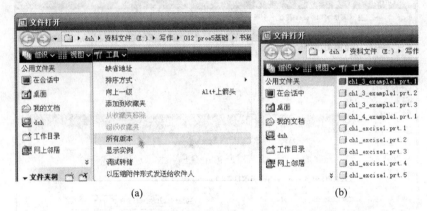

(a)　　　　　　　　　(b)

图 1.3.5　打开文件时显示文件所有版本的操作

5. 备份

单击【文件】→【备份】菜单项，可以在当前路径或更换路径对文件进行同名备份。若备份的位置为当前路径，则系统将当前文件保存一个新的版本；若备份位置为其他路径，则系统将文件保存到指定的位置，其版本号为.1。

注意

文件备份功能只能在相同或不同的位置形成新的文件版本，而不能更改文件的名称。

6. 重命名

使用【重命名】菜单项可以改变文件的名称。单击【重命名】菜单项，弹出对话框如图 1.3.6 所示。其中【模型】名称为当前文件名称，在【新名称】输入框中输入新的文件名。下面有两个单选框，【在磁盘上和会话中重命名】表示此次重命名将更改现在已经打开的位于进程中的文件名称和位于磁盘上的文件名；而【在会话中重命名】表示此次重命名只会改变已经打开的、位于会话中的文件的名称，而不会更改磁盘上的文件名。

注意

文件重命名功能只能更改文件的名称，而不能改变文件所在的位置。

图 1.3.6　【重命名】对话框

7. 保存副本

上面介绍的备份和重命名功能只能改变文件存盘路径或文件名,要想将文件以不同的文件名保存到不同的位置,可使用【保存副本】命令。单击【文件】→【保存副本】菜单项,弹出【保存副本】对话框。在【查找范围】下拉列表中选择要存盘的位置,在【类型】下拉列表中选择保存文件类型,并在【新建名称】输入框中输入新文件名,可将文件以新的文件名保存到新的位置。

在【保存副本】对话框的类型下拉列表中选择新的文件类型,【保存副本】命令还可建立新的文件格式。例如,可以将上例打开的 ch1_3_example1.prt 中的模型保存为图形文件格式,其操作方法:在对话框的【类型】下拉列表中选择 JPEG(＊.jpg);在【新建名称】输入框中输入新文件名如 ex1,单击【确定】按钮便可得到一个新文件 ex1.jpg。

注意

保存副本时,必须更改文件名。若文件名(包括主文件名和扩展名)与原模型重名,存盘不能完成,且消息区显示错误提示 具有这名称的对象已存在于会话中。请选择一个不同的名称。

8. 拭除

在单击【文件】→【关闭窗口】菜单项关闭文件以后,模型不显示但还位于内存中,实际上还是处于打开状态的,使用【拭除】功能可以将内存中的文件关闭。

【拭除】菜单项下面还有二级级联菜单:【当前】子菜单项的含义是将当前活动窗口中显示的模型文件从内存中删除;【不显示】子菜单项用于将使用【关闭窗口】菜单项关闭的、处于进程中的文件从内存中删除。

注意

当系统打开多个文件后,因为内存被大量占用,计算机运行速度会变慢。此时若单击窗口右上角的关闭 按钮将文件关闭,只是起到了单击【关闭窗口】菜单项相同的功能,让模型不显示了,而文件仍然存于内存中占用计算机的资源,若想让模型从内存中退出,可单击【拭除】→【不显示】菜单项将文件从内存中彻底清除。

9. 删除

使用【删除】命令可以从磁盘上彻底删除文件。【删除】菜单项下面也有二级级联菜单:单击【旧版本】子菜单项将删除该文件除最高版本以外的所有版本;而单击【所有版本】子菜单项将删除该模型所有版本的文件,同时从内存中删除该模型。因为此操作将删除硬盘上的文件,为保险起见在确认删除后系统还会弹出提示对话框,再次确认是否删除。

提示

因【删除】→【所有版本】命令将直接删除磁盘上所有版本的文件,其功能相当于在资源管理器中按 Shift＋Delete 组合键彻底删除文件，其操作是不可恢复的，使用时要慎重！

1.3.2　其他菜单的操作

Pro/Engineer 中除了【文件】菜单外，还有【编辑】、【视图】、【插入】、【分析】、【信息】、【应用程序】、【工具】、【窗口】等其他菜单，这些菜单大部分都需要结合后面章节内容具体讲述，本节只是概述各菜单基本功能。

1. 编辑

【编辑】菜单命令讲述的均是与模型操作相关的内容，如模型再生、特征只读、隐含与恢复（见第 6 章），特征剪切、复制、粘贴、镜像、阵列（见第 6 章），曲面的修剪、延伸、偏移（见第 7 章）等。

2. 视图

【视图】菜单命令涉及模型观察与显示、系统颜色设定等内容。应用本菜单的命令，可以刷新当前视图、渲染窗口；可以设定模型的方向；可对模型设置着色、贴图，调整模型可见性；还可以设定系统各部分的颜色等，参见第 8 章。

3. 插入

学习 Pro/Engineer 初期使用最多的就是【插入】菜单，使用此菜单可调出几乎所有的特征建立命令，这也是后面第 3、4、5、7 章所要讲述的内容。

部分高级实体特征如扫描混合、螺旋扫描、可变剖面扫描、轴特征、法兰特征、唇特征等的建模方法参见作者所写的由清华大学出版社出版的《Pro/Engineer Wildfire 5.0 高级设计与实践》（余同，不注）一书。高级曲面如边界混合、造型曲面等的建立方法参见作者所写的由清华大学出版社出版的《Pro/Engineer Wildfire 4.0 曲面设计与实践》（余同，不注）一书。

4. 分析

使用【分析】菜单的相应菜单项，可以实现模型中图形元素长度、距离、角度、面积等的测量，实现模型、曲线、机构等的分析，实现可行性与优化研究、敏感度研究、多目标研究。

5. 信息

使用【信息】菜单可以查看模型建立过程中的相关信息，如特征信息、模型信息、特征的父子关系、模型中使用的关系式与参数的查看等内容，有关特征父子关系等内容将在 6.7 节中讲述。

6. 应用程序

【应用程序】菜单为 Pro/Engineer 集成其他模块的接口，如单击【应用程序】→【Mechanica】菜单项，系统切换到结构分析模块，可进行结构动力学分析、屈曲分析、疲劳分析等应用;单击【应用程序】→【Plastic Advisor】菜单项,系统进入到塑性顾问模块,可以进行注塑流动性分析。

在组件模块下,单击【应用程序】→【机构】菜单项可进入机构运动仿真模块,单击【应用程序】→【动画】菜单项,可进入机构动画模块。有关仿真与动画的内容,参见《Pro/Engineer Wildfire 5.0 高级设计与实践》一书。

7. 工具

【工具】菜单主要涉及建立关系式、参数、零件家族表,建立和使用 UDF 特征等特征辅助工具,具体内容参见《Pro/Engineer Wildfire 5.0 高级设计与实践》一书。

8. 窗口

【窗口】菜单包含了 Pro/Engineer 窗口相关操作,使用该菜单可以激活窗口、建立新的当前模型的窗口、关闭窗口、打开系统窗口、选择文件使其相对应的窗口激活等。

在 Pro/Engineer 中,可以同时打开多个文件窗口,但在一个 Pro/Engineer 程序中,每次只能有一个窗口可被编辑,这个窗口称为活动窗口,其他窗口除了【关闭窗口】、【激活】等少数菜单和缩放、旋转等操作可用外,其他菜单均处于灰色不可用状态,在图形窗口上光标也处于无效状态 ⊘,此窗口为非活动窗口。要想编辑模型,必须激活窗口,方法为在要激活的窗口内单击【激活】菜单项或在任意窗口的【窗口】下拉菜单中单击要激活的文件名。

9. 帮助

【帮助】菜单可帮助读者了解本 Pro/Engineer 系统的帮助信息和相关版本信息。其中,【帮助中心】菜单项提供了软件所有功能的详细解说,读者可据此学习、了解各模块的使用方法;单击【这是什么】后,鼠标变为 ⌖?,此时单击系统中任意处,系统显示对于此处的解释;单击【联机资源】或【新增了哪些内容?】,系统均自动连接到 PTC 网站的 Pro/Engineer 资源中心,在这里可以查找最新的帮助信息和关于此版本软件新功能的信息;【关于】菜单项可以查看当前 Pro/Engineer 的版本信息、日期代码和配置。

1.3.3　Pro/Engineer 模型操作方法与鼠标使用

在三维建模(包括零件建模、组件装配等模块)界面下,鼠标三键的使用方法是相同的。其常用操作说明如下。

提示

在草绘模块中,鼠标的使用方法与零件模块稍有不同,将在 2.1 节讲述。

1. 左键:指定与选择

左键的使用方法与在其他软件中的使用基本相同,用于选择菜单或工具栏上的命令按钮;指定点、位置、确定图素的起点和终点;选择模型中的对象等。

2.中键：完成操作或操作模型

在创建和操作三维模型过程中，中键有着非常重要的作用，在这点上 Pro/Engineer 与常用的办公软件如 Windows office 有着很大的不同，用法如下。

1）中键单击：完成操作

单击中键表示完成当前操作，比如完成线段的绘制、完成模型特征的制作等，与操作过程中单击对话框【确定】按钮、操控面板中的 ✔ 按钮、浮动菜单中的 **完成** 按钮具有相同的效果。

2）中键其他操作：操作模型

• 中键拖动   按下中键并移动鼠标，可旋转图形窗口中的模型。根据有无旋转中心，模型旋转的方式也不相同。当旋转中心"开"时（即按下工具栏上的 ⦿ 时），模型中显示旋转中心，此时拖动中键，图形围绕旋转中心转动；当旋转中心"关"时，模型以选定点（即单击中键时鼠标的位置）为中心旋转。

• 滚动鼠轮   向下转动鼠轮可放大模型视图，向上转动鼠轮缩小模型视图。

以上两种鼠标中键的操作方法在 Pro/Engineer 软件中是应用最多的。

• Ctrl＋中键拖动   同时按下 Ctrl 键和鼠标中键上下拖动鼠标可放大或缩小图形窗口中的模型，向下拖动放大视图，向上拖动缩小视图。

• Shift＋中键拖动   同时按下 Shift 键和鼠标中键可平移模型。

3.右键：调入右键快捷菜单

选定对象后，右击可显示相应的快捷菜单。Pro/Engineer 软件中的右键操作使用了计时右键单击功能，选定的对象不同、右击的方式不同，显示的快捷菜单也不相同，说明如下。

• 快速右键单击   在图形窗口以外选定对象后快速右击可显示该对象的右键菜单，如图 1.3.7 为选定模型树中的【拉伸_1】特征后右击显示的快捷菜单。

• 慢速右键单击   在图形窗口内选定对象，按住右键约半秒钟，系统将显示此图元的快捷菜单，图 1.3.8 所示为在零件建模环境中选定一个特征并慢速右击时弹出的右键菜单。此时快速右击并不能调出快捷菜单，但可以在与选定的对象重叠或靠近的对象之间来回切换，此种选择方式称为循环选择。

注意

AutoCAD 中也具有这种计时右键单击功能，但需要从【选项】菜单项中设置。

本书在后面的讲述中若没有特别说明，在图形窗口中选定图形元素后的右击均为慢速右键单击；在非图形窗口内的右击为快速右键单击。

对于模型的操作方法总结如下。

（1）旋转模型：中键拖动。

（2）平移模型视图：Shift＋中键拖动。

（3）缩放模型视图：滚动鼠轮或 Ctrl＋中键拖动，或使用 🔍 和 🔍 命令按钮。

图 1.3.7　右击模型树中的特征　　　　图 1.3.8　选定一个特征并慢速右击后的快捷菜单

1.4　综合实例

以随书光盘文件 ch1\ch1_4_example1.prt 的打开与存盘及模型的操作为例,练习本章所学内容。

步骤 1:设置工作目录

(1) 双击桌面上 Pro/Engineer 快捷方式图标打开程序,或单击 开始 菜单按钮,然后依次选取【程序】→【PTC】→【Pro Engineer】→【Pro Engineer】命令以开始菜单方式打开程序。

(2) 打开【文件】→【设置工作目录】菜单项,在弹出的【选取工作目录】对话框中指定工作目录到放有本书光盘文件的目录,如 D:\proewildfire5\ch1。

步骤 2:打开文件

单击【文件】→【打开】菜单项,在打开的【打开文件】对话框里,选择文件 ch1\ch1_4_example1.prt,单击【确定】按钮。

步骤 3:操作模型

(1) 旋转模型:拖动中键,旋转模型。

(2) 缩放模型:滚动鼠轮或按住 Ctrl+上下拖动中键,均可缩放模型,观察两种缩放模式的不同。

(3) 移动模型:按住 Shift+拖动中键。

步骤 4:熟悉工具栏

(1)【基准显示】工具栏　依次单击工具栏上的 (显示/隐藏基准平面)、 (显示/隐藏基准轴)、 (显示/隐藏基准坐标系)等图标,注意观察模型上基准面、基准轴、基准坐标的变化。

(2)【模型显示】工具栏　依次单击工具栏上的 (线框)、 (隐藏线)、 (无隐藏线)、 (着色)等各种显示模式,注意观察图形显示的变化。

(3)【编辑】工具栏　因没有进行模型的操作,不能进行 (撤销)或 (重做)等操作；因没有选定的和已经复制的项目，▨（剪切）、▨（复制）、▨（粘贴）、▨（选择性粘贴）等菜单也不可用，只有▨（再生）、▨（搜索项目）等命令按钮可用。

（4）【视图】工具栏　单击▨命令按钮，观察模型上旋转中心的变化；单击▨命令按钮，选择要缩放的区域，观察模型变化；单击▨命令按钮，观察模型变化。单击▨按钮，观察模型变化。

步骤 5：更改文件名并在其他位置存盘并退出

（1）单击【文件】→【保存副本】菜单项，弹出【保存副本】对话框。在【查找范围】下拉列表中选择位置，在【新建名称】对话框输入新的名称，单击【确定】按钮。

（2）单击【文件】→【退出】菜单项，退出 Pro/Engineer 系统。

习题

1. 在随书光盘目录 ch1 中存有 ch1_exercise1. prt 文件的 5 个版本，使用打开文件"所有版本"的方法，依次打开这 5 个文件。注意，在打开下一个文件版本时，要首先拭除前一个版本。

2. 将习题 1 中打开的最后一个版本文件保存为图片格式（JPG 或 TIF 格式）、IGES 格式和 STEP 格式。

第 2 章　参数化草图绘制

参数化草图是模型建立的基础,本章在讲述参数化概念和草绘基本操作的基础上,介绍草图图元的建立与编辑、几何约束和尺寸的添加等内容,最后结合实例讲述草图辅助图元的使用技巧。

2.1　参数化草图绘制的基本知识

草图是 Pro/Engineer 建模的基础,几乎每一个特征的建立过程中都离不开草图。本节重点讲述参数化与参数化草图的概念,在此基础上说明具有精确尺寸与约束的草图的绘制过程,并简单介绍 Pro/Engineer 参数化草图绘制的工作界面。

2.1.1　参数化草图绘制术语

在 Pro/Engineer 中参数化草绘模块又称草绘器,其中经常使用的术语如下。

* 图元　草图中的任何元素,如直线、圆弧、圆、样条、圆锥、文字、点或坐标系等,图元绘制是草绘的第一步。
* 尺寸　又称尺寸约束或尺寸标注,是指图元或图元之间关系的度量,如线段的长度为图元的度量尺寸,而两条平行的线段之间的距离则为两图元之间距离关系的度量尺寸。
* 约束　又称为几何约束,是指定义图元的条件或定义图元间关系的条件。例如,可以约束线段图元为水平或竖直,也可以约束两条线段图元平行,或是约束一条线段和一个圆相切。几何约束用一系列的约束符号来表示,如对一条线段图元添加水平约束后,在线段附近会出现一个水平约束的符号H,具体约束符号将在 2.4 节讲述。
* “弱”尺寸和“弱”约束　在绘制图元的时候,系统根据图元的位置和大小自动建立的尺寸和约束。当用户对此图元显式添加尺寸和约束后,系统会在没有用户确认的情况下移除“弱”尺寸和“弱”约束,“弱”尺寸和“弱”约束在草绘界面中默认以灰色显示。
* “强”尺寸和“强”约束　由用户创建的尺寸和约束或经过用户修改的“弱”尺寸和“弱”约束。“强”尺寸和“强”约束是草绘器不能自动删除的。默认情况下,“强”尺寸和“强”约束以黄色出现。

2.1.2　参数化绘图

参数化技术是现代 CAD 发展过程中的一次重大变革,Pro/Engineer 是首个采用参数化技术的软件,也正是因为有了参数化这项革命性的技术才促成了 PTC 的建立和 Pro/Engineer 的诞生。

　　进入到草绘界面后,使用草图绘制命令绘制有大致形状和尺寸的图形,这其中的每一个图元都由一个或多个参数来控制,通过约束这些参数最终可得到一个精确的二维图形,这个图形就是一个精确的参数化草图。参数化绘图的过程可以图 2.1.1 所示图形的绘制过程为例来讲述:首先绘制基本图元并编辑,使之成为有大致的形状和尺寸的图形,如图 2.1.1(a)、(b)所示;然后添加图形的约束,如图 2.1.1(c)所示的圆心等高、两圆等半径约束,如图 2.1.1(d)所示的线段与半圆的相切约束;最后为线段和半圆添加尺寸约束,得到精确草图,如图 2.1.1(e)所示。本例制作过程参见随书光盘文件 ch2\ch2_1_example1. sec. 1、ch2_1_example1. sec. 2、ch2_1_example1. sec. 3 和 ch2_1_example1. sec. 4。

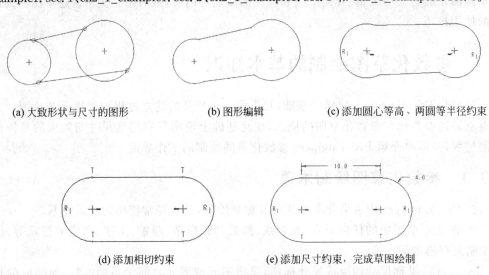

(a) 大致形状与尺寸的图形　　　(b) 图形编辑　　　(c) 添加圆心等高、两圆等半径约束

(d) 添加相切约束　　　(e) 添加尺寸约束,完成草图绘制

图 2.1.1　参数化草绘过程

　　图 2.1.1 所示的例子只是用于说明参数化绘图的概念和过程,对于绘制图 2.1.1(e)所示的图形可以直接使用目的管理器的约束功能,在图元绘制过程中自动添加约束,然后编辑图形、添加尺寸,完成图形绘制,详细制作过程参见 2.4.3 节例 2.1。

　　参数化绘图的过程实际上就是一个将最初绘制的只有大致形状、没有精确尺寸和位置关系的图形约束为有确定尺寸和位置关系的图形的过程。而这其中的约束可分为尺寸约束和几何约束两种类型。

　　• 尺寸约束　指控制草图中图元大小的参数化驱动尺寸,当它改变时,草图中的相应图元随着改变。因此,可通过更改控制图元的尺寸参数来得到草图的精确尺寸。

　　• 几何约束　指控制草图中图元位置以及图元之间相互位置关系的约束。位置约束是指控制某图元水平或竖直;图元之间的位置关系约束指明两个元素是否相互垂直、平行、相等、同心或是重合等。

　　一个精确的草图要求必须是全约束的,也就是说每一个参数都要指定,这样的模型才是精确的;草图又要求不能过约束,若存在过约束则表示有尺寸或位置关系的指定重复,会造成约束间的矛盾,其解决方法为删除部分约束。

在 CAD 技术中引入了约束的概念后,出现了参数化设计的概念。所谓参数化是指对零件上各图形元素施加约束,如以直径约束圆的大小,以圆心的 x、y 坐标约束圆的位置,便可以得到一个精确的圆;再以这个精确的圆作为截面,沿着圆的中心线方向向上拉伸,以高度作为约束便可以得到一个形状精确的圆柱,这个过程就是参数化建模的基本过程。

各个特征的几何形状与尺寸大小用变量参数的方式来表示,这些变量参数可以是独立的,也可以具有某种代数关系。如果定义某图元或特征的变量参数发生改变,则图元或特征的形状和大小将会随之而改变。由参数驱动图形是 Pro/Engineer 系统自动实现的过程,也是参数化绘图的基本原理。

2.1.3　参数化草图绘制步骤

按照上面关于参数化绘图的叙述,完成一个完整的草图需要如下三步。

(1) 草图图元的绘制　使用绘制"直线"、"圆"、"矩形"、"圆弧"、"样条曲线"等命令绘制图形的雏形。

(2) 草图图元的编辑与修改　对上面步骤中绘制的图形进行修剪、删除等修改或复制、镜像、旋转等操作,使之具有与最终图形相似的形状。

(3) 添加约束,完成草图绘制　对图形添加位置约束和尺寸约束,得到精确的图形。

注意

上面的步骤只是从理论上说明的草绘基本过程,实际的绘图可能是上面三个步骤多次反复的过程。

一般的绘图过程都是先建立基本框架并标注尺寸,再在基本框架之上添加细枝末节,完成图形。并且其中的每一步都是一个绘制图元、编辑图元、约束并标注图元的过程。例如,图 2.1.2 所示图形的建立过程如下。

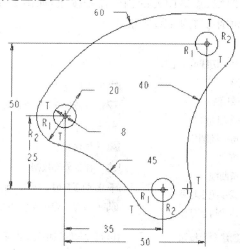

图 2.1.2　要建立的参数化草图

（1）绘制三处同心圆并确定其位置关系及圆自身的尺寸,如图 2.1.3(a)所示。

（2）绘制三条弧线,对其添加相切、端点在圆上约束,并添加尺寸约束,如图 2.1.3(b)所示。

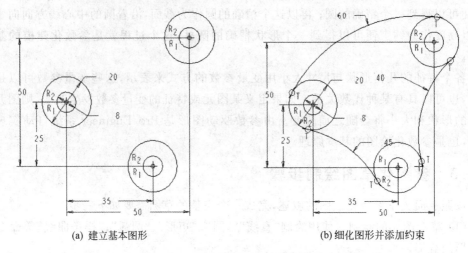

(a) 建立基本图形   (b) 细化图形并添加约束

图 2.1.3 参数化草图过程

（3）删除多余线段得到最终图形,如图 2.1.2 所示。

2.1.4 草绘界面与鼠标操作

单击【文件】→【新建】菜单项,在弹出的【新建】对话框中选择【草绘】菜单,并在【名称】输入框中输入文件名,单击【确定】按钮进入草绘界面。Pro/Engineer 的参数化草绘模块界面与第 1 章讲述的零件模块有所不同,因为在此模块中操作的都是二维图形,鼠标的使用方法也有所不同。

绘图窗口右侧的草绘工具栏各按钮功能如图 2.1.4 所示。该工具栏按钮基本可以分为两类:线段、矩形、圆、曲线、点等图元的创建命令按钮,如图 2.1.4 (a)所示;尺寸与约束相关、图元编辑按钮,如图 2.1.4 (b)所示。

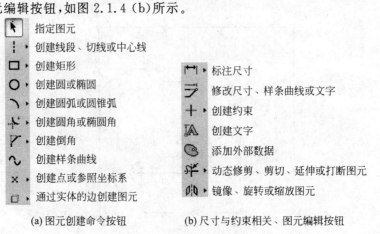

(a) 图元创建命令按钮   (b) 尺寸与约束相关、图元编辑按钮

图 2.1.4 草绘工具栏详解

草绘界面中,以草图图元的绘制、约束与编辑修改为主要功能的【草绘】菜单替代了零件图界面的【插入】菜单,其他菜单也有所改变。比如,【编辑】菜单里原有的关于实体的操作命令如【阵列】等被去掉、【应用程序】里的【钣金件】、【Mechanica】等模块接口也被去掉了。草绘界面中【编辑】各菜单项的含义说明如图 2.1.5 所示。

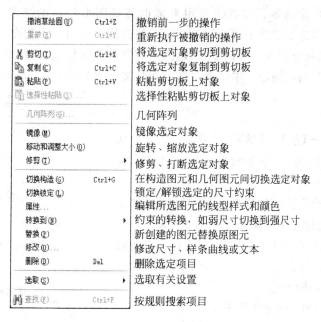

撤消草绘图(U)	Ctrl+Z	撤销前一步的操作
重做(R)	Ctrl+Y	重新执行被撤销的操作
剪切(T)	Ctrl+X	将选定对象剪切到剪切板
复制(C)	Ctrl+C	将选定对象复制到剪切板
粘贴(P)	Ctrl+V	粘贴剪切板上对象
选择性粘贴(S)		选择性粘贴剪切板上对象
几何阵列(G)...		几何阵列
镜像(M)		镜像选定对象
移动和调整大小(O)		旋转、缩放选定对象
修剪(K)		修剪、打断选定对象
切换构造(G)	Ctrl+G	在构造图元和几何图元间切换选定对象
切换锁定(L)		锁定/解锁选定的尺寸约束
属性...		编辑所选图元的线型样式和颜色
转换到(N)		约束的转换,将弱尺寸切换到强尺寸
替换(R)...		新创建的图元替换原图元
修改(O)...		修改尺寸、样条曲线或文本
删除(D)	Del	删除选定项目
选取(S)		选取有关设置
查找(F)...	Ctrl+F	按规则搜索项目

图 2.1.5 【编辑】菜单详解

由于是对二维平面图的操作,在鼠标的使用上取消了图形旋转等功能,只保留了图形移动、缩放等操作。

- 左键　指定与选择。与零件图界面下的使用基本相同,用于选择菜单或工具栏上的命令按钮;指定点、位置、确定图素的起点和终点;选择草图中的图元等。
- 中键拖动　整体移动草图。按住鼠标中键移动鼠标可以整体移动草图。
- 滚动鼠轮　缩放草图。另外,Ctrl+中键拖动也可以缩放草图。

提示

在本章建立的二维草图文件中,图形不能旋转,但在三维建模文件中建立的二维草图,可以像对待实体模型一样进行旋转操作。

2.2　草图图元的绘制:参数化草图绘制第一步

根据 2.1 节讲述的具有精确约束与尺寸草图的绘制过程,草图绘制的第一步就是画出图形元素,本节讲述线段、构造线、中心线、矩形、圆与椭圆、圆弧、圆角、倒角、点与坐标点、文本、样条曲线等的绘制方法,以及外部数据的插入方法。

2.2.1　线、中心线、构造线、切线的绘制

　　Pro/Engineer 中的线分为 3 类：实线、中心线和构造线。构成几何图形的是实线，也就是通常所说的线；中心线是无限长的直线，用点画线表示，通常用作旋转特征的旋转中心、对称图元的对称轴等；构造线是用来辅助完成图形绘制的参考线，以虚线表示。图 2.2.1 是使用构造线的例子，为了在直径 50 的圆周上绘出 3 个均布的圆，首先绘制了一个直径 50 的圆和分别成 120°的 3 条线，然后将其转换为构造线，构造圆与 3 条构造线的交点即为要绘制圆的圆心。本例参见随书光盘文件 ch2\ch2_2_example1.sec。

1. 绘制线段

　　单击【草绘】→【线】→【线】菜单项，或单击工具栏按钮 ＼，鼠标由"选择"状态转换到"绘制线段"状态。线段绘制过程如下：

　　（1）在要开始线段的位置单击，此时一条"橡皮筋"线便附着在光标上随着鼠标的移动而移动。

　　（2）在要终止线段的位置单击，系统在两点间创建一条线段。同时，此点又是另一条线段的起点，"橡皮筋"线继续跟随光标移动。

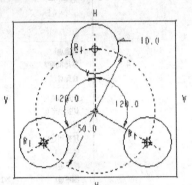

图 2.2.1　使用构造线的图例

　　（3）重复上一步，创建其他线段。

　　（4）单击鼠标中键或工具栏按钮 ，"橡皮筋"线消失，结束线段的绘制，系统由"绘制线段"状态转换到"选择"状态。

提示

　　在图形绘制过程中，经常会出现一些约束符号并出现"橡皮筋"线的跳动。比如，在绘制的线段接近水平时出现 H 并且图形自动由接近水平跳到水平；接近竖直时出现 V 且图形跳动到竖直；在一条线段和另一条线段接近平行时两条线段附近都出现 ∥ 且两线段变得平行等。这些都是系统【目的管理器】的自动约束，自动约束可以辅助设计者作图，如果没有自动约束出现，单击【草绘】→【目的管理器】菜单项，使其处于被选中状态，如图标 ∨ 目的管理器(M) 所示，即可实现自动约束。

　　创建草图时【目的管理器】可以自动追踪设计者的设计意图，实时、动态地约束图形，并显示出这种约束关系，上面所述的符号就是【目的管理器】对图形的动态约束。由于【目的管理器】的作用，可极大地提高建模效率。若不想使图形具有这种约束关系，可调整光标位置，使约束图标消失后再单击、绘制图形。

提示

　　草绘时只能绘制一个具有大致形状、没有精确尺寸的图元，要想得到精确的图形，必须使用尺寸修改命令（见 2.5 节）。这也正反映了参数化草绘的步骤：先根据自己的设计思路勾勒出只有大体形状和尺寸的草图，再使用修改与约束的方法将草图细化，使之具有

精确的形状和尺寸。

2. 绘制中心线

绘制中心线的方法与线段基本相同,不同的是中心线是无限长的直线,仅用作参考,起到辅助线的作用,并不形成实际的图形。中心线的绘制过程如下:

(1) 单击工具栏中 ╲· 按钮右侧的三角形符号,弹出创建线段的级联子工具栏按钮 ╲·╲┊┊ ,选取第三个图标┊绘制中心线,选取第四个图标┊绘制几何中心线。

(2) 单击中心线上第一点的位置,此时一条无限长的"橡皮筋"中心线便附着在光标上,并以第一点位置为中心随着鼠标的移动而转动。

(3) 单击中心线上第二点的位置,系统经过此两点创建了一条中心线。

(4) 重复步骤(2)、(3)创建另一条中心线。

(5) 单击鼠标中键或工具栏按钮 ▶ ,系统转换到"选择"状态,结束中心线命令。

提示

在草绘工具栏中,有些命令按钮右侧带有一个小三角,如绘制线按钮 ╲· 、绘制圆按钮 ○ 、绘制点按钮 ×· 、图形修剪按钮 ⇁ 等,其意义表示此命令按钮下有级联的子工具栏按钮,选择其子按钮可以绘制与此按钮命令相似的图形。

几何中心线是 Pro/Engineer Wildfire 5.0 的新增功能,在草图中建立的几何中心线可应用于零件建模和装配模块中,而中心线只能应用于草绘中。

3. 绘制构造线

构造线的绘制过程为先绘制实线段,然后选中实线段,使用【编辑】→【切换构造】命令将其转换为构造线。下面以图 2.2.2 为例,说明构造线的创建方法:

(1) 打开随书光盘文件 ch2\ch2_2_example2.sec。

(2) 按住 Ctrl 键,依次选取图 2.2.2 左图中的图元。

(3) 单击【编辑】→【切换构造】菜单项,图中的线段、圆、矩形和样条曲线都转换为构造线,如 2.2.2 右图所示。完成后的模型参见随书光盘文件 ch2\f\ch2_2_example2_f.sec。

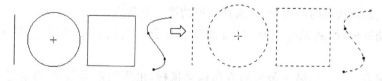

图 2.2.2　建立构造线

提示

按住 Ctrl 键依次单击可选取多个图元,被选取的对象构成一个选择集,对于选择集的构造将在 2.3.1 节详述。

4．绘制切线

单击绘制线段按钮的级联子工具栏按钮 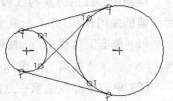，系统进入绘制切线状态，单击圆或圆弧后，系统可自动寻找圆或圆弧的切点，完成两圆或圆弧的外切线、内切线。

打开随书光盘文件 ch2\ch2_2_example3.sec，在图中绘制两圆的外切线和内切线，完成后的图形如图 2.2.3 所示，参见随书光盘文件 ch2\f\ch2_2_example3_f.sec。

图 2.2.3　两圆之间的切线

在绘制切线时，生成的是外切线还是内切线根据选择的圆弧上的位置来确定，如果选择的点离内切点较近，则生成内切线，反之生成外切线。

2.2.2　矩形、斜矩形、平行四边形的绘制

单击【草绘】→【矩形】菜单项，弹出子级菜单如图 2.2.4 所示，或单击工具栏按钮 □，右侧的三角符号，弹出子工具栏 □·□◇□，其三个按钮分别为建立矩形、建立斜矩形和建立平行四边形。

图 2.2.4　【矩形】子菜单

建立矩形的基本步骤为：

（1）单击【草绘】→【矩形】→【矩形】菜单项或工具栏按钮 □，系统进入矩形绘制状态。

（2）在绘图区选定的位置单击，选择矩形的第一个角点。

（3）拖动鼠标，可以看到跟随光标移动的"橡皮筋"矩形，在合适的位置单击，完成矩形的绘制。系统将会在两个角点之间创建矩形。

（4）重复步骤（2）、（3），绘制另一个矩形。

（5）单击鼠标中键或工具栏按钮 ↖，系统转换到"选择"状态，结束矩形命令。

建立斜矩形的基本步骤为：

（1）单击【草绘】→【矩形】→【斜矩形】菜单项或工具栏按钮 ◇，系统进入斜矩形绘制状态。

（2）在绘图区选定的位置单击，选择矩形的第一个角点。

（3）拖动鼠标，跟随光标出现"橡皮筋"线，在合适的位置单击，建立斜矩形的第一条边。

（4）沿垂直于斜矩形第一条边的方向拖动鼠标，出现斜矩形预览，在合适位置单击，完成绘制，如图 2.2.5 所示。

（5）重复步骤（2）、（3）、（4），绘制另一个斜矩形。

（6）单击鼠标中键或工具栏按钮 ↖，系统转换到"选择"状态，结束矩形命令。

平行四边形的建立与斜矩形类似，单击【草绘】→【矩形】→【平行四边形】菜单项或工具栏按钮 □，激活平行四边形命令。在选定第一、二点绘制平行四边形的第一条边后，在

任意点单击,可完成平行四边形,如图 2.2.6 所示。与图 2.2.5 所示斜矩形相比,平行四边形没有两条边之间的垂直约束。

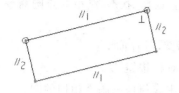
图 2.2.5　斜矩形

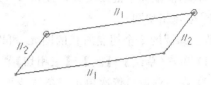
图 2.2.6　平行四边形

2.2.3　圆与圆弧的绘制

1. 圆的绘制

调出草绘圆命令的方法:单击【草绘】→【圆】菜单项,弹出绘制圆的二级菜单,如图 2.2.7 所示;或单击草绘工具栏 ⊙ 按钮右侧的三角符号,弹出绘制圆的级联子工具栏按钮 ⊙·⊙◎○○○,与草绘圆有关的前 4 个按钮依次为"以圆心和圆上一点绘制圆"按钮、"绘制同心圆"按钮、"以相切方式绘制圆"按钮、"3 点方式绘制圆"按钮。

1) 使用中心点和圆上一点绘制圆

使用中心点和圆上任一点绘制圆是最常用绘制圆的方式,其步骤为:

(1) 单击【草绘】→【圆】→【圆心和点】菜单项,或工具栏按钮 ⊙·,系统进入绘制圆状态。

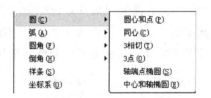
图 2.2.7　【圆】菜单

(2) 在图形窗口的合适位置单击指定圆心,移动鼠标,出现随光标移动的"橡皮筋"圆,单击鼠标确定圆上任一点的位置,确定圆的大小。

(3) 重复步骤(2)可创建其他圆。

(4) 单击鼠标中键或工具栏按钮 ▶ ,系统转换到"选择"状态,结束圆命令。

2) 创建同心圆

如果图形中已存在圆弧或圆,系统提供了创建其同心圆的方法,过程如下:

(1) 单击【草绘】→【圆】→【同心】菜单项,或工具栏按钮 ◎ 。

(2) 在图形窗口单击选择已经存在的圆弧或圆,移动鼠标,出现随光标移动的"橡皮筋"圆,此圆的圆心正是前面选择的圆弧或圆的圆心,单击鼠标确定圆上任一点的位置,确定圆的大小。

(3) 重复步骤(2)可创建其他同心圆。

(4) 单击鼠标中键或工具栏按钮 ▶ ,系统转换到"选择"状态,结束同心圆命令。

3) 创建 3 点圆

若已知圆上任意 3 个点位置,可以使用 3 点作圆,过程如下:

(1) 单击【草绘】→【圆】→【三点】菜单项,或工具栏按钮 ○ 。

（2）在图形窗口依次单击 3 个不在一条直线上的点，系统自动生成经过此 3 点的圆。

（3）重复步骤（2）可创建其他 3 点圆。

（4）单击鼠标中键或工具栏按钮　，系统转换到"选择"状态，结束 3 点圆命令。

4）创建相切圆

若已知圆的 3 个切点所在的图元，可以绘制相切圆，过程如下：

（1）单击【草绘】→【圆】→【三相切】菜单项，或工具栏按钮 　。

（2）在图形窗口依次单击三条线或弧，系统自动生成与该三图素相切的圆。

（3）重复步骤（2）可创建其他相切圆。

（4）单击鼠标中键或工具栏按钮　，系统转换到"选择"状态，结束相切圆命令。

注意

创建相切圆时，圆的切线可以是实线、构造线、圆、圆弧或实体边线等图元，但不可以是椭圆或中心线等图元。

2. 圆弧的绘制

与圆的绘制方法类似，系统也提供了 4 种绘制圆弧的方法，其命令的调出方法有：单击【草绘】→【圆弧】菜单项，弹出绘制椭圆二级菜单，如图 2.2.8 所示；或单击草绘工具栏 　 按钮右侧的三角符号，弹出绘制圆弧的级联子工具栏按钮 　，与圆弧相关的 4 个按钮依次为 3 点方式绘制圆弧按钮、绘制同心圆弧按钮、以圆心和两端点绘制圆弧按钮和以相切方式绘制圆弧按钮。

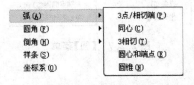

图 2.2.8　【弧】菜单

1）3 点方式绘制圆弧

通过指定圆弧的两个端点与弧上其他任一点可确定圆弧，其操作步骤如下：

（1）单击【草绘】→【弧】→【3 点/相切端】菜单项，或工具栏按钮 　，系统进入 3 点圆弧草绘状态。

（2）在图形窗口合适的位置单击，指定圆弧起点，单击另一个位置，指定圆弧终点；移动鼠标，出现随光标移动的"橡皮筋"圆弧，此"橡皮筋"圆弧的两个端点正是上面选择的起点和终点，单击鼠标确定圆弧的位置和大小。

（3）重复步骤（2）可创建其他圆弧。

（4）单击鼠标中键或工具栏按钮 　，系统转换到"选择"状态，结束 3 点圆弧命令。

2）创建同心圆弧

如果图形中已经存在圆弧或圆，可以创建其同心圆弧，过程如下：

（1）单击【草绘】→【弧】→【同心】菜单项，或工具栏按钮 　。

（2）在图形窗口单击选择已经存在的圆弧或圆，移动鼠标，出现随光标移动的"橡皮筋"构造圆，沿此构造圆单击两次分别指定圆弧的起点和终点，同心圆弧草绘完成。

（3）重复步骤（2）可创建其他同心圆弧。

（4）单击鼠标中键或工具栏按钮 　，系统转换到"选择"状态，结束同心圆弧命令。

3）通过圆心和端点创建圆弧

通过指定圆心和圆弧的两端点也可以创建圆弧，过程如下：

（1）单击【草绘】→【弧】→【圆心和端点】菜单项，或工具栏按钮 。

（2）在图形窗口合适区域单击选择圆心，移动鼠标，出现随光标移动的"橡皮筋"构造圆，沿此构造圆单击两次分别指定圆弧起点和终点，圆弧草绘完成。

（3）重复步骤（2）可创建其他圆弧。

（4）单击鼠标中键或工具栏按钮 ，系统转换到"选择"状态，结束圆弧命令。

4）创建相切圆弧

若已知圆的 3 个切点所在的图素，可以绘制相切圆，过程如下：

（1）单击【草绘】→【弧】→【3 相切】菜单项，或工具栏按钮 。

（2）在图形窗口中依次单击选择两条线段，移动鼠标，出现随光标移动的"橡皮筋"圆弧，此圆弧的端点切于上面选择的线段。

（3）单击选择第三条线段，窗口显示草绘完成的圆弧。

（4）重复步骤（2）、（3）可创建其他相切圆弧。

（5）单击鼠标中键或工具栏按钮 ，系统转换到"选择"状态，结束相切圆弧命令。

2.2.4　圆角与倒角的绘制

通过单击圆角或椭圆形圆角所在的两条边，可以绘制圆角或椭圆形圆角。单击【草绘】→【圆角】菜单项，弹出绘制圆角的二级菜单，如图 2.2.9 所示；或单击工具栏按钮 右侧三角形符号，弹出子工具栏按钮 ，两个按钮分别为建立圆角和椭圆形圆角命令。

草绘圆角的过程如下：

（1）单击【草绘】→【圆角】→【圆形】菜单项，或工具栏按钮 。

（2）选取两条边，系统在两边之间生成圆角。

（3）重复步骤（2）可创建其他圆角。

（4）单击鼠标中键或工具栏按钮 ，系统转换到"选择"状态，结束圆角的绘制。

通过单击要创建倒角的两条边，可在两边之间创建倒角。在 Pro/Engineer Wildfire 5.0 中可建立的倒角分为两种，分别为倒角和倒角修剪。单击【草绘】→【倒角】菜单项，弹出绘制倒角的二级菜单，如图 2.2.10 所示；或单击工具栏按钮 右侧三角形符号，弹出子工具栏按钮 ，两个按钮分别为建立倒角和倒角修剪命令。

图 2.2.9　【圆角】菜单　　　　　　　　　　　图 2.2.10　【倒角】菜单

对图 2.2.11 所示矩形建立两个倒角如图 2.2.12 所示。左上角完成倒角后保留构造线和原顶点，右下角通过修剪原来的边建立顶点。以上两倒角的建立过程如下：

（1）单击【草绘】→【倒角】→【倒角】菜单项，或工具栏按钮 。

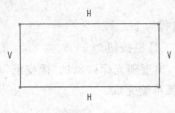

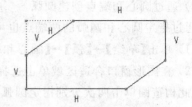

图 2.2.11　矩形　　　　　　　　　图 2.2.12　矩形建立倒角和倒角修剪

（2）选取矩形左上角两条边，系统在两边之间生成倒角，将倒角修剪掉的边变为构造线，并保留了原顶点，如图 2.2.12 左上角所示。

（3）单击【草绘】→【倒角】→【倒角修剪】菜单项，或工具栏按钮　。

（4）选取矩形右下角两条边，系统在两边之间生成倒角，将倒角之外部分修剪掉，如图 2.2.12 右下角所示。

2.2.5　样条曲线的绘制

样条曲线是非均匀有理 B 样条曲线（non-uniform rational B-spline，NURBS）的简称，是一种由给定的离散点构成的光滑过渡曲线。在样条曲线的建立过程中，这些离散点都通过或无限逼近所生成的样条曲线，所以使用样条曲线可以得到经过或逼近特定点的、光滑的曲线。简单地说，样条曲线就是通过或逼近若干个中间点的光滑曲线。在汽车、飞机、家电等产品的外观设计中，样条曲线可用于表达不能用简单数学公式表述的复杂线条。样条曲线绘制方法如下：

（1）在草绘工具栏中单击样条曲线绘制按钮　。

（2）在图形窗口单击一系列点，单击过程中可以看到光标上附着着一条"橡皮筋"曲线，这条曲线就是即将生成的样条曲线。

（3）单击鼠标中键或工具栏按钮　，系统转换到"选择"状态，结束样条曲线命令。

提示

样条曲线生成过程中，在图形窗口单击形成的一系列的点称为内插点，而位于曲线两端的点称为端点，内插点和端点的位置用于确定样条曲线形状，是样条曲线的设计要求。

2.2.6　点和坐标系的绘制

单击草绘工具栏的　按钮可建立点或坐标系，单击按钮的右侧三角符号可弹出二级子工具栏　。选择　按钮，或单击【草绘】→【点】菜单项，可建立草绘点；选取　按钮，或单击【草绘】→【坐标系】菜单项，可建立草绘坐标系；选取　按钮，可建立几何点；选取　按钮，可建立几何坐标系。

提示

几何点和几何坐标系是 Pro/Engineer Wildfire 5.0 的新增功能，在草图中建立的几何点和几何坐标系可应用于零件建模和装配模块中。而草绘点和草绘坐标系只能应用于草绘中。

点和坐标系的建立较简单,激活命令后,在图形窗口单击,选择点或坐标系的位置即可完成绘制。单击鼠标中键或工具栏按钮 ，系统转换到"选择"状态,结束点或坐标系命令。

2.2.7　文本的绘制

单击草绘工具栏中的绘制文本按钮,可以绘制文本。单击【草绘】→【文本】菜单项或工具栏按钮 ，系统进入草绘文本状态。在确定了文本方向和高度后,系统弹出文字设置对话框,如图 2.2.13 所示。使用该对话框可写入文本内容、选择文本字体、设定文本放置方式等。对话框说明如下:

(1) 文本行　在此输入要绘制的文本。

(2) 字体　设置文本的字体。

(3) 位置　指定即将生成的文本相对于指定点的位置。

• 水平　在水平方向上控制点(即书写文本的起点)位于文本的左边、右边或中间。图 2.2.14(a)中控制点位于文本的左边,图 2.2.14(b)中控制点位于文本的右边。

• 垂直　在垂直方向上控制点位于文本的底部、顶部或中间。图 2.2.14(a)中控制点位于文本的底部,图 2.2.14(b)中控制点位于文本的顶部。

图 2.2.13　【文本】对话框

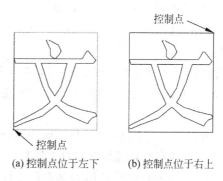

(a) 控制点位于左下　(b) 控制点位于右上

图 2.2.14　文本的控制点

(4) 长宽比　设置文字的宽度缩放比例。

(5) 斜角　设置文字的倾斜角度。

(6) 沿曲线放置　设定文字是否沿指定的曲线放置,其效果如图 2.2.15(a)所示。

(7)　 使文字沿曲线反向放置,只有当选定了【沿曲线放置】选项时此按钮才可用,其效果如图 2.2.15(b)所示。

绘制文本的操作步骤如下:

(1) 单击【草绘】→【文本】菜单项或工具栏按钮 。

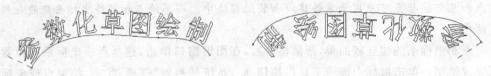

(a) 文本沿曲线放置   (b) 文本沿曲线反向放置

图 2.2.15   文本沿曲线放置的两种方式

（2）选择文本行的起始点，确定文本方向和高度：在图形窗口合适的位置单击，此点即为文本的控制点，移动鼠标单击绘制第二点，两点之间的线段即为文本行的高度，第一点到第二点的方向即为文字方向，如果第二点在第一点下方，则生成的文字为倒置的。

（3）在随后弹出的文本对话框中输入文本行，指定文本字体，指定文本的位置、长宽比、斜角等。

（4）若要文本沿曲线放置，单击 ⬜ 沿曲线放置 复选框，使之处于选中状态 ☑ 沿曲线放置 ，选取一条已经绘制好的曲线。

（5）单击鼠标中键或工具栏按钮 ➤ ，系统转换到"选择"状态，结束文本命令。

2.2.8　插入外部数据

从 Wildfire 3.0 版本开始，Pro/Engineer 中添加了插入外部数据和常用草绘截面的功能。单击【草绘】→【数据来自文件】菜单项，弹出子菜单如图 2.2.16 所示。

选择【文件系统】菜单项可以插入外部数据，此外部数据可以是以前建立的 Pro/Engineer 草绘图形（.sec 文件），也可以是其他设计软件建立的截面图形，如 AutoCAD 图形、Adobe Illustrator 图形、IGES 文件等。

图 2.2.16　【数据来自文件】菜单

选择【调色板】菜单项弹出【草绘器调色板】对话框，在此对话框中可选择系统预定义好的常用草绘截面，如工字形、L 形、T 形、五角形等截面，直接双击插入图形窗口中，可大大提高绘图效率。

下面以插入一个 AutoCAD 图形为例，说明插入外部数据的过程。

（1）单击【草绘】→【数据来自文件】→【文件系统】菜单项，在弹出的【打开】对话框中选择要插入的图形，这里选择随书光盘文件 ch2\ch2_2_example4_diaogou.dwg。注意，在 Pro/Engineer Wildfire 5.0 中，可以插入 AutoCAD 的最高版本为"AutoCAD 2007"。

（2）单击【确定】按钮，系统导入选取的文件并弹出【信息窗口】对话框提示模型的处理结果，单击【关闭】按钮进入 Pro/Engineer 草绘界面。

（3）在屏幕上单击，被选取的 AutoCAD 图形便被添加到当前窗口，同时屏幕右上角出现【移动和调整大小】对话框如图 2.2.17 所示，在屏幕上选取合适的参照，并输入合适的缩放比例和旋转角度，单击对话框上的 ✔ 按钮将图形插入当前窗口，如图 2.2.18 所示。

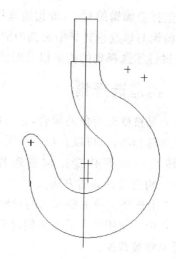

图 2.2.17　【移动和调整大小】对话框　　　图 2.2.18　导入到草绘中的吊钩图例

注意

在插入非 Pro/Engineer 文件(如 AutoCAD、IGES 等格式文件)时,需要经过数据转换才能在系统中显示,这中间用到 Pro/Engineer 中内置的二维数据交换接口。

在二维数据交换接口方面,Pro/Engineer Wildfire 5.0 支持 AutoCAD 2007 以及更低版本的 AutoCAD 文件。而在 Wildfire 4.0 中,只能识别到 AutoCAD 2004 格式的文件。

AutoCAD 2007、2008 和 2009 保存的文件默认为"AutoCAD 2007 图形"格式,其文件可以直接被导入到 Pro/Engineer Wildfire 5.0 中。而 AutoCAD 2010 及以上版本保存的文件默认为"AutoCAD 2010 图形"格式,其文件不能被 Pro/Engineer Wildfire 5.0 识别,必须将其保存为 AutoCAD 2007 或以下版本才能被正确使用。保存的方法为:在高版本 AutoCAD 软件中打开 .dwg 文件,单击【文件】→【另存为】菜单项,在弹出的【图形另存为】对话框中,指定【文件类型】为"AutoCAD 2007"后单击【确定】按钮,生成 AutoCAD 2007 版本的文件。

提示

在草绘工具栏中还有一个按钮 └ 一直显示为灰色,其功能是通过图元的边创建草图。其使用方法将在第 3 章建立了实体图元后再讲述,详见 3.3.3 节。

2.3　草图编辑与修改:参数化草图绘图第二步

在绘制复杂草图时,仅靠草图图元绘制命令实现起来非常麻烦,甚至难以实现。借助于草图编辑功能,可以轻松、高效实现复杂图形的绘制。参数化草图绘制的第二步,就是对上面绘制的基本图元进行编辑与修改。执行编辑与修改命令通常需要分两步进行:

(1) 选择要编辑的对象，即构造选择集。

(2) 编辑与修改选择集中被选中的对象。

本节讲述了选择集的构造以及图元删除、修剪、复制等的操作方法。

2.3.1 构造选择集

选择集是被修改对象的集合，它可以包含一个或多个对象。用户可以在执行编辑命令之前建立选择集，也可以在执行编辑命令时构造选择集。不过有些命令如删除、复制、镜像、旋转与缩放等必须先构造选择集再执行命令，详见后面相关论述。在 Pro/Engineer 中构造选择集的方法如下。

(1) 单击选择　单击要选择的对象，被单击的对象高亮显示（默认状态下为红色），表示对象被选中。使用单击的方法同时只能选中一个对象，如果单击选取其他对象，则以前选择的对象将被替换。

(2) Ctrl＋单选对象　按住 Ctrl 键单击可以选择多个对象，也可以从已经构造好的选择集中使用 Ctrl＋单击的方法将特定对象去除。

(3) 框选　按住鼠标左键并拖拉（以下简称拖动）出现矩形窗口，将选择所有包含在矩形窗口内的对象，此种方法称为框选，框选可以同时选择多个对象。同样按住 Ctrl 键拖动鼠标可以将对象添加到选择集中或从选择集中去除。

2.3.2 删除图元

删除操作必须先构造选择集，在选定要删除的对象后，可以直接按键盘上的 Delete 键，也可以使用下面两种方法删除选定对象：

(1) 右击，在弹出的快捷菜单中选择【删除】菜单项。

(2) 单击【编辑】→【删除】菜单项。

2.3.3 拖动修改图元

系统提供了图元的拖动修改功能，可以方便地实现点、线段、圆、圆弧、样条曲线等图元的旋转、拉伸和移动等操作。

1. 拖动点

将光标移动到要被移动的点上，点高亮显示后，拖动鼠标，光标变为，此时点跟随光标移动。达到所需要的位置后，松开鼠标左键完成拖动。

2. 拖动线段

对于线段的操作，可以分为平移和旋转并拉伸两种方式。

· 平移　单击线段将其选中，此时线段高亮显示，将光标移动到线段上任意一点并拖动，此时线段在符合现有的约束条件下跟随光标移动。到达所需的位置后，松开鼠标左键完成拖动。

· 旋转并拉伸　在没有选中线段的情况下，将鼠标置于线段上直接拖动鼠标，线段将以远离鼠标单击点的那个端点为圆心转动,并随着鼠标的移动改变线段的长度。达到所需的角度和长度后,松开鼠标左键完成拖动。

3. 拖动圆

拖动圆心,可以移动圆;拖动圆的边线,圆的直径会随着鼠标的移动变大或缩小。到达所需的要求后,松开鼠标左键。

4. 拖动圆弧

可以使用拖动的方法实现圆弧的转动、整体移动、圆弧包角的改变等操作。
- 转动圆弧端点　拖动圆弧的一个端点,可以看到圆弧以另一端点为固定点转动,并且随着拖动位置的改变,圆弧包角也在发生变化。
- 拖动圆弧　圆弧会以圆弧的两个端点为固定点改变直径和圆心。
- 拖动圆心　圆弧会以某一端点为固定点旋转,且圆弧的包角及直径也会作相应变化。
- 整体移动圆弧　先单击选中圆弧,然后拖动其圆心,达到所需位置后,松开鼠标左键。

5. 拖动样条曲线

- 拖动样条曲线的端点,可按比例缩放图元,同时图形绕另一个端点旋转。
- 拖动样条曲线上的内插点,可以改变曲线的形状。

注意

图元的拖动修改方法非常灵活,选择方式的不同、选择对象类型的不同、对象已有约束的不同,都会引起拖动对象时图形修改方式的不同,在建模过程中要灵活对待。

2.3.4　复制图元

同删除对象一样,要想复制图元,也必须首先选定对象才能激活复制命令。其步骤如下:

(1)构造选择集,单选或框选要复制的图元。

(2)单击【编辑】→【复制】菜单项(或使用 Ctrl＋C 快捷键),将选定图元复制到粘贴板中。

(3)单击【编辑】→【粘贴】菜单项,鼠标变为 ⬚,在图形区单击确定被复制对象的放置位置,然后在弹出的对话框中指定复制对象的比例与旋转角度,其操作同 2.8 节"插入外部数据"。

2.3.5　镜像图元

镜像图元是指以中心线为轴线,对称生成选中图元的副本,与复制图元一样,必须先选中对象才能激活镜像命令。其操作步骤如下:

（1）构造选择集，单选或框选要镜像的图元。

（2）单击【编辑】→【镜像】菜单项或工具栏按钮 ，在屏幕右上角弹出【选取】对话框，如图 2.3.1 所示，同时在屏幕下方的消息区提示 选取一条中心线 。

（3）选取镜像中心线，如图 2.3.2 所示。如果没有中心线，可在执行镜像命令前绘制一条中心线。镜像命令完成后的结果如图 2.3.3 所示。

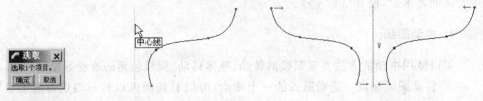

图 2.3.1　【选取】对话框　　　图 2.3.2　选取中心线　　　图 2.3.3　镜像曲线

注意

镜像命令使用的镜像中心线一定是中心线或几何中心线，线段、构造线或以后绘制的平面、建立的基准面等都不可以作为镜像中心线。

2.3.6　修剪图元

Pro/Engineer 提供了三种修剪工具，分别为动态修剪、剪切或延伸、分割，可完成不同功能的修剪操作。

1. 动态修剪

使用动态修剪命令，可对绘图区中的任意图元作动态修剪，操作过程如下：

（1）单击【编辑】→【修剪】→【删除段】菜单项或工具栏按钮 ，激活动态修剪命令。

（2）单击图元中要修剪掉的部分，如图 2.3.4(a) 所示，此段图形即被删除。或按住鼠标左键拖动，使其经过要删除的线段，如图 2.3.4(b) 所示，此线段高亮显示，抬起鼠标左键，选定的图形部分即被删除。上面两种操作方法得到的结果如图 2.3.4(c) 所示。

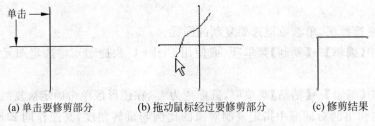

(a) 单击要修剪部分　　　(b) 拖动鼠标经过要修剪部分　　　(c) 修剪结果

图 2.3.4　动态修剪的过程

2. 剪切或延伸

使用将图元修剪（剪切或延伸）到其他图元或几何的方法，可以修剪或延伸指定的线段，其过程如下：

（1）单击【编辑】→【修剪】→【拐角】菜单项或工具栏按钮 ├ ，激活剪切或延伸命令。

（2）单击图形中两条线段，系统将所选择部分保留以形成夹角。在此命令执行过程中，多余的部分将被剪除，不相交的部分被延伸。如图 2.3.5 所示，单击左图中的位置 1 和位置 2，将生成右图所示的图形。

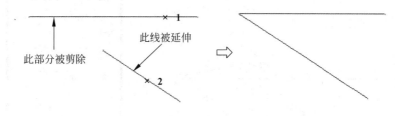

图 2.3.5　剪切并延伸线段

3. 分割

使用分割图元的方法，可将图元在鼠标选定的位置截断，其操作步骤如下：

（1）单击【编辑】→【修剪】→【分割】菜单项或工具栏按钮 ├ ，激活分割命令。

（2）单击要分割的图形，将其分割。若图形首尾相接，将从分割处断开，如图 2.3.6 所示；若图形为一条线段，则图形从单击的位置一分为二，如图 2.3.7 所示。

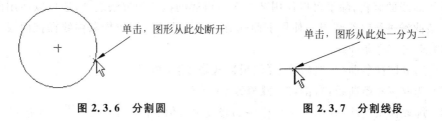

图 2.3.6　分割圆　　　　　　　**图 2.3.7　分割线段**

2.3.7　移动和调整图元

使用移动和调整大小功能，可以移动、旋转并缩放图形，其操作步骤如下：

（1）构造选择集。在激活命令前，单选或框选要复制的图元。

（2）单击【编辑】→【移动和调整大小】菜单项或工具栏按钮 ⊙ 激活命令，此时被选定的对象周围出现红色编辑框，并显示操作手柄，如图 2.3.8(a) 所示；同时在屏幕右上角弹出【移动和调整大小】对话框，如图 2.3.8(b) 所示。

（3）拖动图形右上部的旋转手柄，可以旋转图形；拖动图形中部的移动手柄，可以移动图形；拖动图形右下部的缩放手柄，可以缩放图形。也可以在缩放旋转对话框中写入缩放比例和旋转角度，然后单击对话框上的 ✔ 按钮，完成图形的旋转与缩放。

2.3.8　编辑文字

文字的编辑与文字的绘制过程基本相同，右击选中的文字，在弹出的快捷菜单中单击【修改】菜单项，或直接双击文字，或选取文字后单击工具栏中 ⊋ 按钮。在弹出的【文本】对话框中可以修改文本内容、文本字体、文本放置方式等项目。

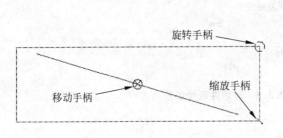

(a) 被移动和调整大小的对象   (b)【移动和调整大小】对话框

图 2.3.8　移动图元并调整图元大小

2.3.9　编辑样条曲线

样条曲线的编辑,除了可以使用 2.3.3 节讲述的拖动的方法之外,还可以使用操控面板对样条曲线进行高级编辑。使用下面任意一种方法可以调出样条曲线操控面板:

(1) 双击该样条曲线。

(2) 选取该样条曲线,然后单击【编辑】→【修改】菜单项。

(3) 选取该样条曲线,右击,选择【修改】菜单项。

(4) 选取样条曲线,并单击工具栏中的修改尺寸值、样条几何或文本图元按钮 ⤵ 。

样条曲线操控面板如图 2.3.9 所示,此时曲线上的内插点和端点处于活动状态,如图 2.3.10 所示。对样条曲线的高级编辑包括修改各点坐标值、增加插入点、创建控制多边形、显示与调整曲线曲率等操作。下面以随书光盘文件 ch2\ch2_3_example1.sec 中样条曲线的修改为例分别介绍。

图 2.3.9　编辑样条曲线操控面板　　　**图 2.3.10　处于活动状态的样条曲线**

1. 添加内插点与删除点

在样条曲线任意点处右击,弹出快捷菜单,单击【添加点】菜单项可以在此点插入新点,如图 2.3.11 所示;在样条曲线内插点或端点处右击,弹出的菜单如图 2.3.12 所示,选择【删除点】菜单项可以删除此选定的点。在样条曲线的高级编辑状态下,对于点的操作除了添加点和删除点外,直接拖动点也能改变点的位置,这方面的功能在样条曲线处于通常状态下也可实现。

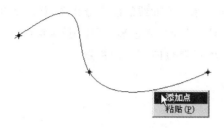

图 2.3.11　在样条曲线中插入点　　　　图 2.3.12　删除样条曲线上的点

2. 用控制点驱动样条曲线定义

默认状态下,样条曲线是用内插点和端点的位置定义的。单击控制面板中的 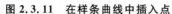 图标,可以切换到控制多边形模式,此状态下样条曲线上添加了控制多边形,通过拖动多边形的端点可以改变样条曲线形状;也可以通过添加或删除控制多边形上的点从而添加或删除样条曲线上的内插点,最终使曲线变得复杂或简单。图 2.3.13 所示为在控制多边形上添加控制点并向右拖动控制点后样条曲线形状的改变,图 2.2.14 所示为删除控制点后样条曲线形状的改变。

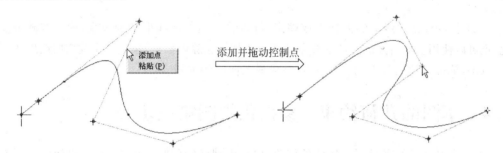

图 2.3.13　添加样条曲线控制多边形上的点并修改曲线形状

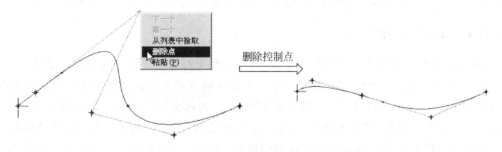

图 2.3.14　删除样条曲线控制多边形上的点

3. 显示与调整曲线曲率

要想使曲线光滑就要使曲线上各点的曲率变化均匀,并且尽量不要出现正负曲率值交替的情况。通过样条曲线的曲率分析图,可以形象直观地观察与调整曲线各处的曲率。其操作过程如下:

（1）在样条曲线操控面板中，单击按钮 ，可显示样条曲线的曲率分析图，如图 2.3.15 所示。同时操控面板上出现如图 2.3.16 所示的调整界面，通过滚动【比例】滚轮可调整代表曲率大小的曲率线的长度，通过滚动【密度】滚轮可调整曲率线的数量。

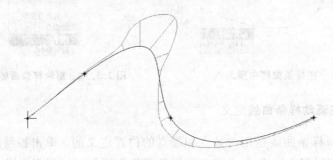

图 2.3.15　样条曲线的曲率分析图

图 2.3.16　样条曲线曲率图调整界面

（2）拖动样条曲线上的内插点或端点，可以看到随着曲线形状的改变，曲率线随着变化，也可以使用上面讲述的方法在样条曲线上添加或删除内插点，来进一步改变曲线形状。

（3）单击操控面板上的 ✔ 按钮，完成样条曲线的编辑。

2.4　草图的几何约束：参数化绘图第三步（1）

2.3 节中讲述的是对图形形状的修改，要想得到确定的几何图形，还需要使图元具有精确的约束关系和尺寸。本节讲述精确图形绘制过程中确定图元之间约束关系的相关问题，包括几何约束的种类、几何约束的建立方法以及几何约束的删除等问题。

2.4.1　几何约束

单击工具栏中的约束开/关按钮 ，可以控制约束符号在屏幕中的显示与关闭。

Pro/Engineer 中的约束可以分为两类：对单个图元的约束和对多个图元位置关系的约束。对单个图元的约束有"竖直"和"水平"两种。对图元间位置关系的约束包括"两图元正交"、"两图元相切"、"点在线的中间"、"点在线上或相同点、图元上点、共线"、"对称"、"相等"、"平行"等多种。当在图元上添加约束后，约束符号会出现在图元附近。常用约束按钮及其符号见表 2.4.1。

2.4.2　几何约束的建立

有两种方法可以建立几何约束：一种是在绘制图元的过程中，在目的管理器作用下，使用系统提示自动创建约束；另一种方法是在图元建立完成后，使用工具栏中的几何约束命令创建。

表 2.4.1　常用约束的含义

约 束 按 钮	约束名称与意义	在图形中显示的符号
╁	使直线竖直	V
	使两点或两顶点在竖直方向上对齐	¦
╧	使直线水平	H
	使两点或两顶点在水平方向上对齐	--
⊥	使两图元垂直	⊥₁
⊘	两图元相切	T
╲	点位于线的中点	*
⊙	点在线上或相同点、图元上点	○
	两点共线	╲
→¦←	两点相对于中心线对称	→¦←
=	两线段长度相等	L₁
	两圆半径相等	R₁
∥	两线段平行	∥₁

1. 使用目的管理器创建约束

在默认状态下,"目的管理器"打开,系统会根据图元的位置自动捕捉设计者的设计意图而创建约束,本书中将这种约束称为"自动约束"。例如:若设计者绘制的线段接近于水平,系统会认为设计者要绘制一条水平线,就会对此线段自动创建一个"水平"约束,并在线的附近出现水平约束按钮 H;再例如,若图中已经有一个圆,当绘制其他圆时,若两圆直径接近,系统会认为设计者要绘制两个半径相等的圆,就会在两个圆上施加一个"半径相等"约束,并在两圆的附近都出现两圆半径相等约束按钮 R₁。

2. 使用几何约束命令创建约束

单击草绘工具栏中 ╁ 按钮右侧的三角形符号,弹出子工具栏如图 2.4.1 所示,单击图中相应的约束按钮可对图形添加约束,对话框中各项功能按钮的意义见表 2.4.1。

添加约束的过程如下:

(1) 单击【约束】子工具栏中相应的约束按钮。

(2) 根据提示选择相应的图元,完成操作。

例如,使用添加约束的方法,使图 2.4.2(a)中两条直线垂直,操作过程如下:

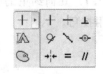

图 2.4.1　【约束】子工具栏

(1) 单击草绘工具栏中的 ╁ 按钮右侧的三角形,在弹出的子工具栏中单击 ⊥ 。

(2) 根据系统提示单击选取要使其正交的两图元,两线段位置相应调整为垂直关系,如图 2.4.2(b)所示。

其他约束的添加方法与之类似,读者可以根据消息区中的提示自行完成。

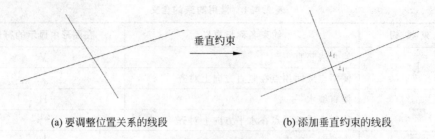

(a) 要调整位置关系的线段   (b) 添加垂直约束的线段

图 2.4.2   对两线段添加垂直约束

2.4.3   几何约束禁用与锁定

在打开目的管理器的情况下,绘图过程中系统自动添加了大量自动约束,可以大大减轻设计者的工作量,但有时自动约束并没有正确反映设计者的设计意图,这时就应该将其去掉,这就是几何约束的禁用。有两种方法可以达到这个目的。

(1)夸大法   将图形的差异放大,离开系统创建自动约束的范围。如:要想绘制一条与平行线有一个小倾斜角的线段,可以在绘图过程中放大此倾斜角,使系统不认为设计者绘制的线段是水平的,然后使用尺寸标注的方法来修正该角度。

(2)右键单击禁用约束   当出现自动约束符号时,单击右键可以禁用约束,此时原来的约束符号上被画上了斜线。如:在绘制直线的第二个点时,当跟随光标的橡皮筋线呈接近水平状态时,在线的附近自动出现水平约束符号 H,这时快速单击右键,约束符号就变为了 ⤫,表示水平约束不起作用了。再次单击右键约束禁用被取消。

自动约束是在绘图过程中当光标在一定范围内才动态出现的,要想保持这种约束,可以使用约束锁定的方法。在出现约束符号时,按住 Shift 键同时快速单击右键可以锁定该约束。被锁定的约束在原来的符号外面被加上了一个圆圈。如:在绘制直线的第二个点时,当跟随光标的橡皮筋线呈接近水平状态时,由于系统"目的管理器"的作用,在线的附近出现水平约束 H,按住 Shift 键同时快速单击右键,约束符号就变为了 Ⓗ,表示此水平约束被锁定,鼠标不能在此约束的范围以外移动。再次按住 Shift 键,同时再次快速单击右键可以解除约束锁定。

例 2.1   几何约束的综合应用:以图 2.4.3 所示图形的绘制过程为例来讲述自动约束的使用技巧。

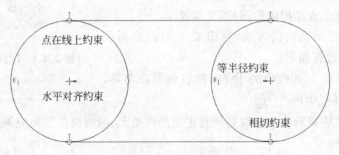

图 2.4.3   要使用自动约束建立的图形

图形特点分析：从设计意图上看，图中两圆圆心在同一水平线上且半径相等，两直线水平且与两圆相切。可以很容易地使用自动约束的方法创建此图形，其创建步骤如下。

步骤 1：建立新文件

单击【文件】→【新建】菜单项或工具栏按钮 🗋，在弹出的【新建】对话框中，选择 ⊙ ▨ 草绘 单选按钮，在【名称】文本输入框中输入文件名 ch2_4_example1，单击【确定】按钮进入草绘界面。

步骤 2：建立两个圆

（1）单击工具栏中的绘制圆按钮 ○，系统进入绘制圆状态。在图形窗口合适的位置单击指定圆心。移动鼠标，出现随光标移动的"橡皮筋"圆，单击鼠标确定圆上任一点的位置，确定圆的大小，第一个圆完成。

（2）拖动鼠标，选择第二个圆心位置，将光标放在接近与第一个圆心水平的位置，系统在两圆心附近出现自动水平对齐符号 ▬▬ ▬▬ 。此时可以按住 Shift 键，同时快速单击右键锁定此水平对齐约束，如图 2.4.4 所示。在锁定状态下，无论鼠标如何移动，光标始终位于锁定的水平线上，单击确定第二个圆的圆心位置。

（3）移动鼠标，出现随光标移动的"橡皮筋"圆，当半径大小与第一个圆相似时，在两圆附近出现等半径约束符号 R₁，如图 2.4.5 所示，表示两圆半径相等，此时单击确定第二个圆半径。

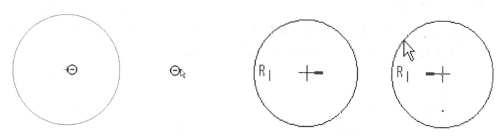

图 2.4.4 锁定水平约束   图 2.4.5 捕捉等半径约束

步骤 3：建立两条线段

（1）建立上面的线段。单击草绘界面下草绘工具栏上绘制切线按钮 ╲，系统进入绘制切线状态，分别单击两圆顶点，系统自动寻找圆的切点并创建两圆的外切线。

（2）同理建立下部线段，完成图形。

本例见随书光盘文件 ch2\ch2_4_example1.sec。

2.5　草图的尺寸约束：参数化设计第三步（2）

2.4 节讲述了怎样使图元具有确定的形状和相对位置关系，本节讲述确定草图精确尺寸的方法。在 Pro/Engineer 绘图过程中采用了先确定图元形状、后确定尺寸的方式来绘制精确草图。即：在绘图时无法指定图元尺寸，绘制完成后使用尺寸标注和尺寸修改命令确定图元大小。

绘图时之所以不需要设计者指定尺寸，是因为系统根据设计者绘制图元的位置和大小自动生成了尺寸,这些尺寸被称为"弱"尺寸,在默认系统中显示为灰色。系统在创建和删除"弱"尺寸时并不给予提示,而且用户也无法干预,这种设计方式符合人们的思维方式,可以尽量少地打断设计者的思路,使设计者以最快的速度完成设计构思的草图,然后再使用尺寸标注和修改方法将草图精确化。

在完成草图的绘制后,设计者可以根据自己的设计意图添加尺寸,这些尺寸称为"强"尺寸,"弱"尺寸被修改以后也变为"强"尺寸。增加"强"尺寸,系统会自动删除多余的"弱"尺寸和部分约束,以保证图形不出现过约束。

下面分别讲述尺寸的标注方法、尺寸的修改方法、尺寸的锁定以及部分尺寸标注技巧。

2.5.1　尺寸标注

单击【草绘】→【尺寸】菜单项弹出子菜单如图 2.5.1 所示,或单击工具栏按钮 右侧的三角符号,弹出子工具栏 。在 Pro/Engineer Wildfire 5.0 中可标注法向、周长、参照、基线和解释尺寸。本书主要讲述法向尺寸的标注方法。

单击【草绘】→【尺寸】→【法向】菜单项或工具栏按钮 ,激活法向尺寸标注命令,系统根据不同的标注对象和不同的操作方法得到不同的标注尺寸。

1. 标注线段长度

(1) 激活命令　单击【草绘】→【尺寸】→【法向】菜单项或工具栏按钮 。

(2) 选取要标注的图元　单击线段上位置1,如图 2.5.2 所示。

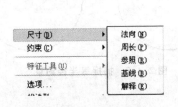

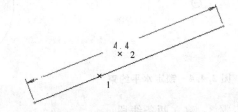

图 2.5.1　【尺寸】菜单　　　　　图 2.5.2　标注线段长度

(3) 确定尺寸和尺寸文本放置位置　在位置 2 单击中键确定尺寸放置位置,完成标注。

2. 标注两条平行线间的距离

(1) 激活命令　单击草绘工具栏按钮 。

(2) 选取要标注的图元　分别单击两平行线上位置1和位置2,如图 2.5.3 所示。

(3) 确定尺寸和尺寸文本放置位置　在位置 3 单击中键确定尺寸放置位置,完成标注。

3. 标注点与线间的距离

(1) 激活命令　单击【草绘】→【尺寸】→【法向】菜单项或工具栏按钮 。

（2）选取要标注的图元　分别单击位置 1 选取点和线上一点位置 2,如图 2.5.4 所示。

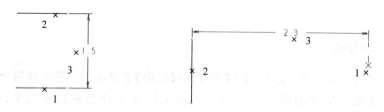

图 2.5.3　标注平行线间距离　　　图 2.5.4　标注点到线间的距离

（3）确定尺寸和尺寸文本的放置位置　在位置 3 单击中键,确定尺寸放置位置,标注完成。

4. 标注两点间距离

（1）激活命令　单击【草绘】→【尺寸】→【法向】菜单项或工具栏按钮 |→| 。
（2）选取要标注的图元　分别单击位置 1 和位置 2,如图 2.5.5 所示。
（3）确定尺寸和尺寸文本放置位置　在位置 3 单击中键确定尺寸放置位置,完成标注。

两点之间的标注除了标注其间距的倾斜标注外,还可以标注水平距离和垂直距离。根据中键单击选择的尺寸放置位置不同,生成的标注就不同,如果以要标注的两点作为对角点将屏幕区域划分为 7 个标注区域的话,可将标注放置区分为三类:1、2、3 区为倾斜尺寸标注区,4、5 区为水平尺寸标注区,6、7 区为垂直尺寸标注区,如图 2.5.6 所示。读者可自行标注两点之间水平和垂直距离。

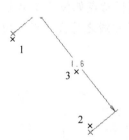
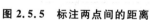
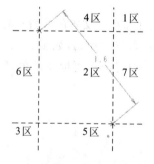

图 2.5.5　标注两点间的距离　　　图 2.5.6　两点间距、水平距离和垂直距离标注的区域划分

以上几种标注方式都与长度有关,也可以称为线性标注。线性标注比较灵活,除了上面讲述的 4 种标注外,还有如圆弧切点间距离标注、直线与圆弧距离标注、点与圆心距离标注、直线与圆心距离标注等,与上面讲述的方法类似。标注过程可以总结为一句话:左键单击选择标注对象,中键单击选取放置点。

5. 标注半径

（1）激活命令　单击【草绘】→【尺寸】→【法向】菜单项或工具栏按钮 |→| 。

（2）选取要标注的图元　单击要标注的圆或圆弧上一点如位置 1，如图 2.5.7 所示。

（3）确定尺寸和尺寸文本放置位置　在位置 2 单击中键确定尺寸放置位置，完成标注。

6. 标注直径

（1）激活命令　单击【草绘】→【尺寸】→【法向】菜单项或工具栏按钮 |↦| 。

（2）选取要标注的图元　分别单击圆或圆弧上任意两点如位置 1 和位置 2，如图 2.5.8 所示；也可以在圆或圆弧上任意点如位置 1 或位置 2 双击。

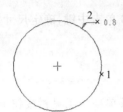

图 2.5.7　标注半径

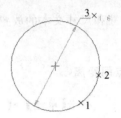

图 2.5.8　标注直径

（3）确定尺寸和尺寸文本放置位置　在位置 3 单击中键确定尺寸放置位置，完成标注。

7. 标注两线段夹角

（1）激活命令　单击【草绘】→【尺寸】→【法向】菜单项或工具栏按钮 |↦| 。

（2）选取要标注的图元　分别单击两条线段上任意一点如位置 1 和位置 2，如图 2.5.9 所示。

（3）确定尺寸和尺寸文本的放置位置　在两条尺寸线之间任意点如位置 3 单击中键确定尺寸放置点，可标注锐角，如图 2.5.9 所示；也可在两条尺寸线之外任意点如位置 4 单击中键确定尺寸放置点，可标注钝角，如图 2.5.10 所示。

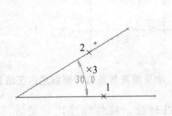

图 2.5.9　标注两线段间夹角

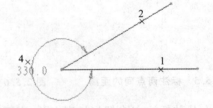

图 2.5.10　标注两线段间钝角

8. 标注圆弧角度

（1）激活命令　单击【草绘】→【尺寸】→【法向】菜单项或工具栏按钮 |↦| 。

（2）选取要标注的图元　分别单击圆弧的两端点和弧上一点，如图 2.5.11 所示位置 1、2 和 3，其单击顺序可以颠倒。

（3）确定尺寸和尺寸文本放置位置　在位置 4 单击中键确定尺寸放置位置，完成标注。

2.5.2　尺寸标注的修改

修改标注尺寸有两方面的内容：一种是使用拖动的方法移动尺寸线和尺寸文本的位置，如图 2.5.12 所示；另一种是修改标注尺寸的值。修改尺寸值是修改设计的重要内容，有两种方式可以修改尺寸值。

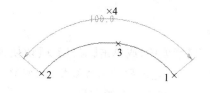

图 2.5.11　标注圆弧角度

图 2.5.12　移动尺寸位置

1. 双击尺寸文本在位编辑尺寸值

双击尺寸文本，如图 2.5.13(a)中尺寸 5.50，出现在位编辑框 5.50 ，在编辑框中直接输入修改后的尺寸值，如图 2.5.13(b)所示，回车或单击中键，系统会根据输入尺寸的大小自动调整线的长度，如图 2.5.13(c)所示。

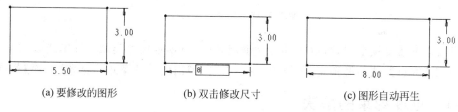

(a) 要修改的图形　　　　(b) 双击修改尺寸　　　　(c) 图形自动再生

图 2.5.13　在位编辑尺寸文本

2. 使用修改尺寸值命令

单击【编辑】→【修改】菜单项或工具栏按钮 ，激活尺寸编辑命令，在窗口的右上角出现【选取】对话框。选取一个或多个尺寸文本，系统弹出【修改尺寸】对话框如图 2.5.14 所示（此时选取了两个尺寸），在对话框的文本编辑框中可以输入新的尺寸值，也可以拖动尺寸值旁的旋转轮盘，文本编辑框中的尺寸值和图中对应的尺寸值也会作动态改变。编辑尺寸完成后，单击 按钮，系统关闭对话框并再生草图。

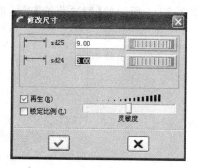

图 2.5.14　【修改尺寸】对话框

注意

使用以上两种方法均可以编辑"强"尺寸或"弱"尺寸，"弱"尺寸经过编辑后即自动变为"强"尺寸。在设计过程中,可以先不建立尺寸,而是直接使用尺寸编辑命令编辑"弱"尺寸值,这样可以同时完成尺寸建立和尺寸编辑两项工作。

2.5.3　尺寸锁定

在编辑图形时,标注的尺寸值可能被系统自动修改,如图 2.5.15 所示,尺寸 14.00、8.00 和 2.00 已经编辑好了,若使用拖动法向左移动左侧线时,将会使尺寸 14.00 变化。本例参见随书光盘文件 ch2\ch2_5_example1.sec。为了使特定尺寸在后续编辑过程中不发生变化,可以将其锁定,锁定尺寸的方法如下:

(1) 选中要被锁定的尺寸,如选定尺寸 14.00。

(2) 右击,在弹出的右键快捷菜单中选定【锁定】菜单项,或单击【编辑】→【切换锁定】菜单项,该尺寸被锁定,在默认状态下显示为橙黄色。锁定的尺寸可以被修改、删除,但修改其他尺寸时锁定的尺寸不会改变,起到了保护作用。读者可在锁定尺寸 14.00 后,再拖动左侧线,观察各尺寸变化。

图 2.5.15　尺寸自动修改

若尺寸不需要锁定了,可以将其解除锁定,方法与锁定尺寸类似:首先选取被锁定的尺寸,单击【编辑】→【切换锁定】菜单项,或右击,在弹出的快捷菜单中选取【解锁】菜单项。

2.5.4　过度约束的解决

过度约束是指一个约束由一个以上的尺寸来限定的现象,如图 2.5.16(a) 所示,在水平方向上圆与直线之间的相对位置已经确定,且圆直径也确定了。若想在直线与圆周上最左边之间添加尺寸 5.00,如图 2.5.16(b) 所示,在水平方向上就形成了过度约束,因为圆的位置可以由距离 5 与半径 2 确定,也可以由直线到圆心的距离 7 确定。Pro/Engineer 系统对尺寸约束要求非常严格,不允许出现过度约束现象。此时系统会弹出如图 2.5.17 所示的【解决草绘】对话框,用来解决发生的冲突问题。

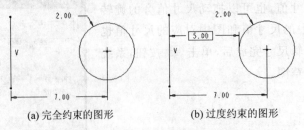

(a) 完全约束的图形　　　　　(b) 过度约束的图形

图 2.5.16　图形的过度约束

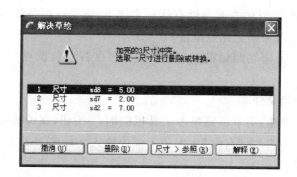

图 2.5.17　【解决草绘】对话框

对话框中列出了发生冲突的尺寸和约束,并且给出了如下解决方法。

- "撤销"　撤销刚刚建立的尺寸,这是最常用的解决方法。
- "删除"　从列表中选择一个多余尺寸或约束将其删除。
- "尺寸>参照"　从列表中选取一个尺寸,将其转换为参照尺寸。参照尺寸在设计中只起到参考作用,并不限定位置。
- "解释"　从列表中选取一个约束,获得对于此约束的说明。

2.6　辅助图元的使用与草图范例

由草图生成三维零件模型时,点、构造线和中心线并不生成实体,这些图元只是起到辅助绘图的作用。就像使用辅助点、辅助线和辅助面求解几何问题一样,可以使用点、构造线和中心线辅助完成草图。下面结合例题讲述各种辅助图元的使用方法。

提示

本节所有实例均提供了详细尺寸,建议读者在学习过程中先参照图形和对每个例题的分析自己建立模型,然后再参阅书中讲述的步骤,对照学习。这样可迅速提高设计者分析问题的能力,并快速掌握所学知识。

例 2.2　绘制图 2.6.1 所示车床垫板截面,本例重点讲述辅助点的使用方法。

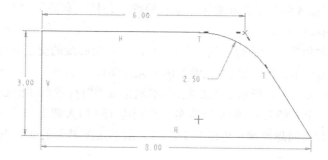

图 2.6.1　例 2.2 图

分析：图中尺寸 6.00 的右端并没有落在实体上，而是在两条线延长线的交点上，这时可用辅助点或中心线来确定此点位置。

图形绘制过程：①建立图形框架（4 条线）；②在右上角顶点处绘制点，并倒圆角；③添加尺寸。

步骤 1：新建草绘文件

单击【文件】→【新建】菜单项或单击工具栏中的 □ 按钮，在弹出的【新建】对话框中，选择 ⊙ ▒▒ 草绘 单选按钮，在【名称】文本输入框中输入文件名 ch2_6_example1，单击【确定】按钮进入草绘界面。

步骤 2：绘制草图

（1）绘制四边形　单击工具栏中绘制 2 点线段按钮 ＼，绘制如图 2.6.2 所示的四边形，绘图过程中注意两条水平线和左边竖直线的自动约束问题。

（2）绘制辅助点　单击工具栏中绘制点按钮 ×，在图形右上角两线交汇处绘制一个点。

（3）绘制圆角　单击工具栏中圆角按钮 ▷，选取两边，生成圆角如图 2.6.3 所示。

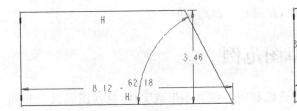

图 2.6.2　绘制四边形

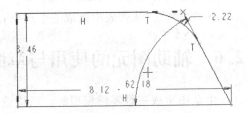

图 2.6.3　建立辅助点

步骤 3：添加尺寸约束

单击尺寸标注按钮 ↦ ，按图 2.6.1 所示添加三个线性尺寸和一个半径尺寸。

步骤 4：保存文件

（1）单击【文件】→【保存】菜单项保存草绘文件。

（2）退出草绘环境。

本例中图 2.6.3 添加圆角后，尺寸 6.00 右侧顶点消失。为形成此尺寸，按上面方法添加一辅助点，添加圆角后此点依然保持原有的约束条件。本例草图参见随书光盘文件 ch2\ch2_6_example1.sec。

也可沿上面的边和右面的边各做一条中心线，在两中心线的交点处建立点，此点也可作为尺寸 6 的顶点，如图 2.6.4。本例参见随书光盘文件 ch2\ch2_6_example1_2.sec。

例 2.3　绘制图 2.6.5 所示法兰盘截面，本例重点讲解构造圆和中心线的使用方法。

分析：图中 3 个直径为 30 的小圆均布于直径为 180 的大圆上，3 个小圆的 120° 均布由 3 条中心线的均匀间隔控制；直径为 180 的大圆不是图形上的实线图元，需要转换为构造圆。

图形绘制过程：①绘制 3 条中心线和直径 180 的圆，找到小圆的圆心；②绘制各圆和圆角；③修剪多余线条；④添加其他尺寸约束。

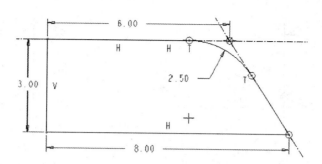

图 2.6.4　使用中心线建立顶点位置

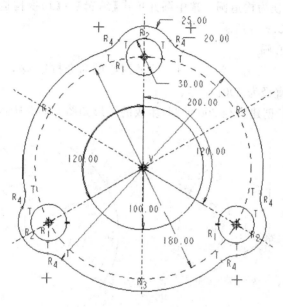

图 2.6.5　例 2.3 图

步骤 1：建立新文件

单击【文件】→【新建】菜单项或单击工具栏中的 □ 按钮,在弹出的【新建】对话框中,选择 ⊙ ▦ 草绘 单选按钮,在【名称】文本输入框中输入文件名 ch2_6_example2,单击【确定】按钮进入草绘界面。

步骤 2：建立中心线

(1) 草绘中心线　单击工具栏中绘制 2 点中心线按钮 ┊,绘制 3 条相交的中心线,其中一条竖直,如图 2.6.6 所示。

(2) 添加尺寸约束　单击尺寸标注按钮 |↦|,标注角度尺寸,使 3 条中心线成 120°的夹角,如图 2.6.7 所示。

步骤 3：创建构造圆

(1) 创建直径 180 的实心圆　单击工具栏中的 ○ 按钮,选取中心线交点作为圆心,在屏幕任一点单击绘制一个圆,并修改圆直径为 180。

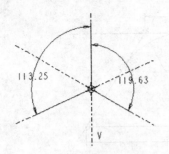

图 2.6.6　创建中心线

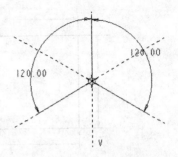

图 2.6.7　标注中心线夹角

（2）将实心圆转换为构造圆　选中圆并单击【编辑】→【切换构造】菜单项，将实心圆转换为构造圆，如图 2.6.8 所示。

步骤 4：创建同心圆

（1）创建直径 100 的圆　单击工具栏中的同心圆命令按钮◎，选择构造圆作为参照圆建立圆，并修改其直径为 100。

（2）重复步骤（1）创建直径 200 的圆，生成的图形如图 2.6.9 所示。

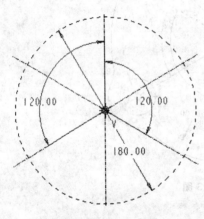

图 2.6.8　创建构造圆

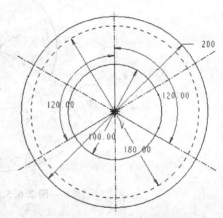

图 2.6.9　创建直径 100、200 的同心圆

步骤 5：创建直径 30 的圆及半径 25 的同心圆

（1）创建直径 30 的圆　单击工具栏中的按钮○，以图 2.6.9 中竖直中心线与构造圆交点为圆心创建圆并修改其直径为 30。

（2）创建其他两个同半径的圆　分别选择构造圆与其他中心线的交点为圆心创建圆，使用同半径约束 R_1 使其与步骤（1）中创建的圆半径相同，如图 2.6.10 所示。

（3）创建同心圆　单击创建同心圆命令按钮◎，以直径 30 的圆为参照创建半径为 25 的 3 个同心圆，如图 2.6.11 所示。

步骤 6：创建圆角

（1）创建圆角　单击草绘工具栏中圆角命令按钮ㄴ，分别选取两个圆弧，在两段圆弧之间生成圆角，形成的圆角如图 2.6.12 所示。

（2）创建其他圆角　使用与（1）相同的方法创建其他 5 个圆角。

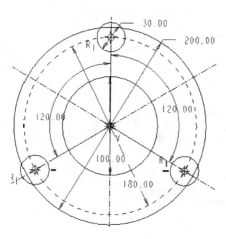

图 2.6.10 创建三个直径为 30 的圆

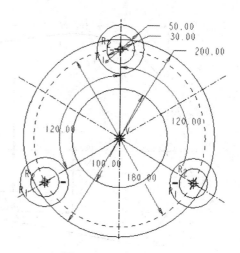

图 2.6.11 创建同心圆

步骤 7：修剪图形

（1）选取命令 单击【编辑】→【修剪】→【删除段】菜单项或工具栏按钮 ，激活动态修剪命令。

（2）修剪多余图元 按住鼠标左键拖动，使其经过要删除的圆弧段，抬起鼠标左键，选定的图形部分被删除，完成后的图形如图 2.6.13 所示。

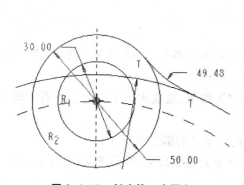

图 2.6.12 创建第一个圆角

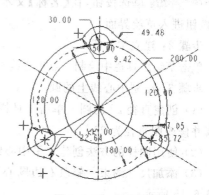

图 2.6.13 完成修剪

步骤 8：标注圆角尺寸

（1）标注第一个圆角尺寸 单击尺寸标注按钮 ，左键单击圆角，中键放置并修改为半径 20。

（2）使用同半径约束，使其他圆角与第一个圆角等半径，完成后的图形见图 2.6.5 所示。

完成的图形参见随书光盘文件 ch2\ch2_6_example2.sec。

例 2.4 绘制图 2.6.14 所示车床床头垫片截面。

分析：本例是各种图元绘制命令的综合应用，其图形框架为一横一竖两条中心线，在框架上绘制各圆后再绘制上面相切的线和下面相交的线，修剪并标注尺寸完成图形。

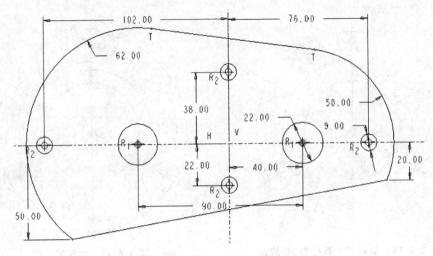

图 2.6.14　例 2.4 图

　　图形绘制过程：①绘制水平中心线和竖直中心线；②绘制上面的 6 个圆并标注尺寸；③绘制上面的切线和下面的交线；④编辑，剪除圆上多余的部分；⑤标注尺寸。

　　步骤 1：建立新文件

　　单击【文件】→【新建】菜单项或单击工具栏中的 ▢ 按钮，在弹出的【新建】对话框中，选择 ◉ ▨▨ 草绘 单选按钮，在【名称】文本输入框中输入文件名 ch2_6_example3，单击【确定】按钮进入草绘界面。

　　步骤 2：建立中心线

　　单击草绘工具栏中绘制 2 点中心线按钮 ⋮，绘制一条水平中心线和一条竖直中心线。

　　步骤 3：绘制中心线上的圆

　　(1) 创建直径 22 的圆　单击工具栏中的 ⊙ 按钮，选取水平中心线上一点为圆心创建圆并修改圆直径为 22。

　　(2) 使用同样的方法创建水平中心线上的同半径的第二个圆。

　　(3) 添加尺寸约束　修改右边圆心到竖直中心线距离为 40，两圆心之间距离 90，如图 2.6.15 所示。

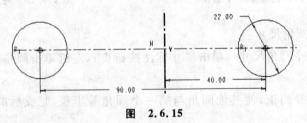

图　2.6.15

　　(4) 重复以上步骤，按照图 2.6.16 所示的尺寸，创建其余 4 个直径均为 9 的小圆。

　　步骤 4：创建同心圆

　　单击创建同心圆命令按钮 ◎，以左边直径为 20 的圆为参照创建半径为 62 的圆、以

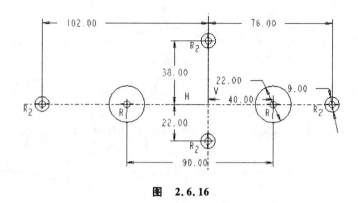

图　2.6.16

右边直径为 20 的圆为参照创建半径为 50 的圆,如图 2.6.17 所示。

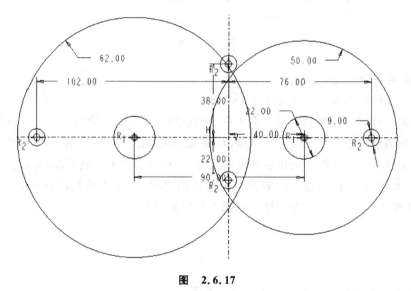

图　2.6.17

步骤 5：绘制线段

(1) 绘制切线　单击切线命令按钮 ，选择半径为 62 和 50 的圆,绘制其外切线。

(2) 绘制下面的线段　单击工具栏上绘制 2 点线段按钮 ,选择左侧圆弧上一点和右侧圆弧上一点形成线段,并为线段添加到水平线的尺寸约束 50 和 20,如图 2.6.18所示。

步骤 6：修剪图形

(1) 选取命令　单击工具栏中的动态修剪按钮 或【编辑】→【修剪】→【删除段】菜单项,激活动态修剪命令。

(2) 修剪圆角　按住鼠标左键拖动,使其经过要删除的圆弧段,抬起鼠标左键,选定的图形部分被删除,完成后的图形如图 2.6.14 所示。

步骤 7：保存文件

(1) 单击【文件】→【保存】菜单项或工具栏按钮 保存草绘文件。

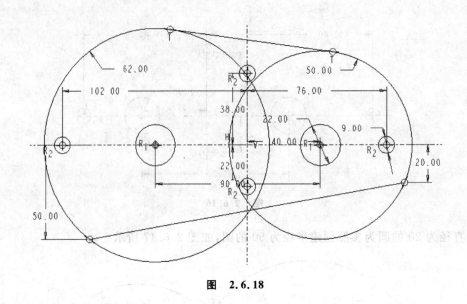

图 2.6.18

（2）退出草绘环境。

绘制完成的图形参见 ch2\ch2_6_example3.sec。

从前面的讲解及范例制作可以看出草绘的思路：首先使用绘图命令绘制具有大体形状和尺寸的图形；然后使用编辑命令修改、添加、删除图元，得到图形的所有图素；再使用几何约束的方法约束图形的位置关系和尺寸值，得到需要的精确草图，完成图形绘制。

绘图、改图、约束图的过程一般为一个循环的过程，通常先绘制图形框架，如中心线等，修改并添加约束，再在这个框架的基础上添加其他图形。

习题

1．使用镜像的方法绘制如题图 1 所示草图。

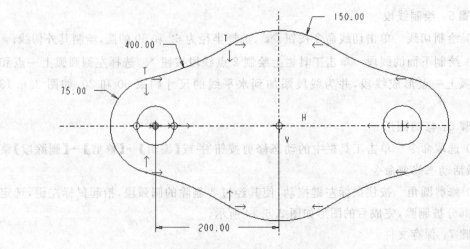

题图 1 习题 1 图

2. 绘制如题图 2 所示草图。

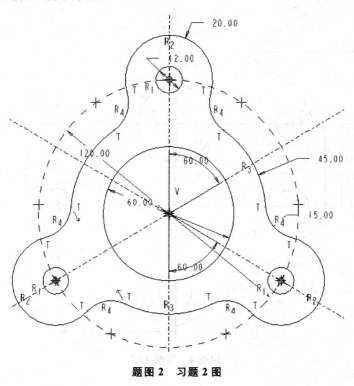

题图 2　习题 2 图

3. 绘制如题图 3 所示草图。

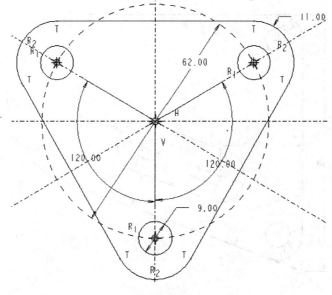

题图 3　习题 3 图

4. 绘制如题图 4 所示草图。

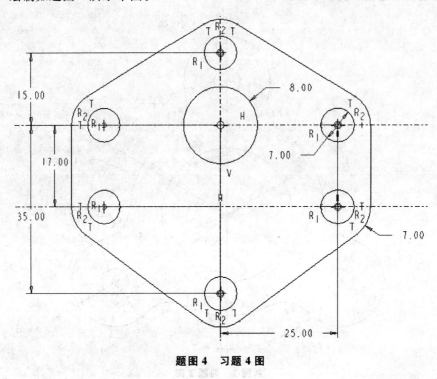

题图 4 习题 4 图

5. 绘制如题图 5 所示草图。

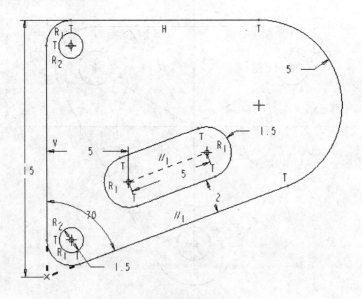

题图 5 习题 5 图

6. 绘制如题图 6 所示草图。

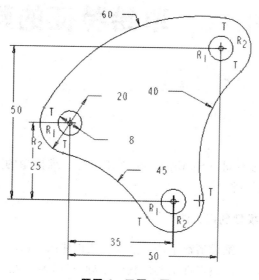

题图 6　习题 6 图

第 3 章

草绘特征的建立

根据要生成模型的不同,Pro/Engineer 创建零件三维模型的方法基本上可分为"积木"式和由曲面生成两大类。

1. "积木"式三维模型创建方法

大部分机械零件的三维模型都是使用这种方法创建的,其建立过程如图 3.0.1 所示。这种方法都是先创建一个反映零件主要形状的基础特征,然后在这个特征基础上添加其他的一些特征,如切槽、孔、倒角、倒圆等。在这种建模过程中,一开始创建的基础特征大部分为草绘特征。

建立基体　　　添加凸台　　　减除材料建立孔　　　添加肋板　　　倒角,完成模型建立

图 3.0.1　底座零件的建立过程

2. 由曲面生成三维模型的方法

第 7 章曲面特征的建立中将介绍这种方法,其基本思想是首先建立实体模型的表面(曲面),然后用"实体化"的方法将曲面内部填充或使用"曲面加厚"的方法沿垂直于曲面的方向延伸生成三维实体。图 3.0.2 是某手机外壳基体建立的过程:首先建立曲面,然后将曲面加厚生成实体。这种方法主要用于有复杂曲面外形的实体的建立。

曲面加厚

图 3.0.2　含有复杂曲面外形的零件的建立过程

可用于创建基础特征的草绘特征是 Pro/Engineer 建模中生成零件基体的最重要的方法,是生成大部分实体都需要的一种特征建立方法。

本章在介绍特征概念及分类的基础上,首先以一个拉伸特征的建立过程作为例子,详细介绍用 Pro/Engineer 建立特征的方法,然后分别介绍拉伸特征、旋转特征、扫描特征、混合特征、筋特征,最后以综合实例作为练习来巩固本章所学知识。

3.1　Pro/Engineer 特征概述及分类

第 1 章中曾提到,Pro/Engineer 是基于特征的,特征是 Pro/Engineer 建模不可拆分的基本单位,"特征"或"基于特征"等这些术语目前在 CAD/CAM 领域也是经常见到的。但作者认为,Pro/Engineer 等软件中所使用的"特征"与 CAD/CAM 理论研究所提到的"特征"并不完全相同。

在 CAD/CAM 理论研究领域,"特征"主要是作为一种"各种信息的载体",其中包括形状信息、制造信息、刀具信息等多方面内容,以 Dixon 为代表的一些学者把特征定义为"可以作为基本单元进行设计和处理的、具有一定几何形状的实体",是把特征看成一种综合概念,作为"产品开发过程中各种信息的载体",除了包含零件的几何拓扑信息外,还包含了设计过程所需要的一些非几何信息,如制造信息、材料信息、热处理信息、粗糙度信息、刀具信息等,它是在更高层次上对几何形体上的圆柱、凹腔、孔、槽等的集成描述。图 3.1.1(a)所示为两个孔特征,除了表示孔信息外,还可以表达制造信息(钻削、镗削、磨削等制造方法)、刀具信息(麻花钻、镗刀、内圆砂轮等切削刀具)、粗糙度信息(钻孔粗糙度为 $Ra\ 12.5\sim50\mu m$、镗孔为 $Ra\ 0.63\sim10\mu m$、磨孔为 $Ra\ 0.32\sim5\mu m$)等;而图 3.1.1(b)为槽特征,可以表示形状信息(槽)、制造信息(铣削、刨削、电火花加工等制造方法)、刀具信息(铣刀、刨刀、电极等刀具)、粗糙度信息(铣削加工的粗糙度为 $Ra\ 1.6\sim12.5\mu m$、刨削为 $Ra\ 0.63\sim20\mu m$、磨孔为 $Ra\ 0.32\sim5\mu m$)等。

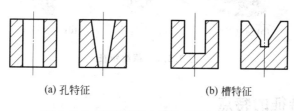

(a) 孔特征　　　　　　　(b) 槽特征

图 3.1.1　理论意义上的孔特征和槽特征

而在 Pro/Engineer 等基于特征的软件中,特征是"参数化实体建模的基本组成单位",它具有预定义的结构形式(拓扑结构一定),可通过参数改变其外观(参数化)。简单地说,特征就是建模过程中不可分解的建模的基本单位,通过设置其参数可以使建立的特征具有不同的大小、外观,但其建立方式、结构形式是固定的。如图 3.1.2(a)所示的圆柱和图 3.1.2(b)中的异形圆柱看起来形状不同,但其建立方式都是一样的,都是将截面沿着垂直于截面的方向拉伸而形成的实体,只是因为其截面不同、拉伸深度不同而形状不同。

Pro/Engineer 中的特征有很多种:从建立方式上,可分为草绘特征、放置特征、基准特征、复杂三维实体特征、曲面特征等;而在 Pro/Engineer 的帮助系统中根据特征创建

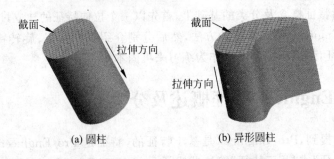

图 3.1.2　**Pro/Engineer 中的拉伸特征**

的复杂程度将零件建模过程中用到的特征分为基准特征、基础特征、工程特征、构造特征、高级特征、扭曲特征等。本书根据第一种分类方法分别讲解各种特征的建立方法。

3.2　草绘特征基础知识

图 3.2.1 所示特征均都是由草图经过一定操作而生成的,这些特征都是草绘特征。所以,草绘特征就是由草图经过一定方式的操作生成的特征。草绘特征是零件建模中的重要特征,大部分零件的创建都是由这类特征开始的,熟练掌握草绘特征的创建方法是学习三维模型设计的基础。

(a) 拉伸特征　　(b) 旋转特征　　(c) 扫描特征　　(d) 混合特征　　(e) 筋特征

图 3.2.1　**草绘特征**

3.2.1　草绘特征的特点

所有的草绘特征有一个共同点,即模型都是由平面内的草图经过一定操作而生成的:拉伸特征如图 3.2.2 所示,由草图(图中网格面)沿垂直于草图方向拉伸一定距离而生成;旋转特征如图 3.2.3 所示,由草图绕轴线旋转一定角度而形成;扫描特征如图 3.2.4 所示,由草图沿垂直于此草图的曲线扫描而生成;混合特征(平行混合)如图 3.2.5 所示,由平行的几个平面沿垂直于平面的方向连接而形成。

　　提示

第 2 章中建立的草图的英文原文为"section",本章中将其译为"截面"(如图 3.2.2～图 3.2.5 所示)或草绘截面。

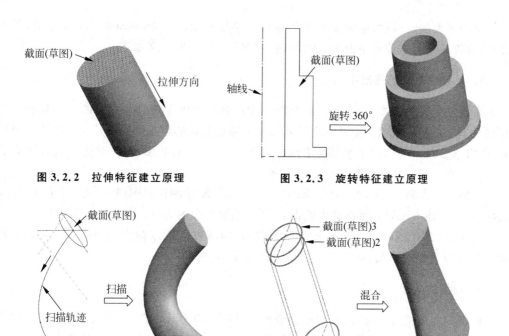

图 3.2.2　拉伸特征建立原理

图 3.2.3　旋转特征建立原理

图 3.2.4　扫描特征建立原理

图 3.2.5　混合特征建立原理

3.2.2　草绘平面、参照平面与平面的方向

三维建模不同于平面绘图,平面绘图的所有工作在一个平面上即可完成,而三维建模是在空间完成的。前面提到:草绘特征是平面中的草图经过一定的操作完成的,这就需要首先确定草图所在的平面,称此面为草绘平面。

以图 3.2.2 所示的拉伸特征为例,草绘平面可以是系统预定义的基准平面(FRONT、TOP 或 RIGHT),如图 3.2.6 所示;也可以是设计者自己定义的基准平面(第 4 章讲述基准平面的建立方法),如图 3.2.7 所示;或是已经定义好的模型的表面,如图 3.2.8 所示。

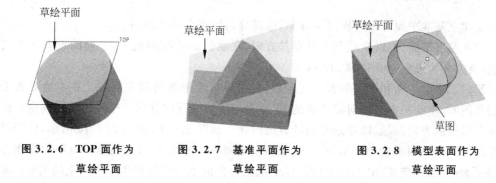

图 3.2.6　TOP 面作为
草绘平面

图 3.2.7　基准平面作为
草绘平面

图 3.2.8　模型表面作为
草绘平面

草绘平面确定以后,还需要确定怎样摆放草绘平面。在 Pro/Engineer 操作中,零件建模、组件装配都牵涉到平面的方向问题,三类平面的方向定义如下。

1. 系统预定义的基准平面

系统预定义的基准面包括 FRONT 面、RIGHT 面和 TOP 面,它们的方向是和系统预定义坐标系相关联的。系统在创建新文件时通过默认的模板已经创建了一个默认坐标系(PRT_CSYS_DEF)和 3 个基准平面(FRONT 面、RIGHT 面和 TOP 面),基准平面的正方向为垂直于此平面的坐标轴的正方向。

如图 3.2.9 所示,X 轴垂直于 RIGHT 面,那么 X 轴的正方向(即右方)就是 RIGHT 面的正方向,而 RIGHT 面也就由此得名,即:基准平面的名称即是此平面正方向。

同理,因 FRONT 面正方向为 Z 轴正方向(向前方),所以命名为 FRONT 面;TOP 面正方向为 Y 轴正方向(向上方),所以命名为 TOP 面。

2. 模型的表面

模型的表面也有正负方向之分,向着模型外的方向为其正方向,朝向模型内的方向为其负方向。如图 3.2.10 所示,模型的上表面(图中的网格面)的正方向朝着模型外的方向,负方向为朝着模型内的方向。

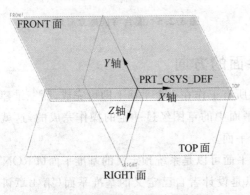

图 3.2.9 预定义平面的正方向

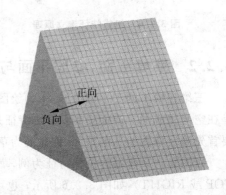

图 3.2.10 模型表面的方向

3. 自己建立的基准平面

在建立基准平面时指定模型正方向,这部分内容将在第 4 章讲述。

对于基准平面,可以从颜色上观察其方向,在默认的系统颜色下,平面的正方向为黄褐色,负方向为黑色,如图 3.2.11 所示。

明白了草绘平面和平面的方向问题后,再来看草绘平面的摆放问题。在草绘平面上绘制草图时,草绘平面是正对设计者的,也就是与屏幕平行的方向。这时还需要确定草绘平面上坐标的方向问题,即草绘平面的方向问题。如图 3.2.12 和图 3.2.13 所示,两图同样是在 FRONT 面上绘制三角形,经过旋转生成圆锥。图 3.2.12 在选择 FRONT 面作为绘图平面的同时,使 TOP 面向上(即 TOP 面正方向向上),旋转就生成了向上的圆锥;而图 3.2.13 在选择 FRONT 面作为绘图平面的同时,使 TOP 面向下(即 TOP 面正方向向下），旋转后生成的圆锥向下（三维模型坐标系的方向与图 3.2.12 相同时）。

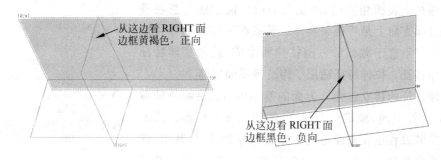

图 3.2.11　基准平面的颜色

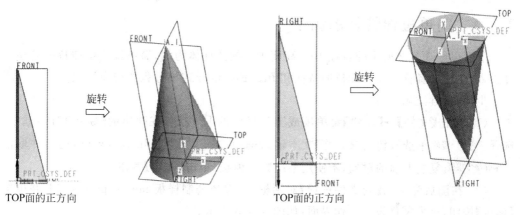

图 3.2.12　TOP 面向上建立圆锥　　　图 3.2.13　TOP 面向下建立圆锥

上面例子中用到的 TOP 面称为草绘平面的参照平面，它是一个选定的、与草绘平面垂直的平面，用来确定草绘平面的放置方式。

3.3　拉伸特征

草绘特征是 Pro/Engineer 里面的重要建模方式，而拉伸特征则是草绘特征中最常用的一类特征，大部分零件建模都是以拉伸特征开始的，如图 3.3.1 所示的法兰盘就是一个简单的拉伸特征。

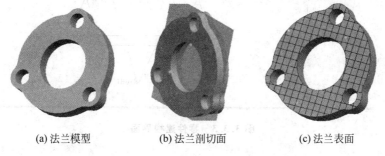

(a)法兰模型　　　　　(b)法兰剖切面　　　　　(c)法兰表面

图 3.3.1　使用拉伸特征建立的法兰模型

在图 3.3.1(a)特征中,以平行与上表面的截面来切实体(见图 3.3.1(b)),得到的每个剖面都与上表面相同(见图 3.3.1(c)),说明法兰盘在垂直于上表面方向上是等截面实体。等截面实体的制作可以将截面沿着垂直于截面的方向拉伸而生成,这种实体特征称为拉伸特征。拉伸特征适用于构造等截面实体。

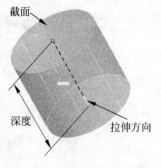

拉伸特征的建立包含 3 方面的基本内容:绘制特征截面、确定拉伸方向、确定拉伸深度,如图 3.3.2 所示。拉伸特征建立的过程也就是确定这 3 方面内容的过程,其中,建立特征截面是最主要的内容,因特征截面为草图,所以草图又称为草绘截面。

图 3.3.2　拉伸特征的三要素

3.3.1　简单拉伸特征的例子

下面以图 3.3.2 所示的直径 100、高度 100 的圆柱体为例,简单说明拉伸特征的建立过程,以便使读者首先建立对拉伸特征和 Pro/Engineer 建模过程的初步认识。

步骤 1: 建立新文件

(1) 单击【文件】→【新建】菜单项或工具栏中的 □ 按钮,在弹出的【新建】对话框中,选择 ⊙ □ 零件 单选按钮,在【名称】文本输入框中输入文件名"ch3_3_example1",并取消 □ 使用缺省模板 复选框前的对勾,不使用系统默认模板,单击【确定】按钮。

(2) 在随后弹出的【新文件选项】对话框中,选择公制样板 mmns_part_solid,并单击【确定】按钮,进入零件设计工作界面,如图 3.3.3 所示。

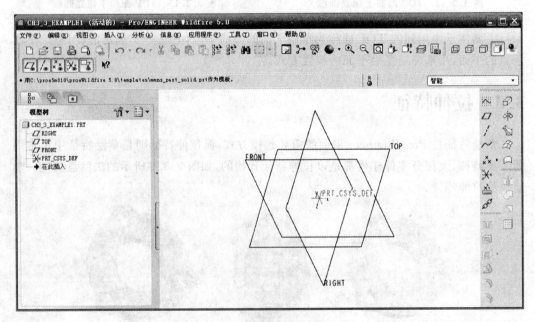

图 3.3.3　零件建模界面

提示

模板指的是包含特定内容的特殊文件。一般来说,这些特定内容是某一类文件都需要的,在创建这类文件时,可以使用模板作为文件的起始,就可避免大量重复的工作。

模板中包含了预定义的特征、层、参数、命名的视图等。例如,一般零件模型文件模板包含默认基准平面、命名的视图、默认层、默认参数以及默认单位等。图 3.3.3 中含有的3 个默认的正交基准平面 RIGHT 面、FRONT 面、TOP 面和默认坐标系 PRT_CSYS_DEF 即为从模板中继承过来的。

根据度量单位的不同,Pro/Engineer 中的模板分为两类:公制模板和英制模板,公制模板的单位长度为 mm(毫米)、重量为 N(牛顿)、时间为 s(秒),英制模板中长度为 in(英寸)、重量为 lb(磅)、时间为 s(秒)。在 Pro/Engineer Wildfire 5.0 的安装过程中,可指定默认模板。若无特别说明,本书中建立的零件文件一律使用公制样板 mmns_part_solid。

步骤 2:建立拉伸特征

(1) 激活拉伸特征命令　单击【插入】→【拉伸】菜单项或工具栏 按钮,系统进入拉伸特征建立界面,弹出拉伸特征操控面板,如图 3.3.4 所示。

图 3.3.4　拉伸特征操控面板

(2) 定义草绘截面　定义一个内部草图作为拉伸特征的截面。

① 单击操控面板上的【放置】选项卡,出现如图 3.3.5 所示的【草绘】滑动面板,单击【定义】按钮,弹出【草绘】对话框如图 3.3.6 所示。

② 指定草绘平面和草绘平面的参照。单击"草绘平面"中的收集器将其激活,选中工作区中的 TOP 面作为草绘平面。单击"草绘方向"中的参照收集器将其激活,并选取 RIGHT 面作为草绘平面的参照,单击下面的【方向】下拉列表,使此参照平面的方向向"右",如图 3.3.6 所示,单击【草绘】按钮进入草绘界面。

图 3.3.5　【草绘】滑动面板

提示

Pro/Engineer 使用收集器来控制特征建立时需要的草绘平面、参照等项目。如图 3.3.6 所示,选择 TOP 面作为草绘平面,在草绘平面的收集器中便存储了这个项目。收集器有激活状态和非激活状态两种状态:非激活状态的收集器为白色,鼠标单击可激活收集器;激活状态的收集器为黄色,单击选取项目可以将其添加到收集器中或替换原

草绘平面收集器

参照收集器

图 3.3.6　【草绘】对话框

来已收集的项目。

③ 绘制草图。在草绘状态下以坐标系的原点为中心绘制一个直径为 100 的圆,如图 3.3.7(a)所示,单击 ✔ 按钮退出草绘状态,系统生成拉伸特征的预览。

（3）确定拉伸方向　保证拉伸特征生成于 TOP 面的正方向一侧,如果不是,单击操控面板上的 ⁄ 按钮改变生成拉伸的侧,生成的图形预览如图 3.3.7(b)所示。

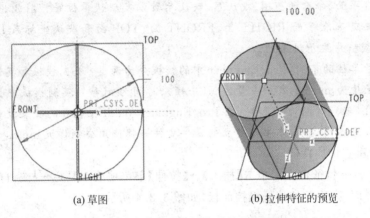

(a) 草图　　　　　　　　　　(b) 拉伸特征的预览

图 3.3.7　拉伸特征的草图与实体预览

（4）定义拉伸深度　在操控面板的深度值输入框 100.00 ▼ 中输入拉伸特征的深度 100。

提示

定义拉伸深度的方法比较灵活,除了上面的方法外,还可以使用如下方法确定深度。

① 直接双击模型上代表拉伸深度的数字,当此数字变为输入框时直接输入深度值。

② 拖动模型上的控制滑块(即模型上的白色小框)。

可以看到,以上 3 种定义深度的方法是相互关联的,改变任一处,其他地方也随之改变。

（5）预览特征　单击操控面板中的预览图标 ☑ ∞,预览所创建的拉伸特征,若不符合要求,按 ▶ 按钮退出暂停模式,继续编辑特征。

（6）完成特征　单击操控面板中的完成图标 ✔,完成拉伸特征。

步骤 3：保存文件

单击【文件】→【保存】菜单项或工具栏按钮 🔳,出现【保存对象】对话框,直接单击【确定】按钮,保存文件。此例可参见随书光盘文件 ch3\ch3_3_example1.prt。

3.3.2　拉伸特征概述

上面仅仅以一个最简单的例子来说明拉伸特征的建模思路,下面详细解释拉伸特征建模过程中的若干问题以及拉伸特征的建立过程。

1. 草绘截面

拉伸特征建模过程中,使用的草绘截面可以是特征内部草图,也可以是一个已经定义好的本文件中的草绘基准曲线。单击激活图 3.3.5 所示滑动面板中的 ● 选取 1 个项目　收集器,即可选取已定义好的草绘基准曲线。关于草绘基准曲线,将在第 4 章中讲述。

也可使用第 2 章中绘制的草绘文件(即 .sec 文件)作为拉伸特征的截面。在草绘界面下,单击【草绘】→【数据来自文件】→【文件系统】菜单项,选取并定位草绘文件,即可将前面建立的草绘文件导入进来。

2. 拉伸特征的深度模式

前面例子中,指定了圆柱深度为 100。除了指定深度值外,还可以是对称、到选定的、到下一个、穿透、穿至等多种深度模式,图 3.3.8 为单击操控面板上的【选项】弹出的滑动面板,此面板控制了特征生成的深度模式。其中的"侧 1"表示拉伸特征在草绘平面一侧的生成方式,"侧 2"表示在草绘平面另一侧的生成方式。各种深度模式的含义如下。

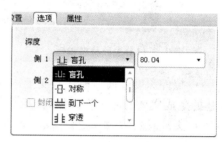

图 3.3.8　拉伸特征的深度模式

- ⊥ 盲孔　变量模式,即指定拉伸的深度,按照所输入的深度值在特征创建的方向一侧拉伸,选择框后面的下拉框表示深度值,可以下拉选择,也可以输入。

- ⊡ 对称　对称模式,特征将在草绘平面两侧拉伸,输入的深度值被草绘平面平均分割。如图 3.3.9 所示,位于 TOP 面上的截面草图,向 TOP 面上下各拉伸深度值的一半。

- ⊥ 到选定项　到选定的点或面,特征将从草绘平面开始拉伸至选定的点、平面或曲面。如图 3.3.10 所示,圆形草绘截面拉伸到实体的面上,其底面形状与选定的面相同。

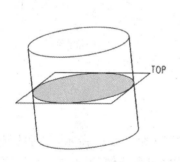

图 3.3.9　"对称"拉伸模型

图 3.3.10　"到选定的面"拉伸模式

- ⊥ 到下一个　到下一个模式,特征的深度到下一个曲面。
- ⊥ 穿透　穿透模式,新特征沿其生成的方向穿透所有已有特征。
- ⊥ 穿至　穿至模式,拉伸至选定的曲面相交。

3. 拉伸特征的去除材料模式

上例的拉伸特征是添加材料形成的,同样拉伸也可在已有实体特征上去除材料。如图 3.3.11 所示模型中的半圆孔,在制作过程中,首先建立拉伸特征形成半圆柱体,然后建立第二个拉伸特征,在操控面板中选择减料方式图标 ,形成中间的孔,其操控面板如图 3.3.12 所示。除了草绘的半圆截面外,还需要确定两个参数:拉伸深度方向和去除材料方向。

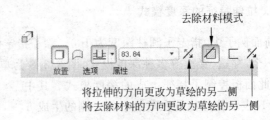

去除材料模式

将拉伸的方向更改为草绘的另一侧
将去除材料的方向更改为草绘的另一侧

图 3.3.11　去除材料模型　　　　图 3.3.12　拉伸去除材料操控面板

• 拉伸深度方向　模式有变量、对称、到选定的、到下一个、穿透等多种模式,与前面讲述的生成实体的深度模式相同。

• 去除材料方向　指朝向草图的哪一侧去除材料,如图 3.3.13 所示。

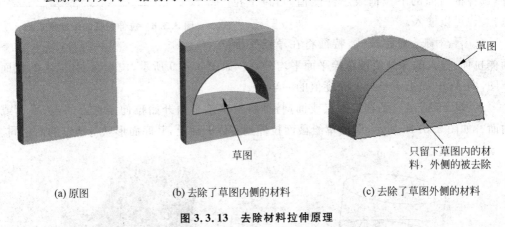

草图

草图

只留下草图内的材料,外侧的被去除

(a) 原图　　　　　(b) 去除了草图内侧的材料　　　　　(c) 去除了草图外侧的材料

图 3.3.13　去除材料拉伸原理

4. 拉伸特征的壳体模式

拉伸特征还可以生成壳,以圆为草图生成的壳体如图 3.3.14 所示,此时的操控面板如图 3.3.15 所示。生成的壳可以在草绘的内侧、外侧或是两侧,当生成壳位于草绘两侧时,输入的深度值被草绘图形平均分割。

5. 拉伸为实体或曲面

拉伸特征操控面板左侧的两个按钮 为单选按钮,二者只能选其一,分别表示生成的特征为实体或曲面。如图 3.3.16 所示,以圆为截面,图 3.3.16(a)选择了实体选项 ,拉伸后生成实体;图 3.3.16(b)选择了曲面选项 ,拉伸后生成了曲面。有关曲面的详细内容,参见第 7 章。

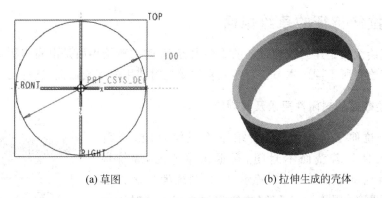

(a) 草图　　　　　　　　　　　(b) 拉伸生成的壳体

图 3.3.14　拉伸生成壳体

在草绘的一侧、另一侧或两侧间更改拉伸方向

图 3.3.15　拉伸为壳体操控面板

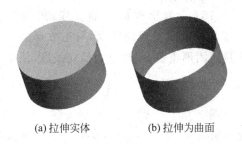

(a) 拉伸实体　　　　(b) 拉伸为曲面

图 3.3.16　拉伸为实体或曲面

6. 拉伸特征建立过程

（1）在零件设计模式下，单击【插入】→【拉伸】菜单项或工具栏按钮 ，弹出拉伸特征操控面板。

（2）指定拉伸为实体、壳或曲面。

（3）指定增加或去除材料。

（4）在操控面板中单击【放置】选项，选取一个已经存在的草图作为草绘截面，或在弹出的滑动面板中单击【定义】按钮，定义拉伸特征的草绘截面。

① 在【草绘】对话框中指定草绘平面和参照平面。

② 在草绘界面中绘制截面，完成后返回到拉伸特征建立界面。

（5）指定拉伸深度。

（6）指定拉伸方向。

（7）预览，满足设计要求后单击 按钮完成特征。

3.3.3　拉伸特征的草绘截面

定义草绘截面是建立拉伸特征的重要内容,此时的草绘界面是由实体状态转入的,与第2章的草绘有所不同。本节针对建立实体模型时使用的草绘截面,进行几点说明。

1. 草绘截面的封闭性要求及其判断

在建立拉伸实体特征时,要求草绘截面封闭,否则无法生成实体。若截面不封闭,在退出草绘时,系统将出现提示对话框如图3.3.17所示,同时系统消息区提示 此特征的截面必须闭合 ,单击【是】按钮将放弃草图同时退出草绘界面,单击【否】返回草绘界面继续编辑草图。

图3.3.17　【未完成截面】对话框

截面不完整的情况很多,图3.3.18为几种常见的草图不闭合的情况。图3.3.18(a)所示为图形未闭合,解决方法是从两个端点处画线将图形闭合。图3.3.18(b)为上端出现多余线段,此线段无法与其他图形形成闭合图形,解决方法是将多余线段删除。图3.3.18(c)为出现非独立的闭合空间,两个闭合图形有相交图元,解决方法是将两个闭合空间的公共部分删除。图3.3.18(d)与图3.3.18(c)类似,均为出现非独立的闭合空间,图3.3.18(d)有3个闭合图形有公共部分。图3.3.18(e)为出现孤立的线段,解决方法为将多余线段删除。图3.3.18(f)为最容易出现却最难以发现的情况,与正方形的一条边重叠多画了一条线段,此时这条线段虽然与封闭图形重叠,但却也为孤立线段,使整个图形不闭合。

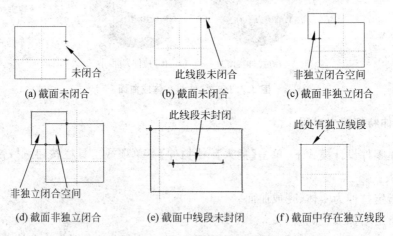

图3.3.18　截面不闭合的情况

但有几种情况看似截面不封闭,但却是允许的,如图3.3.19所示。图3.3.19(a)中的虚线为构造线、点画线为中心线,它们在图形中只起到辅助作图的作用,并不影响实体的生成。图3.3.19(b)中的草绘点也只起辅助作图作用,不影响图形的生成。图3.3.19(c)为两个独立的封闭空间,模型生成时均生成实体。图3.3.19(d)中的封闭空间为两个圆之间的空间,将生成圆管状模型。

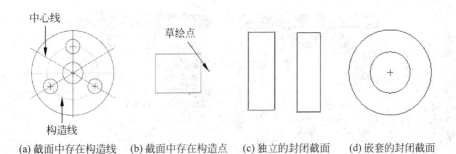

(a) 截面中存在构造线　(b) 截面中存在构造点　(c) 独立的封闭截面　(d) 嵌套的封闭截面

图 3.3.19　截面闭合的情况

从 Pro/Engineer Wildfire 4.0 开始,系统提供了草绘诊断工具来辅助设计者解决截面不完整的情况。其功能包括封闭图形着色、加亮开放端、重叠几何辨别以及分析草图是否满足特征要求。其工具条为 ，按钮含义如表 3.3.1 所示。

表 3.3.1　草绘诊断工具

	着色封闭环。对草绘图元的内部封闭链着色,使设计者形象直观地观察封闭草图
	加亮开放端。对于不为多个图元所共有的独立图元的端点,系统采用高亮显示
	检测重叠几何。对于重叠图元,系统加亮显示
	分析草绘,以确定它是否满足特征要求

在图 3.3.20(a)中,4 个圆和外部封闭链之间形成一个封闭图形区域。当单击 按钮分析其封闭性时,草绘界面中封闭的图形区域会被填充,默认填充颜色为淡灰色,如图 3.3.20(b)所示。而对于图 3.3.20(c),因外部图元没有封闭,本草绘界面中只有 4 个圆分别形成了封闭区域。

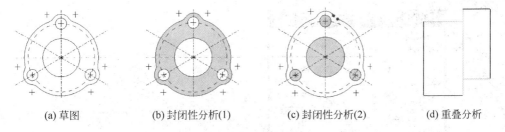

(a) 草图　　(b) 封闭性分析(1)　　(c) 封闭性分析(2)　　(d) 重叠分析

图 3.3.20　草绘诊断

在图 3.3.20(c)中,因左上部没有封闭,单击 按钮,未封闭图元的两个端点处被加亮显示。图 3.3.20(d)中的两个矩形在中部有一条边重合,单击 按钮进行重叠分析,中间重合的两条边以及与其相邻的边高亮显示。

"分析草绘"功能能够分析草图是否满足所建立实体的要求,若最终要建立的特征为实体拉伸特征,对于图 3.3.20(a)所示满足要求的草图,单击 按钮分析其是否满足特征要求,其分析结果如图 3.3.21(a)所示。而对于如图 3.3.20(d)所示不满足要求的草图,则显示如图 3.3.21(b)所示对话框。

(a) 满足要求的草图   (b) 不满足要求的草图

图 3.3.21   草绘诊断工具的分析结果

注意

"分析草图能否满足特征要求"判断的标准是：能否根据草图生成所需要的实体特征。例如，要生成实体拉伸特征，绘制的截面草图必须要闭合。但要拉伸为曲面(本节后面讲述)，草绘曲面则可以开放或是闭合。

2. 草绘截面的尺寸标注参照

当使用 TOP 面作为草绘平面建立草图时，在草绘界面中单击【草绘】→【参照】菜单项，弹出【参照】对话框，如图 3.3.22 所示。可以看出，在此对话框的收集器中有两个相互垂直的面 RIGHT 和 FRONT，此处收集器中的内容称为草绘平面的尺寸标注参照。

"参照"是指为确定草绘平面中图形的尺寸和约束关系而选定的面、边或点。上面例子中为了确定草图在草绘平面上的位置，系统自动选定了 RIGHT 面和 FRONT 面作为参照，参照在图形中默认显示为淡黄色的虚线如图 3.3.23 所示。在创建新草图的时候，系统一般会自动选取默认的草绘参照。

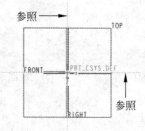

图 3.3.22 【参照】对话框   **图 3.3.23   截面中的尺寸参照**

可以在【参照】对话框中改变参照或选取新的参照。打开随书光盘文件 ch3\ch3_3_example2.prt，要想在六面体上建立一个圆柱体，效果如图 3.3.24 所示，方法为：使用六面体的上表面作为草绘平面，以圆为草绘截面建立拉伸特征。在特征建立过程中，草绘器会自动选定 RIGHT 和 FRONT 面作为将要绘制草图的参照，如图 3.3.25 所示。

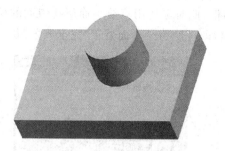

图 3.3.24　六面体和圆柱体的模型

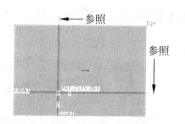

图 3.3.25　截面上的尺寸参照

若想将参照改变为六面体上表面的两条边并建立圆心到两边的尺寸约束 15 和 25，如图 3.3.26(b)所示，其方法如下：

(1) 单击【草绘】→【参照】菜单项，在弹出的【参照】对话框中分别选中参照收集器中的 RIGHT 面和 FRONT 面，并单击对话框中的【删除】按钮，删除系统默认的参照。

(2) 在"选取"后面的下拉列表中选中参照的方式为"使用边/偏距"，如 选取 使用边/偏距 所示，并单击上面的参照选取按钮 ，激活参照选取状态，在图形窗口中分别单击选择六面体上面的边和右面的边，收集器中添加了上述拉伸特征的两条边，此时【参照状态】显示为"完全放置的"，【参照】对话框如图 3.3.26(a)所示，单击【关闭】按钮关闭对话框。

(3) 按照图 3.3.26(b)所示尺寸绘制圆，并单击 ✔ 按钮退出草绘状态，单击拉伸操控面板中的 ✔ 按钮完成拉伸圆柱体。参见随书光盘文件 ch3\f\ch3_3_example2_f.prt。

(a)【参照】对话框

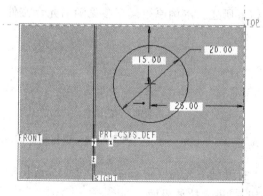

(b) 截面

图 3.3.26　选取参照并建立截面

由上面的例子可以看出，默认情况下草绘器自动选择草绘平面内的参照。但在下列情形中系统会提示创建参照：

- 在重定义一个缺少参照的特征时。
- 在没有足够的参照来放置一个截面时。

例如：在随书光盘文件 ch3\ch3_3_example3.prt 中，要想在楔块的斜面上建立一个特征，如图 3.3.27(a)所示。当选定草绘平面后，系统寻找不到合适的在草绘平面定位草图的参照,便会出现图 3.3.27(b)所示的对话框,此时可使用草绘平面所在斜面的两条边(图 3.3.27(a)模型中的边 1 和边 2)作为参照,即可使草绘平面处于"完全放置"状态。

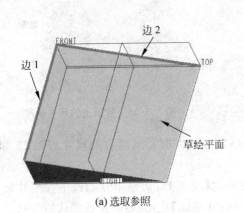

(a) 选取参照   (b) 不完全放置的参照

图 3.3.27　选取参照并建立截面

3. 通过图元的边创建草图

若在绘制新的特征前模型中已经存在其他特征,可以使用"通过图元的边创建图元"的方法创建图形。如图 3.3.28 所示,图 3.3.28(a)是已经存在的图形,图 3.3.28(b)是将要完成的图形,此时可以使用草绘工具栏上的 按钮创建新的草图。使用 按钮通过已存在图形的边创建图元,使用 按钮通过偏移已存在图形的边创建图元,其操作过程如下所述。本例原始模型参见随书光盘文件 ch3\ch3_3_example4.prt。

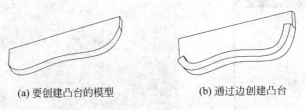

(a) 要创建凸台的模型   (b) 通过边创建凸台

图 3.3.28　通过模型的边创建图元

(1) 打开随书光盘文件 ch3\ch3_3_example4.prt,单击【插入】→【拉伸】菜单项或工具栏按钮 进入拉伸界面。

(2) 单击【放置】滑动面板中的【草绘】按钮,选取模型上表面作为草绘平面,进入草绘界面。

(3) 单击 按钮,弹出【类型】对话框如图 3.3.29 所示。接受默认的"单个"作为选择边的方式,捕捉已存在图形的样条曲线边,生成与之重合的边,如图 3.3.30(a)所示。

(4) 单击 按钮,捕捉已存在图形的样条曲线边并偏移－20,生成如图 3.3.30(b)所示的第二条边。

(5) 绘制线段将两条平行的样条曲线连接成一个封闭的   **图 3.3.29　【类型】对话框**

区域,退出草图状态,并输入拉伸高度 15,单击操控面板上的 ✔ 按钮完成模型。完成的模型参见随书光盘文件 ch3\f\ch3_3_example4_f.prt。

(a) 使用模型的边创建图元　　　　　(b) 通过偏移模型的边创建图元

图 3.3.30　通过边创建图元

3.3.4　特征重定义

　　系统提供了重新定义已有特征的方法,以改变特征建立过程中定义的要素。在模型树上右击需要修改的特征,在弹出的快捷菜单中选取【编辑定义】菜单项,如图 3.3.31 所示,便可重新调出此特征的定义界面,方便地修改定义特征的各要素。

　　重定义特征的过程和建立特征的过程基本相同,下面以图 3.3.32 所示模型为例来说明特征重定义的方法。

图 3.3.31　特征右键快捷菜单

图 3.3.32　要重定义的模型

　　(1) 打开随书光盘文件 ch3\ch3_3_example5.prt,如图 3.3.32 所示。

　　(2) 在模型树中选中"拉伸 1"特征(也可在模型中单击选择),然后右击。

　　(3) 在弹出的快捷菜单中单击【编辑定义】菜单项,拉伸特征操控面板如图 3.3.33 所示,在面板中将拉伸深度改为 50。单击 ✔ 按钮完成本特征的重定义。

图 3.3.33　特征重定义操控面板

　　(4) 同理,选中特征"拉伸 2"并右击,在弹出的快捷菜单中单击【编辑定义】菜单项,显示其操控面板。

　　(5) 单击面板中的【放置】按钮,在弹出的滑动面板中单击【编辑】按钮进入草绘模式,将其草绘截面修改为如图 3.3.34 所示的方形,单击 ✔ 按钮退出草绘状态。

（6）预览并完成特征重定义。修改后的模型如图 3.3.35 所示，其模型参见随书光盘文件 ch3\f\ch3_3_example5_f. prt。

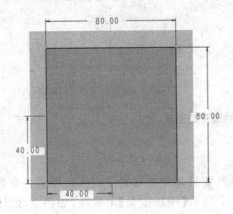

图 3.3.34   编辑特征的草图

图 3.3.35   重定义后的模型

提示

本节只是简单介绍特征重定义的方法与过程，有关特征修改的详细内容见 6.6 节。

3.3.5   拉伸特征实例

例 3.1   建立图 3.3.36 所示法兰盘模型。

分析：此模型在垂直于上表面方向上是等截面实体，可采用拉伸图 3.3.37 所示截面的方法建立。

模型建立过程：本模型使用拉伸特征即可建立，其关键为建立图 3.3.37 所示的截面草图。

图 3.3.36   法兰盘模型

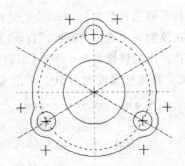

图 3.3.37   法兰盘模型的草图

步骤 1：建立新文件

（1）单击【文件】→【新建】菜单项或工具栏 □ 按钮，在弹出的【新建】对话框中，选择 ⦿ □ 零件 单选框按钮，在【名称】文本输入框中输入文件名"ch3_3_example6"，并取消 □ 使用缺省模板 复选框前的对勾，不使用系统默认模板，单击【确定】按钮。

（2）在随后弹出的【新文件选项】对话框中,选择公制模板 mmns_part_solid,并单击【确定】按钮,进入零件设计工作界面。

说明

除了系统提供的英制和公制模板外,还可以使用已有的文件作为模板,在原来模型的基础上建立新的文件。如图 3.3.38 所示,在【新文件选项】对话框中,单击【浏览】按钮,在随后出现的【选择模板】对话框中选择已有文件,单击【打开】按钮即可使用选中的文件作为新文件的模板。

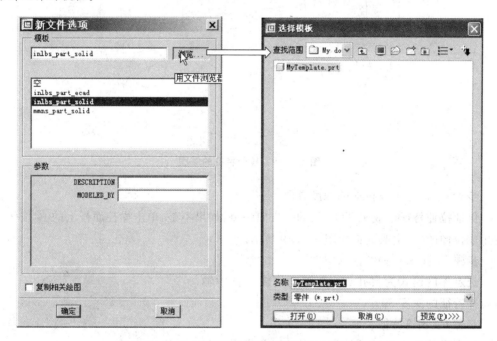

图 3.3.38　选取已有模型作为新模型的模板

步骤 2:激活拉伸特征命令

单击【插入】→【拉伸】菜单项或特征工具栏中的拉伸特征命令按钮,弹出拉伸特征操控面板。

步骤 3:定义截面

（1）单击操控面板上的【放置】,弹出【草绘】滑动面板,单击【定义】按钮,弹出【草绘】对话框。

（2）指定草绘平面和参照平面。选择 TOP 面作为草绘平面、RIGHT 面作为参照面,方向向右,单击【草绘】按钮进入草绘界面。

（3）绘制草图,如图 3.3.39 所示。单击 ✔ 按钮退出草绘状态,系统返回到实体设计模式,生成拉伸特征的预览。如果不想保留所作的草图,单击 ✖ 按钮,草图将被删除同时系统返回到三维模型状态。

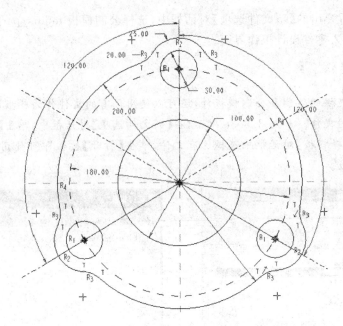

图3.3.39 拉伸特征的草图

步骤4：确定生成拉伸的深度方向

保证拉伸特征生成于 TOP 面的正方向一侧，如果不是，单击操控面板上的 ⚹ 按钮改变生成拉伸的侧，生成预览如图 3.3.40 所示。

步骤5：定义拉伸特征的深度

选定深度模式为盲孔 ⬆，在深度值输入框中输入拉伸特征的深度 30。

步骤6：预览特征

单击操控面板中的预览图标 ☑∞，浏览所创建的拉伸特征，若不符合要求，按 ▶ 退出暂停模式，继续编辑特征。

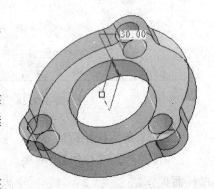

步骤7：完成特征

单击操控面板中的完成图标 ✔，完成拉伸特征的创建。

图3.3.40 拉伸特征预览

步骤8：保存文件

单击【文件】→【保存】菜单项或工具栏按钮 🖫，弹出【保存对象】对话框，直接单击【确定】按钮保存文件。参见随书光盘文件 ch3\ch3_3_example6.prt。

说明

关于文件保存，可参见 1.3.1 节。

关于模型文件的路径：在系统启动的开始可以先设定工作目录，每个文件在第一次存盘的时候可以改动存盘位置，同时这个位置即是系统新的工作目录，以后文件的存盘路径便固定为这个路径,不能更改。

关于文件保存时模型名称:文件存盘必须使用建立文件时确定的文件名,如果在【保存】对话框中更改了文件名,系统将在消息区出现出错信息。例如:文件建立时使用 first .prt 文件名,存盘时改为了 second.prt,则系统消息区提示:⚠'second.prt'不存在于当前进程中,表示该文件名在进程中没有(即计算机中并没有运行中的此文件),存盘没有完成。如果想使用其他名称保存该模型或更改模型类型,可以使用【保存副本】命令,方法:单击【文件】→【保存副本】菜单项,在【新建名称】文本输入框中输入新的文件名,从类型中选择保存的格式。

本例也可借用第 2 章中例 2.3 的结果,直接使用"插入外部数据"的方法,将已有的草图 ch2\ch2_6_example2.sec 直接插入草图。在步骤 3 进入草绘界面后,单击【草绘】→【数据来自文件】→【文件系统】菜单项,选取草图 ch2\ch2_6_example2.sec,调整比例与插入位置完成草图,继续后面的工作即可完成模型。

例 3.2　建立图 3.3.41 所示模型。

分析:此模型是在实体上去除材料形成的,其中实体可用两次拉伸完成,去除材料特征包括中间大孔、两边的台阶孔以及中间的横向孔。

模型建立过程:①拉伸形成下部实体;②拉伸形成上部实体;③去除材料拉伸形成竖直通孔;④去除材料拉伸形成台阶;⑤去除材料拉伸形成横向孔。

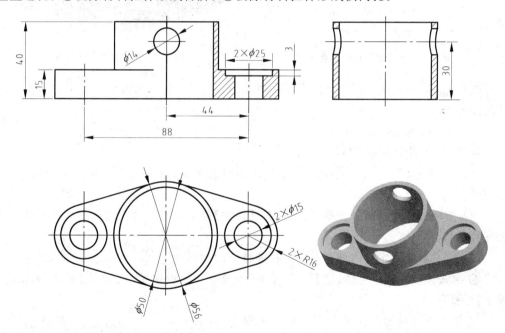

图 3.3.41　例 3.2 要建立的模型

步骤 1:建立新文件

单击【文件】→【新建】菜单项或工具栏中 ▢ 按钮,在弹出的【新建】对话框中选择 ◉ ▢ 零件,在【名称】文本输入框中输入文件名"ch3_3_example7",使用公制模板 mmns_ part_solid，单击【确定】按钮，进入零件设计界面。

步骤 2：建立下部实体特征

（1）激活拉伸特征命令　单击【插入】→【拉伸】菜单项或工具栏按钮 ，弹出拉伸特征操控面板。

（2）定义截面　定义内部草图作为拉伸特征的截面。

① 单击操控面板上的【放置】，弹出【草绘】滑动面板，单击【定义】按钮，弹出【草绘】对话框。

② 指定草绘平面和参照平面。选择 TOP 面作为草绘平面、RIGHT 面作为参照，方向向右，单击【草绘】按钮进入草绘界面。

③ 绘制草图，如图 3.3.42 所示。单击 ✓ 按钮退出草绘状态，系统返回到实体设计模式，生成拉伸特征的预览如图 3.3.43 所示。

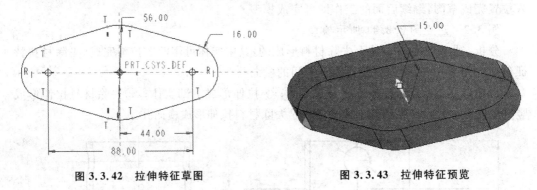

图 3.3.42　拉伸特征草图　　　　　图 3.3.43　拉伸特征预览

（3）定义拉伸特征的深度　选定深度模式为盲孔 ，在深度值输入框中输入拉伸特征的深度 15。

（4）预览并完成特征。

步骤 3：生成上部实体特征

选择步骤 2 中建立实体特征的上表面作为草绘平面，建模上部实体特征，具体步骤如下：

（1）激活拉伸特征命令　单击【插入】→【拉伸】菜单项或工具栏按钮 ，弹出拉伸特征操控面板。

（2）定义截面　定义内部草图作为拉伸特征的截面。

① 单击操控面板上的【放置】按钮，在【草绘】滑动面板中单击【定义】按钮，弹出【草绘】对话框。

② 指定草绘平面和参照平面。选择步骤 2 中建立实体特征的上表面作为草绘平面（见图 3.3.44）、RIGHT 面作为参照平面，方向向右，单击【草绘】按钮进入草绘界面。

③ 绘制草图。单击创建同心圆工具栏按钮 ◎，选取已有实体中间圆作为新绘制圆的参照，

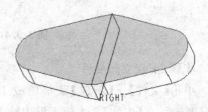

图 3.3.44　第二个拉伸特征的草绘平面

绘制直径为 56 的圆,如图 3.3.45 所示。单击 ✔ 按钮退出草绘状态,系统返回到实体设计模式,生成拉伸特征的预览如图 3.3.46 所示。

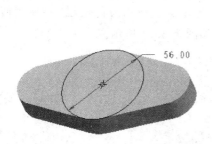

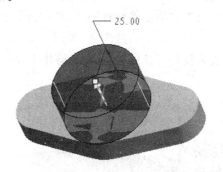

图 3.3.45　第二个拉伸特征的草图　　　　图 3.3.46　第二个拉伸特征预览

（3）定义拉伸特征的方向与深度　确保实体生成的方向向上,选定深度模式为盲孔 ⟘,在深度值输入框中输入拉伸特征的深度 25。

（4）预览并完成特征。

步骤 4:生成 3 个竖直通孔

（1）激活拉伸特征命令　单击【插入】→【拉伸】菜单项或工具栏按钮 ⬚,弹出拉伸特征操控面板。

（2）单击 ⬚ 按钮选定特征生成方式为去除材料。

（3）定义截面　定义草图作为拉伸特征的截面。

① 单击操控面板上的【放置】按钮,在【草绘】滑动面板中单击【定义】按钮,弹出【草绘】对话框。

② 指定草绘平面和参照平面。实体特征上表面作为草绘平面(见图 3.3.47)、RIGHT 面作为参照平面,方向向右,单击【草绘】按钮进入草绘界面。

③ 绘制草图。单击创建同心圆工具栏按钮 ◎,选取实体中间圆及两侧半圆作为参照,分别绘制直径为 50 及 15 的圆,如图 3.3.48 所示,单击 ✔ 按钮退出草绘。

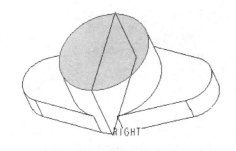

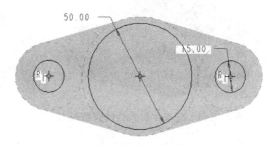

图 3.3.47　指定通孔的草绘平面　　　　　图 3.3.48　通孔的草图

（4）定义拉伸特征的方向与深度　确保去除材料的方向为实体一侧且指向圆的内部,选定深度模式为通孔 ⬚。

（5）预览并完成特征,如图 3.3.49 所示。

步骤 5：生成台阶孔

使用与步骤 4 类似的方法建立模型中的两个台阶孔。激活拉伸特征命令，首先选定特征生成方式为去除材料模式，然后选取下部实体的上表面作为草绘平面，绘制与已有小圆同心、直径为 25 的两个圆，如图 3.3.50 所示，选定深度模式为盲孔 ，在深度值输入框中输入拉伸特征的深度 3，预览并完成后模型如图 3.3.51 所示。

图 3.3.49　完成通孔后的模型

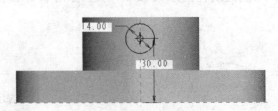

图 3.3.50　台阶孔草图

步骤 6：生成横向孔

选用 FRONT 面作为草绘平面绘制圆，建立去除材料模式的拉伸特征形成横向孔。

（1）激活拉伸特征命令　单击【插入】→【拉伸】菜单项或工具栏按钮 ，弹出拉伸特征操控面板。

（2）单击 按钮选定特征生成的方式为去除材料。

（3）定义截面　定义草图作为拉伸特征的截面。

① 单击操控面板上的【放置】，在【草绘】滑动面板中单击【定义】按钮，弹出【草绘】对话框。

② 指定草绘平面和参照平面。选用 FRONT 面作为草绘平面、RIGHT 面作为参照平面，方向向右，单击【草绘】按钮进入草绘界面。

③ 绘制草图，如图 3.3.52 所示，单击 按钮退出草绘。

图 3.3.51　完成台阶孔后的模型

图 3.3.52　横向孔草图

（4）定义拉伸特征的方向与深度　选定去除材料方式为两侧穿透，方向为圆的内部。

（5）预览并完成特征，如图 3.3.41 所示。

步骤 7：保存文件

单击下拉菜单【文件】→【保存】或工具栏按钮 ，出现【保存对象】对话框，直接单击【确定】按钮，保存文件。此例可参见随书光盘文件 ch3\ch3_3_example7.prt。

3.4　旋转特征

3.4.1　旋转特征概述

旋转特征也是零件建模过程中最常用的特征之一,适于构建回转类零件。旋转特征是由截面绕回转中心旋转而成的一类特征,其生成过程如图 3.4.1 所示,左图的截面沿轴线旋转 360°得到右图所示实体。

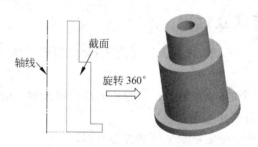

图 3.4.1　旋转特征生成过程

注意

在作旋转特征时要注意 3 个问题:①旋转特征必须有一条绕其旋转的中心线,此中心线可以是在草绘截面中建立的几何中心线,也可以是以前建立的独立于本特征的轴线;②其截面必须全部位于中心线的一侧;③生成旋转实体时,截面必须是封闭的。

单击【插入】→【旋转】菜单项或工具栏按钮 ⊕,激活旋转特征命令,弹出操控面板如图 3.4.2 所示。

图 3.4.2　旋转特征操控面板

- ▢▢ 　生成实体特征或曲面特征。
- ⊥ 　指定旋转角度模式,可选择变量模式 ⊥、对称模式 ⊟ 或旋转至选定图元模式 ⊥ 。
- ▱ 　去除材料模式,使用此模式可以剪除扫描范围内的材料,用于生成扫描孔。
- ▢ 　生成壳体模式,选定此项后还要指定壳体的厚度及生成方向。
- 放置 　单击【放置】按钮弹出滑动面板如图 3.4.3 所示,用于指定或绘制旋转特征的截面和旋转轴。单击 ●选取 1 个项目 收集当前模型中已经存在的草图作为旋转特征的草图;也可单击【定义】按钮定义草图,其定义过程同拉伸特征中的定义草图。
- 选项 　单击【选项】按钮弹出如图 3.4.4 所示滑动面板,用于指定旋转特征旋转角度。

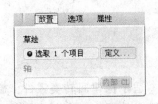

图 3.4.3 旋转特征的【放置】滑动面板

图 3.4.4 旋转特征的【选项】滑动面板

3.4.2 旋转特征建立过程

（1）在零件设计模式下，单击【插入】→【旋转】菜单项或工具栏按钮 ⬡，弹出旋转特征操控面板。

（2）单击操控面板中的【放置】按钮，在弹出的滑动面板中单击【定义】按钮，定义旋转特征的截面，同时定义旋转中心线。

① 在【草绘】对话框中指定草绘平面和参照平面；

② 在草绘界面中绘制截面，完成后返回到旋转特征界面。

（3）旋转中心线的选定。在【位置】滑动面板中选定一条以前建立好的轴线；或单击【内部 CL】，系统自动选定草图中的轴线作为旋转轴。注意：若选用草图内的中心线作为旋转中心线，此中心线必须为几何中心线。

（4）指定旋转角度。

（5）指定生成旋转实体为草绘的哪一侧。

（6）预览，满足设计要求后退出，完成模型的建立。

例 3.3 使用旋转特征建立图 3.4.1 所示模型。

步骤 1：建立新文件

单击【文件】→【新建】菜单项或工具栏中 ▢ 按钮，在弹出的【新建】对话框中选择 ◉ ▢ 零件，在【名称】文本输入框中输入文件名"ch3_4_example1"，使用公制模板 mmns_part_solid，单击【确定】按钮，进入零件设计界面。

步骤 2：激活旋转特征命令

单击【插入】→【旋转】菜单项或工具栏按钮 ⬡，弹出旋转特征操控面板。

步骤 3：定义旋转特征的截面

定义一个带旋转中心线的内部草图作为旋转特征的截面。

（1）单击操控面板上的【放置】，弹出【草绘】滑动面板，单击【定义】按钮，弹出【草绘】对话框。

（2）指定草绘平面和参照平面。单击激活【草绘平面】收集器，选中工作区中的 FRONT 面作为草绘平面；单击【参照】收集器，选取 RIGHT 面作为参照，方向向右，如图 3.4.5 所示，单击【草绘】按钮进入草绘界面。

（3）绘制草图。在 FRONT 面中绘制如图 3.4.6 所示的图形，注意绘制几何中心线。单击 ✔ 按钮退出草绘状态，系统生成旋转特征预览。

图 3.4.5 【草绘】对话框

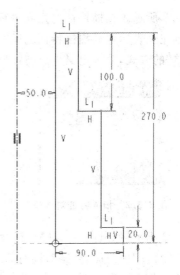

图 3.4.6 旋转特征的草图

步骤 4：确定旋转特征的旋转角度模式

指定旋转角度为 360°。

步骤 5：预览特征

单击操控面板中的 ☑️👓 按钮，浏览所创建的旋转特征，若不符合要求，按 ▶ 按钮退出暂停模式，继续编辑特征。

步骤 6：完成特征

单击操控面板中的 ✔ 按钮，完成旋转特征。

步骤 7：保存文件

单击【文件】→【保存】菜单项或工具栏按钮 🖫 ，在弹出的【保存对象】对话框中单击【确定】按钮。参见随书光盘文件 ch3\ch3_4_example1.prt。

3.5 扫描特征

3.5.1 扫描特征概述

扫描特征是将二维截面沿给定轨迹掠过而生成的，又称为"扫掠"特征。扫描特征建立时，首先要给定扫掠轨迹，再建立沿轨迹扫描的截面。下面以图 3.5.1 所示扫描特征为例，说明扫描特征的建立过程。

1. 激活命令

单击【插入】→【扫描】→【伸出项】菜单项，系统进入实体扫描特征界面，屏幕右上角弹出【伸出项：扫描】对话框如图 3.5.2 所示，同时菜单管理器弹出【扫描轨迹】浮动菜

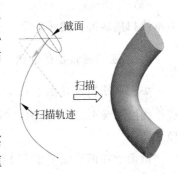

图 3.5.1 扫描特征的生成过程

单如图 3.5.3 所示。扫描特征的建立过程相对于拉伸、旋转特征来说比较复杂,单纯用操控面板很难完全表达定义扫描特征的所有信息,所以扫描特征的定义过程使用了"对话框+浮动菜单"的方式,分步定义生成特征所需的各项目。

图 3.5.2   扫描特征对话框

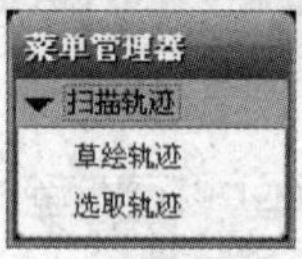

图 3.5.3   【扫描轨迹】浮动菜单

图 3.5.2 所示【伸出项:扫描】对话框包含了建立实体扫描特征所需的元素:轨迹和截面。此时"轨迹"项前面有">",同时后面"信息"列中显示其状态为"定义",表示现在正在定义轨迹;"截面"项的状态为"必需的",表示还没有定义而且必须要定义。

2. 定义扫描轨迹

图 3.5.3 的【扫描轨迹】浮动菜单是定义草绘轨迹的级联菜单,轨迹的生成方式有两种:"草绘轨迹"和"选取轨迹"。若选择"选取轨迹"项,则系统提示选择已经存在的曲线作为扫描轨迹;若选择"草绘轨迹"项,则从头开始创建一条轨迹作为扫描轨迹。草绘轨迹创建过程如下。

(1) 选定草绘平面   在【扫描轨迹】菜单中选择【草绘轨迹】,弹出【设置草绘平面】菜单如图 3.5.4 所示,同时还弹出【选取】对话框,单击图形区域的任意平面可将其设置为草绘轨迹的草绘平面,在弹出的【方向】浮动菜单中选择【确定】,接受默认的草绘平面的方向,如指定图 3.5.5 所示 TOP 面作为草绘平面,接受系统默认方向,如图中箭头所示。

(2) 定位草绘平面   指定一个参考面来定位草绘平面,如可以指定图 3.5.5 中 RIGHT 面正方向向右,从而完全确定坐标系在空间中的放置。

图 3.5.4   【设置草绘平面】
浮动菜单

(3) 草绘轨迹   系统进入草绘界面绘制草绘轨迹,如图 3.5.6 所示创建样条曲线作为草绘扫描轨迹。曲线的第一点作为了扫描特征的起点,如曲线右下端点的箭头所示。

3. 创建扫描特征的截面

单击草绘轨迹界面中的 ✔ 按钮,系统进入截面草绘状态,系统自动以图中的两条虚线作为绘图参照,绘制椭圆如图 3.5.7 所示,单击草绘界面中的 ✔ 按钮返回到零件设计模式。

截面所在的草绘平面与扫描特征轨迹第一点的切线方向是垂直的,此切线方向即图 3.5.6 中箭头的方向。按住鼠标中键拖动旋转图 3.5.7,得到图 3.5.8 所示的方向,从中可以清楚地看到轨迹与截面之间的位置关系。

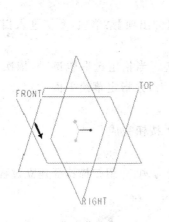

图 3.5.5　指定草绘平面的方向

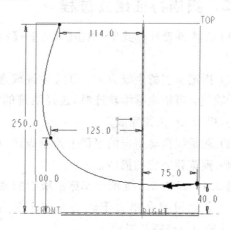

图 3.5.6　草绘轨迹

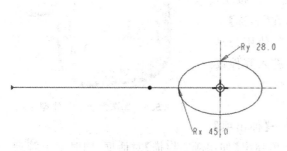

图 3.5.7　扫描特征的截面(1)

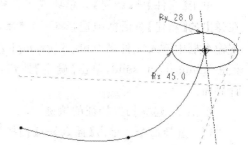

图 3.5.8　扫描特征的截面(2)

提示

扫描特征是截面沿轨迹扫掠而成,在绘制或选取轨迹时,需指定轨迹上的某一点作为截面扫掠的开始。对于草绘轨迹一般系统会指定某起点作为起始点。如图 3.5.6 所示,系统选取了样条曲线的下端点作为起始点。也可以单击选取轨迹上的其他点,然后右击,从右键菜单中选取【起点】菜单项,将此点作为新的起始点。

4. 预览并完成扫描特征的创建

当轨迹和截面都完成后,【扫描】对话框下部的【预览】按钮可用,单击可生成扫描特征的预览;单击【确定】按钮完成特征的创建。此例参见随书光盘文件 ch3\ch3_5_example1.prt。

注意

扫描特征与前面讲述的拉伸特征、旋转特征一样,均有去除材料模式,单击【插入】→【扫描】→【切口】菜单项,生成的扫描特征为去除材料模式,将切除其他实体特征的材料形成切口。

3.5.2　扫描特征建立过程

（1）在零件设计模式下，单击【插入】→【扫描】→【伸出项】菜单项，系统进入扫描特征界面。

（2）指定轨迹的生成方式：草绘轨迹或选取轨迹。当指定选取轨迹时，依次选定曲线作为轨迹；当指定草绘轨迹时，选择轨迹的草绘平面，并指定草绘平面的定位方式，绘制轨迹，单击 ✔ 按钮完成。

（3）在系统自动指定的平面上绘制截面，单击 ✔ 按钮完成。

（4）预览并完成扫描特征。

例 3.4　以图 3.5.9 所示车床滑板中的油管模型为例，介绍扫描特征建立过程。

分析：此模型在垂直于轨迹方向上是等截面实体，可以采用扫描特征来建立。

步骤 1：建立新文件

单击【文件】→【新建】菜单项或工具栏中 ▢ 按钮，在弹出的【新建】对话框中选择 ⊙ ▢ 零件，在【名称】文本输入框中输入文件名"ch3_5_example2"，使用公制模板 mmns_part_solid，单击【确定】按钮，进入零件设计界面。

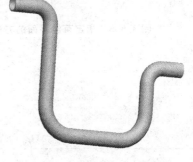

图 3.5.9　车床滑板油管模型

步骤 2：建立扫描特征的轨迹

（1）选择命令　单击【插入】→【扫描】→【伸出项】菜单项，系统进入扫描特征界面，屏幕右上角弹出【伸出项：扫描】对话框，同时菜单管理器弹出【扫描轨迹】浮动菜单。

（2）在【扫描轨迹】浮动菜单中选择【草绘轨迹】。

（3）选定草绘平面　单击选择 FRONT 面作为轨迹的草绘平面，在【方向】浮动菜单中选择【确定】接受默认的草绘平面方向。

（4）定位草绘平面　指定 RIGHT 面正方向向右，确定坐标系在空间中的放置，系统进入草绘界面。

（5）草绘轨迹　使用直线和圆角命令创建如图 3.5.10 所示曲线作为扫描轨迹，其起点为左上角，如图中箭头所示。提示：若起点没有位于想要的点上，单击选取要作为起点的点，右击并选取右键菜单中的【起点】切换起点。

（6）单击草绘工具栏上的 ✔ 按钮，系统自动进入绘制截面界面。

注意

扫描特征的起始点一定要位于轨迹的端点上，本例中轨迹由多条线组成，若默认起点没有在端点上，要使用改变起始点的方法切换起点。

步骤 3：建立扫描特征的截面

（1）以草绘界面中的两条虚线为参照，绘制截面如图 3.5.11 所示。

（2）单击草绘工具栏上的 ✔ 按钮，完成截面绘制。

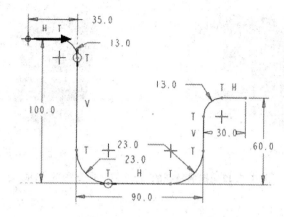

图 3.5.10 扫描特征的轨迹

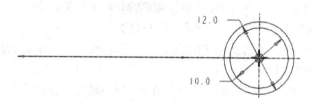

图 3.5.11 扫描特征的截面

步骤 4：预览并完成所创建的扫描特征

（1）单击【扫描】对话框左下部【预览】按钮，生成模型的预览如图 3.5.9 所示。

（2）单击【扫描】对话框上的【确定】按钮，完成模型的建立。

步骤 5：保存文件

单击【文件】→【保存】菜单项或工具栏按钮，出现【保存对象】对话框，直接单击【确定】按钮，保存文件。此例可参见随书光盘文件 ch3\ch3_5_example2.prt。

3.5.3 "合并端"与"自由端"选项

若扫描特征与其他特征相连接，存在两种连接形式："合并端"与"自由端"。如图 3.5.12 所示，图 3.5.12(a)中使用扫描特征建立的杯柄的端点处于自由状态，没有与杯体结合，称端点的这种状态为"自由端"；图 3.5.12(b)中杯柄的端点处与杯体自动结合，端点的这种状态称为"合并端"。

由上面的例子可见，与其他特征结合的扫描特征的端点一般应处于"合并端"的状态。

例 3.5 在现有杯体的基础上，建立图 3.5.12(b)所示杯把，完成杯子的制作。

分析：此例中杯把依附在杯体上，扫描特征的端点处于合并状态，在建立扫描特征时要选择"合并端"选项。

步骤 1：打开文件

单击下拉菜单【文件】→【打开】或工具栏按钮，在弹出的【打开】对话框中选择随书光盘文件 ch3\ch3_5_example3.prt。

(a) 处于"自由端"的扫描特征　　　　　　　(b) 处于"合并端"的扫描特征

图 3.5.12　扫描特征的"合并端"与"自由端"选项

步骤 2：建立扫描特征的轨迹

（1）选择命令　单击下拉菜单【插入】→【扫描】→【伸出项】，系统进入扫描特征界面，屏幕右上角弹出【扫描】对话框，同时菜单管理器弹出【扫描轨迹】浮动菜单。

（2）在【扫描轨迹】浮动菜单中选择【草绘轨迹】。

（3）选定草绘平面　单击选择 FRONT 面作为轨迹的草绘平面，在【方向】浮动菜单中选择【确定】接受默认方向。

（4）定位草绘平面　指定 RIGHT 面正方向向右，确定坐标系在空间中的放置，系统进入草绘界面。

（5）草绘轨迹　使用样条曲线命令创建如图 3.5.13 所示样条曲线作为扫描轨迹，注意要使样条曲线的起点和终点约束在杯体边缘轮廓上。

（6）单击草绘工具栏上的 ✔ 按钮，退出草绘轨迹界面。

步骤 3：指定轨迹端点性质

观察屏幕右上角的【扫描】对话框，系统自动添加了【属性】项，同时菜单管理器中弹出【属性】浮动菜单，如图 3.5.14 所示。这是因为需要指定新添加的扫描特征与原来图形中存在的特征的关系。选择【合并端】、【完成】选项，系统进入截面绘制界面。

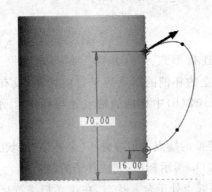　　

图 3.5.13　杯把的扫描轨迹　　　　　**图 3.5.14　扫描特征的对话框与属性菜单**

步骤 4：建立扫描特征的截面

（1）以草绘界面中的两条虚线为参照，绘制截面如图 3.5.15 所示。

（2）单击草绘工具栏上的 ✔ 按钮，完成截面绘制。

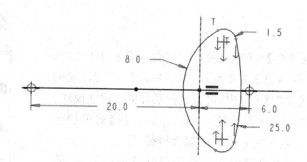

图 3.5.15　杯把的扫描截面

提示

图 3.5.15 中草图绘制过程：先绘制圆心位于水平参考线上、半径为 25 和 8 的两圆并标注半径与圆心位置；再对一边两圆交汇处倒圆角并标注半径；最后镜像圆角并修剪多余线段。

步骤 5：预览并完成所创建的扫描特征

（1）单击【扫描】对话框左下部【预览】按钮，生成模型的预览如图 3.5.12(b)所示。

（2）单击【扫描】对话框上的【确定】按钮，完成模型。

步骤 6：保存文件

单击下拉菜单【文件】→【保存】菜单项或工具栏按钮 🖫，在【保存对象】对话框中单击【确定】按钮，保存文件。模型参见随书光盘文件 ch3\f\ch3_5_example3_f.prt。

3.6　平行混合特征

3.6.1　平行混合特征概述

由数个截面在其顶点处用过渡直线或曲线连接而成的特征称为混合特征。按照截面之间的位置关系又可将混合分为平行混合、旋转混合和一般混合，本书仅讲述最简单的平行混合特征，另两种复杂特征参见《Pro/Engineer Wildfire 5.0 高级设计与实践》一书。

平行混合是相互平行的、间隔一定距离的各截面的顶点依次相连而形成的特征，下面以图 3.6.1 所示模型为例，说明混合特征的建立过程。

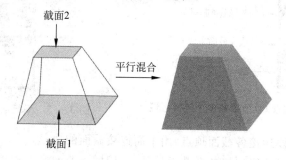

图 3.6.1　平行混合特征的建立过程

1. 激活命令

单击【插入】→【混合】→【伸出项】菜单项,屏幕右上角弹出
【混合选项】浮动菜单如图3.6.2所示,依次单击【平行】、【规则
截面】、【草绘截面】、【完成】菜单项,进入平行混合特征建立模式。

• 平行　建立平行混合特征,若选取【旋转的】菜单项或
【一般】菜单项将建立旋转混合或一般混合特征。

• 规则截面　使用草绘的截面作为混合特征的截面,若
选择【投影截面】,则使用在所选的曲面上截面的投影作为混合
特征的截面。

图3.6.2　平行混合特征
的选项

• 草绘截面　从头开始草绘一个截面作为混合特征的截
面,若选择【选取截面】菜单项,可以选择一个已经预定义好的截面作为混合特征截面。

• 完成　根据以上选项建立混合特征,若选择【退出】菜单项,则退出特征命令。

提示

由上面浮动菜单的使用过程可以看出浮动菜单的特点:一个浮动菜单一般包含多个
参数选择区,在每个参数选择区选择一个菜单项,从而完成整个菜单的选择,如图3.6.3
所示。浮动菜单实际上是一个多项选择的过程。

2. 定义平行混合属性

系统弹出【混合】对话框如图3.6.4所示,同时弹出【属性】浮动菜单如图3.6.5所示,
依次选择【直】、【完成】菜单项。

图3.6.4　平行混合特征的对话框

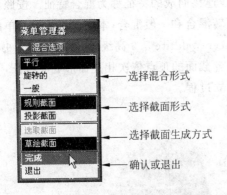

图3.6.3　【混合选项】对话框的多个选择区域

图3.6.5　平行混合特征的属性菜单

• 直　用直线段连接各截面顶点,用平面连接截面的边。
• 光滑　用光滑曲线连接各个截面的顶点,用样条曲面光滑连接截面的边。

3. 定义混合特征的截面

在定义图 3.6.4 所示对话框的"截面"项时，首先要定义其草绘平面并指定特征创建方向，再依次绘制多个截面。

（1）选定草绘平面并确定特征生成方向　菜单管理器依次弹出【设置草绘平面】、【选取】菜单如图 3.6.6 所示。选取 TOP 面作为草绘平面，图形区显示箭头如图 3.6.7 所示，同时弹出【方向】菜单如图 3.6.8 所示，单击【确定】接受箭头方向作为混合特征生成的方向。单击【反向】可改变特征生成方向。

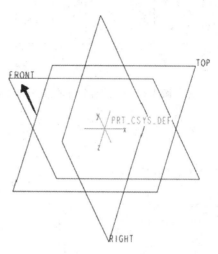

图 3.6.6　平行混合特征的【设置草绘
　　　　　平面】对话框

图 3.6.7　混合特征的草绘平面与
　　　　　特征生成方向

（2）定位草绘平面　系统弹出【草绘视图】菜单如图 3.6.9 所示，单击【右】并选取 RIGHT 面，表示指定 RIGHT 面正方向向右作为草绘参照，系统进入草绘模式。

图 3.6.8　特征生成方向菜单

图 3.6.9　【草绘视图】菜单

（3）草绘混合特征的第一个截面　绘制如图 3.6.10 所示截面作为图 3.6.1 中的截面 1。注意本截面在绘制过程中，建立矩形时，其第一个顶点要为左上顶点，这样左上顶点便为截面的起始点。

（4）草绘混合特征的第二个截面　右击,弹出右键菜单如图 3.6.11 所示,选择【切换截面】菜单项,或直接单击【草绘】→【特征工具】→【切换截面】菜单项,绘制混合特征的第二个截面如图 3.6.12 所示,此时两截面重叠在一起,如图 3.6.13 所示。

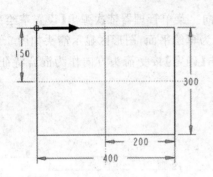

图 3.6.10　混合特征的第一个截面

图 3.6.11　右键菜单

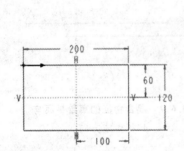

图 3.6.12　混合特征的第二个截面

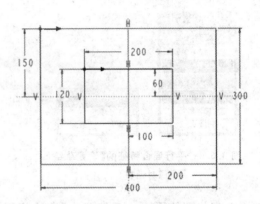

图 3.6.13　混合特征截面

（5）单击草绘工具栏中的 ✔,完成截面。

4. 定义截面间的距离

消息区显示提示如图 3.6.14 所示,输入截面 2 到截面 1 距离 300,单击 ☑ 或单击中键完成。

图 3.6.14　输入混合特征截面间的深度

5. 预览并完成混合特征

单击【预览】按钮,生成扫描特征的预览,单击【确定】按钮完成特征。模型参见随书光盘文件 ch3\ch3_6_example1.prt。

3.6.2　平行混合特征建立过程

（1）在零件设计模式下，单击【插入】→【混合】→【伸出项】菜单项，系统进入混合特征界面。

（2）在弹出的【混合选项】浮动菜单中，依次选取混合的形式、截面生成方式等选项。

（3）创建混合特征的截面。定义草绘平面并定位草绘平面，再依次绘制多个截面作为混合特征的截面，完成后单击草绘工具栏 ✔ 图标退出草绘。

（4）指定截面间距离。在信息区依次输入各个截面间的距离。

（5）预览并完成混合特征。

建立混合特征时，所有的混合截面必须具有相同数量的边。若数量不相同时，可通过如下两种方法之一解决：

* 使用草绘工具"分割"命令将一条边分割成为两条或多条；
* 采用混合顶点的方法指定一个点作为一条边，混合时此点将与其他截面上的一条边相连。

混合特征的两个截面分别为三角形和四边形，如图 3.6.15 所示，在三角形所在的截面中选中三角形截面右侧顶点，右击并在弹出的快捷菜单中选择【混合顶点】或单击【草绘】→【特征工具】→【混合顶点】菜单项，此顶点处出现了一个圆圈，表示此点为混合顶点，混合形成的实体如图 3.6.16 所示。此例参见随书光盘文件 ch3\ch3_6_example2.prt。

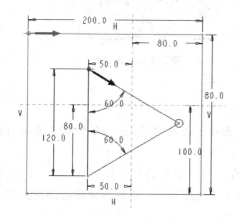

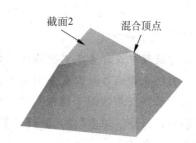

图 3.6.15　三角形右侧顶点变为混合顶点　　　　图 3.6.16　采用混合顶点的平行混合特征

然而，对于圆、椭圆等图形来说，截面间混合时可以不需要顶点，而是截面间顺序连接。如图 3.6.17 所示两个椭圆，两截面顺序连接形成混合特征，如图 3.6.18 所示。

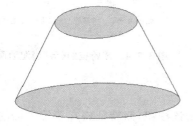

图 3.6.17　要混合的两个截面　　　　图 3.6.18　截面为椭圆的混合特征

在建立混合特征的截面时,除圆、椭圆外,每个截面都有一个起始点,此点以箭头表示,如图 3.6.10、图 3.6.13 和图 3.6.15 所示。截面间连接时从起始点开始按照起始点箭头方向依次连接。若截面间起始点不合适,首先选中要作为起始点的点,单击下拉菜单【草绘】→【特征工具】→【起始点】菜单项,或右击并在右键菜单中选择【起始点】菜单项,箭头移至此点,表示此点成为新的起始点。

3.7 筋特征

3.7.1 筋特征概述

筋特征是设计中连接在两个或多个实体间的增料特征,通常用来加固零件,按相邻平面的不同,生成的筋分为直筋和旋转筋。直筋为连接到直的平面上的增料特征,如图 3.7.1 所示,而旋转筋是连接到旋转曲面上的,如图 3.7.2 所示。

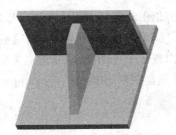

图 3.7.1 直筋   图 3.7.2 旋转筋

提示

设计过程中设计者不需要指定筋的种类是直筋还是旋转筋,系统会根据其连接的实体是直面还是曲面自动设置筋的类型。

因为筋特征是依附于其他实体特征的,只有在模型中有其他实体特征的时候才能够激活筋特征命令。单击【插入】→【筋】菜单项或工具栏按钮 ,系统显示筋特征操控面板如图 3.7.3 所示。

• 参照 单击【参照】弹出滑动面板如图 3.7.4 所示,单击其【定义】按钮可以定义筋特征的草图。

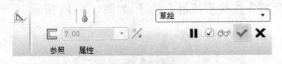

图 3.7.3 筋特征操控面板   图 3.7.4 筋特征的【参照】滑动面板

• ☐ 3.65 设定筋特征的厚度。

• ⊬ 控制筋特征生成材料的侧。连续单击该按钮,筋特征将在草绘平面的一侧、另一侧以及草绘平面的中间来回切换。

3.7.2　筋特征建立过程

(1) 激活命令　单击【插入】→【筋】→【轮廓筋】菜单项或工具栏按钮 ◿。

(2) 建立筋特征的截面草图　在操控面板中单击【参照】,弹出滑动面板,单击其【定义】按钮定义筋特征草图,完成后单击草绘工具栏 ✔ 退出草绘。

(3) 指定筋特征的厚度及筋特征生成材料的侧。在操控面板的输入框中输入筋特征的厚度,并反复单击 ✕ 图标控制筋特征生成材料的侧。

(4) 预览并完成筋特征。

例 3.6　以图 3.7.1 所示直筋的制作过程为例来说明筋特征的制作方法。原始模型参见随书光盘文件 ch3\ch3_7_example1.prt。

步骤 1：打开文件

单击【文件】→【打开】菜单项或工具栏按钮 ☞,在弹出的【打开】对话框中选择随书光盘文件 ch3\ch3_7_example1.prt。

步骤 2：建立筋特征的截面草图

(1) 激活命令　单击【插入】→【筋】→【轮廓筋】菜单项或工具栏按钮 ◿,系统显示筋特征操控面板。

(2) 建立筋特征的截面草图　在操控面板中单击【参照】按钮,弹出滑动面板(图 3.7.4 所示),单击【定义】按钮,选取 RIGHT 面作为草绘平面,TOP 面作为参照,方向向“顶”,定义筋特征草图如图 3.7.5 所示,单击草绘工具栏 ✔ 图标退出草绘。注意绘图过程中要使图元的端点位于实体边界上。

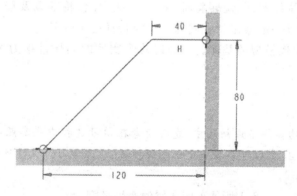

图 3.7.5　筋特征的截面

注意

从前面生成的实体拉伸特征、旋转特征、扫描特征、混合特征来看,其截面草图都应该是闭合的。同样,筋特征也不例外,也需要生成一个闭合草图。

但筋特征同时又是依附于其他实体特征的,筋特征草图的草绘平面与其他实体特征的交线也将成为筋特征草图的一部分,此交线和绘制的图元共同构成了封闭的筋特征草图。所以在绘制图元时,一定要使用约束的方法将图元的端点约束在实体上。

步骤 3：指定筋特征厚度与生成材料的侧

(1) 指定筋特征厚度　在操控面板的输入框中输入筋特征的厚度值 15。

(2) 指定筋特征生成材料的侧　反复单击 ⁄ 图标控制筋特征生成材料的侧，直到筋特征位于草绘平面的中央为止。

步骤 4：预览并完成所创建的扫描特征

(1) 单击操控面板中的 ☑ ∞，生成模型的预览如图 3.7.1 所示。

(2) 单击操控面板中的 ✔，完成模型。

步骤 5：保存文件

单击下拉菜单【文件】→【保存】或单击工具栏 ☐，出现【保存对象】对话框，单击【确定】按钮，保存文件。模型参见随书光盘文件 ch3\f\ch3_7_example1_f.prt。

使用同样的方法，可以建立图 3.7.2 所示的旋转筋。此模型的原始模型参见随书光盘文件 ch3\ch3_7_example2.prt，完成筋特征后的模型参见 ch3\f\ch3_7_example2_f.prt。

注意

建立旋转筋时，筋特征的草绘平面一定要通过旋转筋所依附的旋转面的轴线，否则筋特征将不能生成。

3.8　综合实例

草绘特征包括拉伸特征、旋转特征、扫描特征、混合特征以及筋特征，其共同特点为模型是由草图经过一定操作而生成的。草绘特征是 Pro/Engineer 实体建模中最常用的特征，通常用于生成模型的基体。下面以几个实例的制作过程为例讲解草绘特征的应用。

提示

本节所有实例均提供了详细尺寸，建议读者在学习过程中先参照图形和对每个例题的分析自己建立模型，然后再参阅书中讲述的步骤，对照学习。这样可迅速提高读者分析问题的能力。

例 3.7　建立如图 3.8.1 所示车床床尾偏心轴模型。

分析：此模型由一根回转轴添加一个偏心圆柱和一个孔形成。

模型建立过程：①建立旋转特征形成回转轴；②在第二轴段上建立拉伸特征偏心轴；③建立去除材料拉伸特征形成孔。

步骤 1：建立新文件

单击【文件】→【新建】菜单项或工具栏中 ☐ 按钮，在弹出的【新建】对话框中选择 ⊙ ☐ 零件，在【名称】文本输入框中输入文件名"ch3_8_example1"，使用公制模板 mmns_part_solid，单击【确定】按钮，进入零件设计界面。

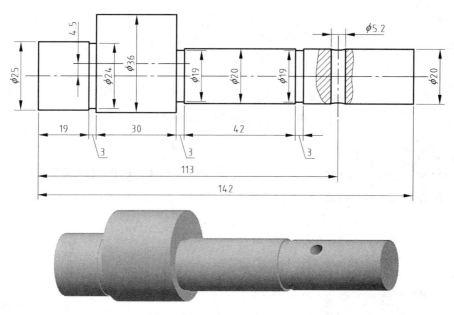

图 3.8.1　例 3.7 模型

步骤 2：使用旋转特征生成回转轴

（1）激活旋转命令　单击【插入】→【旋转】菜单项或工具栏按钮 ，弹出旋转特征操控面板。

（2）定义截面　单击操控面板上的【放置】，在弹出的滑动面板中单击【定义】按钮，在弹出的【草绘】对话框中选择 FRONT 基准面为草绘平面，绘制如图 3.8.2 所示的草绘截面（包括中心轴线）。

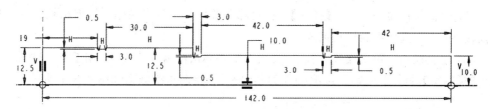

图 3.8.2　旋转特征的草图

（3）指定旋转角度　旋转角度为 360°，单击操控面板中的 ，生成旋转实体如图 3.8.3 所示。

步骤 3：使用拉伸的方法生成偏心轮

（1）激活拉伸命令　单击【插入】→【拉伸】菜单项或工具栏按钮 ，弹出拉伸特征操控面板。

图 3.8.3　旋转特征模型

（2）定义截面　单击操控面板上的【放置】，在弹出的滑动面板中单击【定义】按钮，在弹出的【草绘】对话框中选择偏心轴端面所在的平面作为草绘平面，如图 3.8.4 所示，绘制

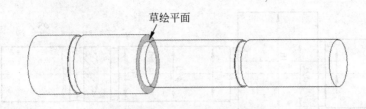

图 3.8.4 拉伸特征的草绘平面

草绘截面如图 3.8.5 所示。

（3）指定生成实体的方向和深度 特征向左生成实体，深度选择"到平面"模式 ⯐，参照为偏心轴的另一个端面，如图 3.8.6 所示。

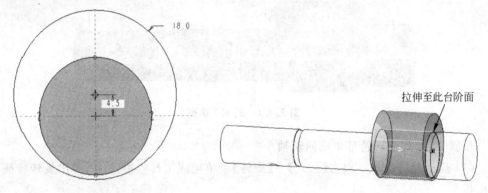

图 3.8.5 拉伸特征的草图　　　　　　图 3.8.6 拉伸特征的深度

（4）完成特征 单击操控面板中的 ✔，完成拉伸特征。

步骤 4：以去除材料方式拉伸通孔

（1）激活拉伸命令 单击【插入】→【拉伸】菜单项或工具栏按钮 ⬚，弹出拉伸特征操控面板，单击 ⬚ 选取去除材料模式。

（2）定义截面 单击操控面板上的【放置】，在弹出的滑动面板中单击【定义】按钮，在弹出的【草绘】对话框中选择 TOP 面作为草绘平面，绘制草绘截面如图 3.8.7 所示。

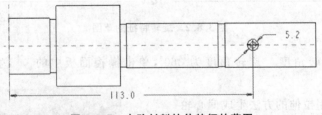

图 3.8.7 去除材料拉伸特征的草图

（3）指定生成去除材料的方向和深度 选择深度模式为"两侧" ⬚，输入大于 20 的深度值。

（4）完成特征 单击操控面板中的 ✔，完成拉伸特征。

本例参见随书光盘文件 ch3\ch3_8_example1.prt。

例 **3.8**　建立如图 3.8.8 所示车床摇把手柄模型。

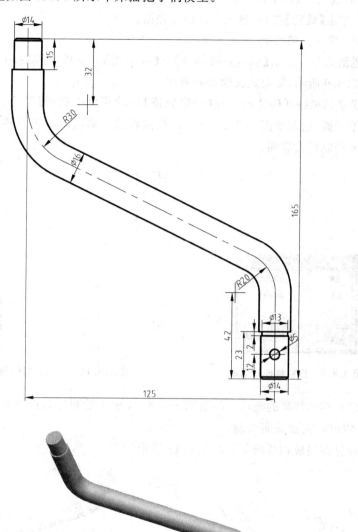

图 3.8.8　例 3.8 模型

分析：此模型中间部分为扫描特征，两端可以使用拉伸或旋转的方法生成，下端的槽和横向孔使用去除材料的方式生成。

模型建立过程：①建立扫描特征生成模型的中间部分；②分别使用拉伸特征建立模型的上端和下端；③在模型的下端建立去除材料的旋转特征生成槽；④建立去除材料的拉伸特征生成横向孔。

步骤 1：建立新文件

单击【文件】→【新建】菜单项或工具栏中 ▢ 按钮，在弹出的【新建】对话框中选择

⊙ □ 零件 ,在【名称】文本输入框中输入文件名"ch3_8_example2",使用公制模板 mmns_part_solid,单击【确定】按钮,进入零件设计界面。

步骤2:建立扫描特征

(1)激活命令　单击【插入】→【扫描】→【伸出项】菜单项,屏幕右上角弹出【扫描】对话框如图3.8.9所示,需要定义轨迹和截面。

(2)建立扫描特征的轨迹　在【扫描轨迹】浮动菜单中选择【草绘轨迹】,以 FRONT 面作为草绘平面,绘制如图3.8.10所示的扫描轨迹。单击草绘工具栏上的 ✔ 按钮,系统自动进入绘制截面界面。

图 3.8.9　扫描特征对话框

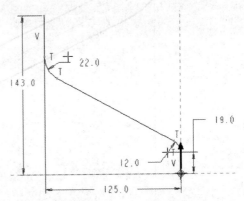

图 3.8.10　扫描特征的轨迹

(3)建立扫描特征的截面　绘制如图3.8.11所示的圆作为特征截面,单击草绘工具栏上的 ✔ 按钮,完成截面绘制。

(4)预览并完成扫描特征如图3.8.12所示。

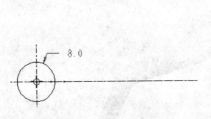

图 3.8.11　扫描特征的截面

图 3.8.12　扫描特征

步骤3:建立下端的拉伸特征

(1)激活拉伸特征命令　单击【插入】→【拉伸】菜单项或工具栏按钮 ,弹出拉伸特征操控面板。

(2)定义截面　选择扫描特征下端作为草绘平面,绘制直径14的圆作为草绘截面,如图3.8.13所示。

(3)指定拉伸深度为23,完成拉伸特征的建立,如图3.8.14所示。

步骤4:建立上端的拉伸特征

与步骤3相同,以扫描特征的另一端作为草绘平面,绘制直径14的圆作为草绘截面,

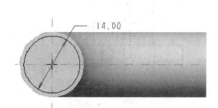

图 3.8.13　拉伸特征的草图

图 3.8.14　下端的拉伸特征

拉伸深度为 15。

步骤 5：使用去除材料旋转特征建立下端的槽

（1）激活旋转特征命令　单击【插入】→【旋转】菜单项或工具栏按钮 ⚙，弹出旋转特征操控面板，选择去除材料模式 ⬜。

（2）定义截面　单击操控面板上的【放置】，在弹出的滑动面板中单击【定义】按钮，在弹出的【草绘】对话框中选择 FRONT 面为草绘平面，绘制如图 3.8.15 所示草绘截面。

（3）选用圆柱中心线作为旋转中心，建立去除材料特征生成槽。

步骤 6：使用去除材料拉伸特征建立下端小孔

（1）激活拉伸命令　单击【插入】→【拉伸】菜单项或工具栏按钮 ⬚，弹出拉伸特征操控面板，选择去除材料模式 ⬜。

（2）定义截面　单击操控面板上的【放置】，在弹出的滑动面板中单击【定义】按钮，在弹出的【草绘】对话框中选择 FRONT 面为草绘平面，绘制如图 3.8.16 所示的直径为 5 的圆作为草绘截面。

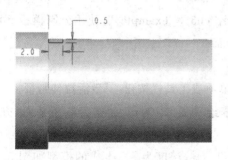

图 3.8.15　去除材料旋转特征的草图

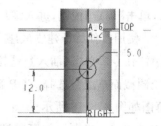

图 3.8.16　去除材料拉伸特征的草图

（3）指定生成去除材料的方向和深度　选择深度模式为"两侧" ⬒，输入大于 28 的深度值。

（4）完成特征　单击操控面板中的 ✔，完成拉伸特征的创建。

零件建立完成，此例可参见随书光盘文件 ch3\ch3_8_example2.prt。

例 3.9　建立如图 3.8.17 所示支架模型。

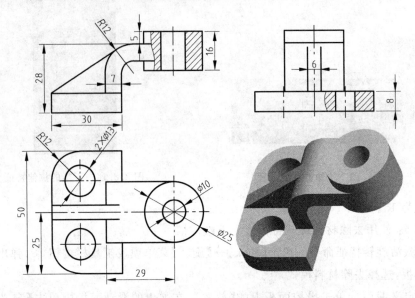

图 3.8.17　例 3.9 模型

分析：本模型为典型的支架类零件（其中简化了部分孔、倒角和拔模），这类零件一般是通过拉伸、旋转等方法生成本体，然后使用孔、筋、拔模等建立其他特征。在制作过程中可以先建立下部基体模型，然后使用扫描的方法建立中间支撑部分，再建立上部圆柱并切除圆柱孔内多余部分，最后建立筋特征。

模型建立过程：①拉伸特征，建立底座；②扫描特征，建立中间支撑；③拉伸特征，建立上部圆柱；④去除材料拉伸特征，切除圆柱孔内多余部分；⑤建立筋特征。

步骤 1：建立新文件

单击【文件】→【新建】菜单项或工具栏中 按钮，在弹出的【新建】对话框中选择 ⊙ □ 零件，在【名称】文本输入框中输入文件名"ch3_8_example3"，使用公制模板 mmns_part_solid，单击【确定】按钮，进入零件设计界面。

步骤 2：使用拉伸特征建立底座

（1）激活命令　单击【插入】→【拉伸】菜单项或工具栏按钮 激活拉伸特征。

（2）绘制截面草图　选择 TOP 面作为草绘平面，RIGHT 面作为参照平面，方向向右，绘制草图如图 3.8.18 所示。

（3）定义深度　指定拉伸厚度模式为盲孔 ，深度为 8。生成的模型如图 3.8.19 所示。

步骤 3：建立扫描实体，生成中间支撑

（1）激活命令　单击【插入】→【扫描】→【伸出项】菜单项激活扫描特征工具。

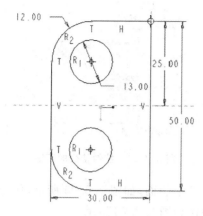

图 3.8.18　拉伸特征草图

图 3.8.19　拉伸特征

（2）草绘轨迹　选择 FRONT 面作为草绘平面，接受朝向内侧的默认方向，并以默认方向定位草绘平面。绘制如图 3.8.20 所示草图作为扫描轨迹。

（3）定义属性　定义属性性质为合并终点。

（4）定义截面　如图 3.8.21 所示。完成的扫描实体如图 3.8.22 所示。

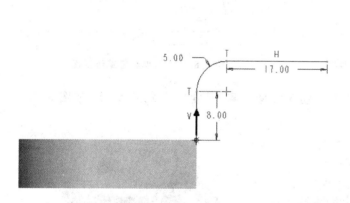

图 3.8.20　扫描特征的轨迹

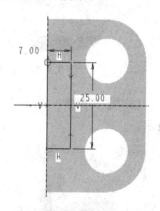

图 3.8.21　扫描特征的截面

步骤 4：建立上部圆柱特征

（1）激活命令　单击【插入】→【拉伸】菜单项或工具栏按钮，弹出拉伸特征操控面板。

（2）绘制截面草图　选择如图 3.8.22 所示扫描特征上表面作为草绘平面，RIGHT 面作为参照平面，方向向右，绘制草图如图 3.8.23 所示。

（3）定义深度　确保第一侧拉伸方向向上，其厚度模式为盲孔，深度为 5；第二侧厚度模式为盲孔，深度为 11。生成的模型如图 3.8.24 所示。

步骤 5：去除材料拉伸特征，切除圆柱孔内多余部分

（1）激活命令　单击【插入】→【拉伸】菜单项或工具栏按钮，弹出拉伸特征操控面板，选择去除材料模式。

图 3.8.22　拉伸特征的草绘平面

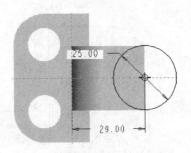

图 3.8.23　拉伸特征的草图

（2）绘制截面草图　选择步骤 4 中的拉伸特征上表面，如图 3.8.25 所示，作为草绘平面，RIGHT 面作为参照平面，方向向右，绘制草图如图 3.8.26 所示。

图 3.8.24　拉伸特征

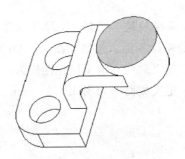

图 3.8.25　拉伸特征草绘平面

（3）定义深度　确保拉伸方向朝向实体一侧，深度模式为穿透 ，如图 3.8.27 所示。

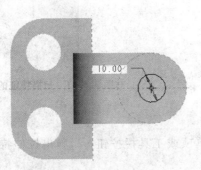

图 3.8.26　拉伸特征的草图

图 3.8.27　拉伸特征

步骤 6：建立筋特征

（1）激活命令　单击【插入】→【筋】→【轮廓筋】菜单项或工具栏按钮 。

（2）绘制截面草图　选择 FRONT 面作为草绘平面，RIGHT 面作为参照平面，方向向右，绘制草图如图 3.8.28 所示。注意线段的左下端点要约束在实体的顶点上，右上端点要位于圆弧上并与圆弧相切。

（3）定义筋的厚度　确保筋生成在草图的两侧，厚度为 6。生成模型如图 3.8.29 所示。

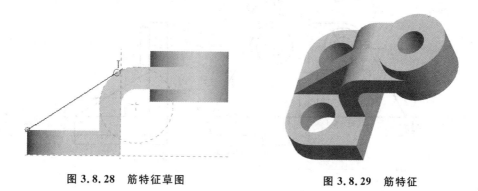

图 3.8.28　筋特征草图　　　　　　图 3.8.29　筋特征

零件建立完成，参见随书光盘文件 ch3\ch3_8_example3.prt。

习题

1. 使用拉伸特征命令建立如题图 1 所示的床鞍前压板模型。

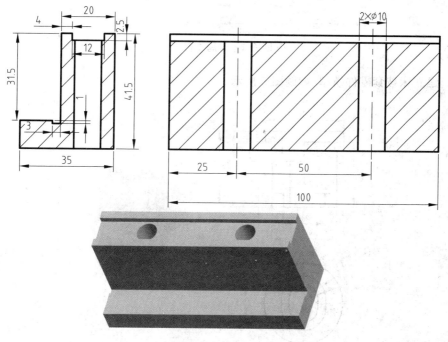

题图 1　习题 1 图

2. 建立如题图 2 所示的零件模型。

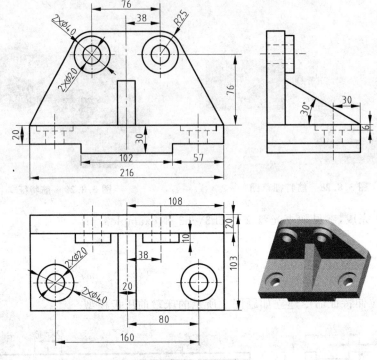

题图 2　习题 2 图

3. 建立床鞍套零件模型，如题图 3 所示。

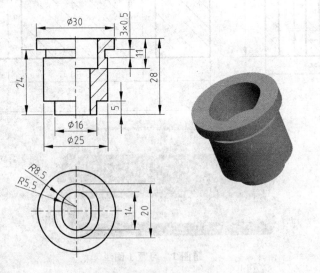

题图 3　习题 3 图

4. 建立如题图 4 所示的零件模型。

5. 建立如题图 5 所示的零件模型。

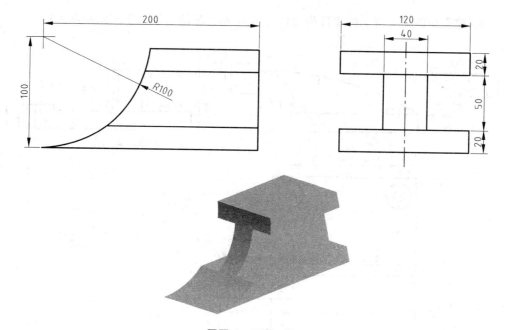

题图 4　习题 4 图

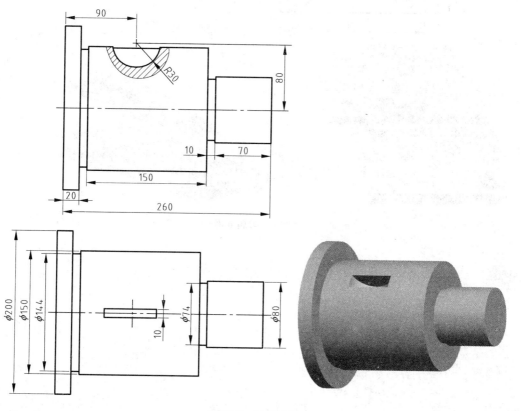

题图 5　习题 5 图

6. 建立如题图 6 所示的零件模型（注：图中筋特征的右端位于圆弧端点上）。

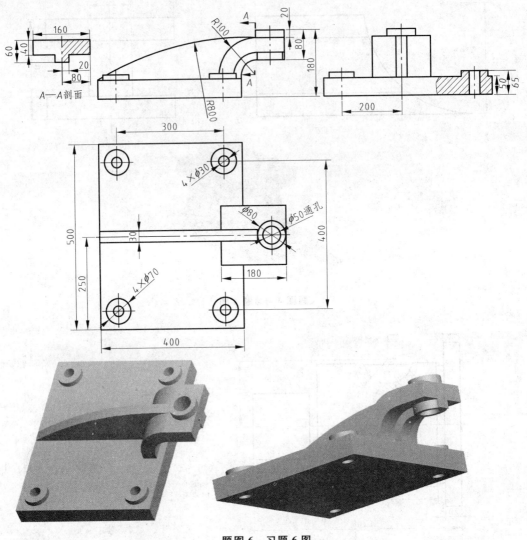

题图 6　习题 6 图

第 4 章　基准特征的建立

　　基准特征是辅助模型建立的辅助特征,根据形式的不同可将基准特征分为基准平面、基准轴、基准点、基准曲线、草绘基准曲线、基准坐标系等几种。本章在概述基准特征的含义与应用的基础上,将详细介绍各种基准特征的建立方法。

4.1　基准特征概述

　　如图 4.1.1 所示,为了建立模型中斜向 45°的筋特征,需要寻找一个草绘平面以绘制筋特征的草图,但模型中此位置不存在这样的平面。这时就需要建立一个辅助平面,如图中的 DTM1 面所示,此辅助平面 DTM1 称为基准平面。

　　另外,为了完成此辅助平面 DTM1 面的建立,还需要过 FRONT 和 RIGHT 面的交线作一条辅助轴线,如图 4.1.1 中的 A_11 轴,过此轴并与 RIGHT 面成 45°角即可生成 DTM1 面,此辅助轴线 A_11 称为基准轴。

　　又如,图 4.1.2 所示的扫描特征建立过程中,可以选取模型中一条已经存在的曲线作为扫描轨迹,此扫描特征的建立过程如图 4.1.3 所示,这条曲线也是一个辅助特征,用于辅助扫描特征的建立,称为草绘基准曲线。

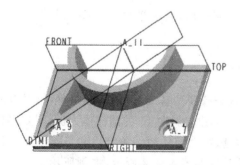

图 4.1.1　使用基准平面的模型

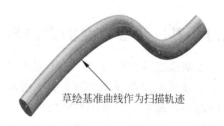

草绘基准曲线作为扫描轨迹

图 4.1.2　使用草绘基准曲线建立的扫描特征

　　上面提到的"基准平面"、"基准轴"、"草绘基准曲线"以及后面将要讲到的"基准点"、"基准曲线"、"基准坐标系"等,在模型中都是以特征的形式存在。它们在模型建立过程中只起到辅助作用而不直接构成零件表面形状,将这些特征统称为基准特征。

　　基准特征又称为辅助特征,没有体积、质量等物理属性,其显示与否也不影响模型结构,通常当需要基准特征时就使其显示,不需要时为了图形窗口的整洁可以使其不显示。

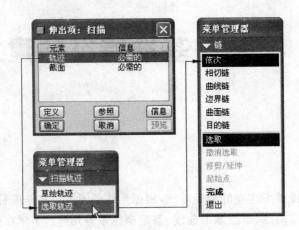

图 4.1.3 选取轨迹建立扫描特征的过程

控制各种基准特征显示的工具栏如图 4.1.4 所示。

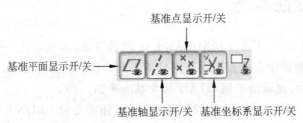

图 4.1.4 控制基准特征显示的工具栏

4.2 基准平面特征

基准平面是零件建模过程中使用最多的一类基准特征。除了可以作为草绘平面外，基准平面还可以作为放置特征（第 5 章讲述）的放置平面，或尺寸的标注基准、零件装配基准等。

4.2.1 基准平面建立的方法与步骤

单击基准工具栏中的 ⬜ 按钮，或单击【插入】→【模型基准】→【平面】菜单项，可以激活建立基准平面的命令。以图 4.2.1 所示六面体上建立斜向 45°的圆柱体为例，需要寻找一个斜向的草绘平面如图中"DTM1"所示，可以选定六面体的一条竖边和 FRONT 面作为参照建立一个辅助平面。辅助平面的建立对话框如图 4.2.2 所示，本例所用文件参见随书光盘 ch4\ch4_2_example1。

【基准平面】对话框包含【放置】、【显示】、【属性】3 个属性页，分别控制基准平面的放置方式、法向与显示大小、基准平面的名称等内容。

1.【放置】属性页

用于控制基准平面的放置方式，在此属性页中可以收集模型中已经存在的面、边、轴、

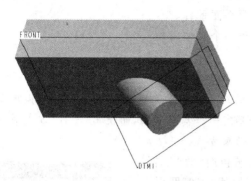

图 4.2.1　使用基准平面在平面上建立斜圆柱体　　图 4.2.2　【基准平面】对话框

点或顶点、坐标等图形元素作为要生成基准平面的参考；除了收集参考外,对于每个参考还应指定一个约束基准平面的约束方式,部分约束方式还需要指定一个约束数据。

若选定一个面作为即将生成的基准平面的参考,这个选定的面可以"平行"或"偏移"的方式约束基准平面,如图 4.2.3 所示;也可以以"法向"的方式约束即将生成的基准平面,如图 4.2.4 所示;还可以"穿过"的方式约束基准平面,如图 4.2.5 所示。同时,若选择"偏移"(偏移即平行且间隔一定距离)的方式约束基准平面,还需要指定间隔的距离,即需要一个约束数据,如图 4.2.3 所示。

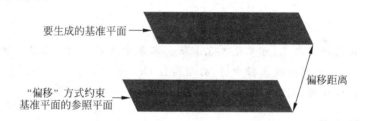

图 4.2.3　偏移与参照平面建立基准平面

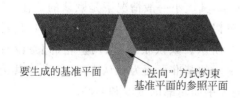
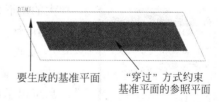

图 4.2.4　法向与参照平面建立基准平面　　图 4.2.5　穿过参照平面建立基准平面

在图 4.2.1 中,定位基准平面的参照是一条边和 FRONT 面,其约束法方式为："通过"边、"偏移"于 FRONT 面 45°。创建基准平面的常用约束如下：

- 穿过　要创建的基准平面穿过一个参照平面、一条参照轴线或模型上的一条边。
- 偏移　要创建的基准平面与参照平面平行且间隔一定的距离,旋转"偏移"约束方式时需要指定旋转角度。

- 平行　要创建的基准平面与参照平面平行。
- 法向　要创建的基准平面与参照平面垂直。
- 相切　要创建的基准平面相切于一个圆柱面。

注意

　　要想完全约束一个基准平面,不同的约束方式约束的内容不同。如:根据几何学的知识,使用"偏移"的约束方式可以完全确定一个基准平面,而使用"平行"方式则不能完全确定基准平面的位置,还需要添加其他约束方式。

　　当此属性页中的【参照】收集器为黄色时,收集器处于活动状态,此时单击模型中的面、轴、线、点等图形元素就会被添加到此收集器中,用作此基准平面的放置参照;然后单击此参照后面的约束方式,在弹出的下拉列表中选择需要的约束方式;若有约束参数,在对话框下部的【偏距】项目中输入平移的距离或旋转的角度。如图4.2.6所示,选择了FRONT面作为参照后,可以选择其对将要建立的基准平面的约束方式为"偏移"、"穿过"、"平行"或"法向",若选择"偏移"的话,还需要指定偏移距离。

图4.2.6 【基准平面】对话框的【放置】属性页

注意

　　关于收集器的相关内容,可参见3.3.1节。本节中用到的收集器是一种多项目收集器,在将多个项目添加到此收集器中时,必须按住Ctrl键单击,否则后面选择的项目只是替换了前面选择的项目,而没有添加多个项目。

2.【显示】属性页

　　从理论上讲,基准平面是一个无限大的面,但在模型中表示的时候一般使用一个有限大的矩形框表示,其大小一般情况下是默认的。在此【显示】属性页中可以使用"调整轮廓"的方法改变其显示大小,如图4.2.7所示。默认状态下【调整轮廓】是没有被选中的,此时显示的基准平面为默认大小,单击将其选中后可以手动输入平面轮廓的宽度和高度。

　　在前面第3章讲述平面的方向的时候提到过:基准平面也是有方向的,可以在其建立的时候指定。当生成基准平面的预览时,屏幕上就指定了其方向,如图4.2.8(a)中基准平面上的箭头指向就是其正向。在【显示】属性页中单击"法向"后面的【反向】按钮可以翻转基准平面的方向,参见图4.2.8(b)所示。

图4.2.7 【基准平面】对话框的【显示】属性页

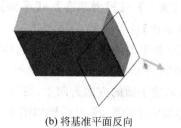

(a) 基准平面的初始方向　　　　　　　(b) 将基准平面反向

图 4.2.8　调整基准平面的方向

3.【属性】属性页

默认情况下,使用"DTM 序号"的方法命名基准平面
的名称,一般情况下不需要更改其默认名称,但有时为了工作方便可以更改此默认名称。单击【基准平面】对话框上的【属性】属性页,在其"名称"后的输入框中可以输入新的基准平面的名称,如图 4.2.9 所示。

注意

在基准平面建立完成以后,也可以使用特征重命名的方法在模型树中修改其名称,详见 6.7.1 节。

综上所述,建立基准平面的步骤如下:

(1) 单击基准工具栏中的 ⬭ 按钮或【插入】→【模型基准】→【平面】菜单项,激活基准建立命令,弹出【基准平面】对话框。

(2) 选择基准平面的参照,即选择面、线或点作为基准平面的参照。

图　4.2.9

(3) 指定参照的约束类型并指定约束参数　指定步骤(2)中指定的参照的约束方式,如"通过"、"偏移"、"平行"、"垂直"、"相切"等,当选用"偏移"约束方式时指定参数。

(4) 重复上面(2)、(3)步,直到基准平面被完全约束。

(5) 指定基准平面的方向,需要的话更改基准特征的名称,单击基准平面对话框中的【确定】按钮退出。

4.2.2　基准平面约束方法与实例

基准平面的位置由其参照及参照的约束方式确定,根据选用参照及参照约束方式的不同,可以生成不同方式的基准平面,下面举例说明创建基准平面时可以选用的参照的组合。

1. 穿过两共面不共线的边(或轴)

可以穿过两条共面而不共线的边或轴建立一个基准平面,如图 4.2.10 所示,其建立步骤如下。本例模型参见随书光盘文件 ch4\ch4_2_example2.prt。

（1）单击【插入】→【模型基准】→【平面】菜单项或工具栏按钮 ，激活基准平面命令，弹出【基准平面】对话框。

（2）选择基准平面的参照　选择六面体左上角的边，并指定其约束方式为"穿过"。

（3）选择基准平面的第二个参照　选择六面体右下角的边，也指定其约束方式为"穿过"。

（4）指定基准平面的方向为向上，更改此基准特征名称为"过两边"（可选项）。

基准平面被完全约束，其对话框如图 4.2.11 所示，单击【确定】按钮完成。本例参见随书光盘文件 ch4\f\ch4_2_example2_f.prt 中名称为"过两边"的基准平面。

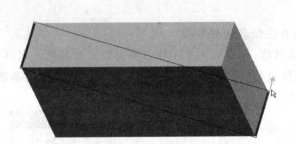

图 4.2.10　穿过两条边建立基准平面

图 4.2.11　【基准平面】对话框

提示

系统提供各种过滤器来辅助选取项目，这些过滤器位于"状态栏"上的【过滤器】框中。每个过滤器均会缩小可选项目类型的范围，利用这一点可轻松地定位项目。所有的过滤器都是与环境相关的，因此只有那些符合几何环境或满足特征工具需求的过滤器才可用。

此外，在没有任何操作的默认状态下，系统使用了一种"智能"过滤器，这种过滤器会根据环境自动选取最符合当前几何环境的项目。

建立基准特征过程中，单击【过滤器】下拉列表框，显示过滤器项目如图 4.2.12 所示。在上面的例子中需要选定模型的两条边，单击选择"边"过滤器，在模型上选择时，就只能选择边了，其他项目被过滤掉，提高了选择的准确性和效率。

2. 穿过 3 个基准点

穿过不在一条直线上的 3 个点也可以确定一个基准平面，如图 4.2.13 所示，其建立步骤如下。本例模型参见随书光盘文件 ch4\ch4_2_example2.prt。

（1）单击【插入】→【模型基准】→【平面】菜单项或工具栏按钮 ，激活基准平面命令，弹出【基准平面】对话框。

（2）选择基准平面的参照　选择六面体右上角的顶点，其约束方式为"穿过"。

（3）继续选择基准平面的第二、三个参照　选择六面体左下角、右下角顶点，其约束方式也为"穿过"。

图 4.2.12　过滤器

（4）指定基准平面的方向为向上，更改此基准特征名称为"过三点"（可选项）。

此时基准平面已被完全约束，对话框如图 4.2.14 所示，单击【确定】按钮完成。本例参见随书光盘文件 ch4\f\ch4_2_example2_f.prt 中名称为"过三点"的基准平面。

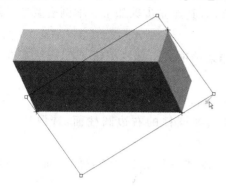

图 4.2.13　穿过 3 个点建立基准平面

图 4.2.14　【基准平面】对话框

3. 穿过轴（或边）＋与平面成角度

根据几何学的原则，通过一条边并与一个面成一定角度也能唯一确定一个面，使用"穿过轴（或边）＋与平面成角度"的方法也能创建一个基准平面，前面 4.1 节中讲述的例子就是这种情况，其生成的基准平面如图 4.2.15 所示，其建立步骤如下。本例模型参见随书光盘文件 ch4\ch4_2_example2.prt。

（1）单击【插入】→【模型基准】→【平面】菜单项或工具栏按钮 ▱ ，激活基准平面建立命令，弹出【基准平面】对话框。

（2）选择基准平面的参照　选择六面体右前边，其约束方式选择为"穿过"。

（3）选择基准平面的第二参照　选择六面体前侧的面，如图 4.2.15 中的网格面，其约束方式选定为"偏移"，并指定偏移的旋转角度为 45°。

（4）指定基准平面的方向为向前，更改此基准特征名称为"过边并偏移面"（可选项）。

此时基准平面已被完全约束，对话框如图 4.2.16 所示，单击【确定】按钮完成。本例参见随书光盘文件 ch4\f\ch4_2_example2_f.prt 中名称为"过边并偏移面"的基准平面。

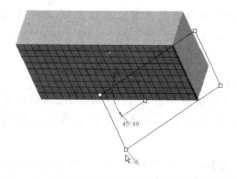

图 4.2.15　穿过边且与平面成角度建立基准平面

图 4.2.16　【基准平面】对话框

4. 切于圆柱面＋平行于平面

切于圆柱面并与另一平面平行也可唯一确定一个面,使用"切于面＋平行于平面"的方法也能创建一个基准平面,如图 4.2.17 所示,其建立步骤如下。本例模型参见随书光盘文件 ch4\ch4_2_example3. prt。

(1) 单击【插入】→【模型基准】→【平面】菜单项或工具栏按钮 ⬭ ,激活基准平面命令,弹出【基准平面】对话框。

(2) 选择基准平面的参照　选择 RIGHT 面,并将其约束方式改为"平行"。

(3) 选择基准平面的第二参照　单击选择圆柱的右边圆柱面,选取约束方式为"相切"。

(4) 指定基准平面的方向向右,更改此基准特征名称为"平行于面切于圆柱面"(可选)。

基准平面被完全约束,其对话框如图 4.2.18 所示,单击【确定】按钮完成。本例参见随书光盘文件 ch4\f\ch4_2_example3_f. prt 中名称为"平行与面切于圆柱面"的基准平面。

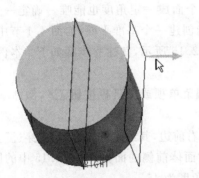

图 4.2.17　切于面且平行于平面建立基准平面　　图 4.2.18　【基准平面】对话框

提示

在选取项目时,若要选取的项目位于模型内部或位于其他项目之后,此项目将不易被选取。例如,上例中的 RIGHT 面因位于实体上,不便于选取。此时可使用"从列表中拾取"的方法选择,过程如下:

(1) 在模型上要选择项目的位置上右击,弹出右键菜单如图 4.2.19 所示。

(2) 单击【从列表中拾取】菜单项,弹出对话框如图 4.2.20 所示,此对话框的列表中显示了在此鼠标单击点可能选择的项目,选择其中任一个,模型中对应的此项目高亮显示。

(3) 找到要选择的项目,然后单击【确定】按钮,此项目便会被选中,选择过程完成。

应用"从列表中拾取"的方法,可轻松选取位于模型内部或其他图元之后的图元,也可区分重叠或相距很近的图元。

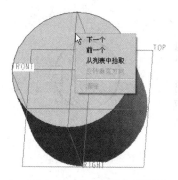

图 4.2.19　右键菜单　　　　　图 4.2.20　【从列表中拾取】对话框

5. 与平面偏移一定距离

距一个面偏移一定距离可以唯一确定一个平面,这也是约束一个基准平面比较简单的方法。如图 4.2.21 所示,使用"与平面偏移一定距离"可以创建基准平面,其建立步骤如下。本例模型参见随书光盘文件 ch4\ch4_2_example2.prt。

(1)单击【插入】→【模型基准】→【平面】菜单项或工具栏按钮 ,弹出【基准平面】对话框。

(2)选择基准平面的参照　选择模型上表面,将其约束方式改为"偏移",并在【平移】输入框中输入偏移距离 20。

(3)指定基准平面的方向向上,更改此基准特征名称为"偏移于面"(可选项)。

基准平面完全约束,其对话框如图 4.2.22 所示,单击【确定】按钮完成。本例参见随书光盘文件 ch4\f\ch4_2_example2_f.prt 中名称为"偏移于面"的基准平面。

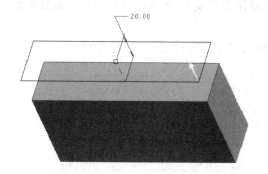

图 4.2.21　偏移约束建立基准平面　　图 4.2.22　【基准平面】对话框

例 4.1　建立如图 4.2.23 所示阶梯轴。

分析:此轴的主体部分可使用旋转特征一次生成,左侧通孔使用去除材料的拉伸特征生成。本节重点掌握平键槽的建立方法:首先建立基准平面,然后使用去除材料的拉伸特征,在基准平面上绘制键槽截面草图,向外拉伸将键槽内的材料去除,即可完成模型。

模型建立过程:①使用旋转特征生成轴;②使用去除材料拉伸特征生成直径为 20 的通孔;③使用"偏移"约束建立基准平面;④建立去除材料的拉伸特征,在基准平面上绘

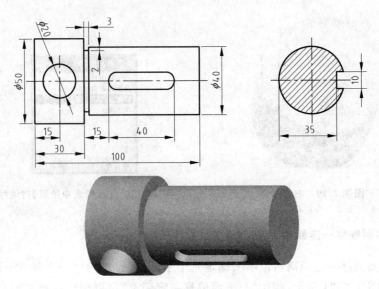

图 4.2.23　例 4.1 模型

制键槽截面,向外拉伸去除材料生成键槽。

步骤 1:建立新文件

单击【文件】→【新建】菜单项或工具栏中 □ 按钮,在弹出的【新建】对话框中,选择 ⊙ □ 零件,在【名称】文本输入框中输入文件名"ch4_2_example4",使用公制模板 mmns_part_solid,单击【确定】按钮,进入零件设计界面。

步骤 2:使用旋转特征建立轴的主体

(1)激活命令　单击【插入】→【旋转】菜单项或工具栏按钮 ⊕ 激活旋转特征。

(2)绘制截面草图　选择 FRONT 面作为草绘平面,RIGHT 面作为参照平面,方向向右,绘制草图如图 4.2.24 所示。

(3)完成特征　指定旋转角度为 360°。生成模型如图 4.2.25 所示。

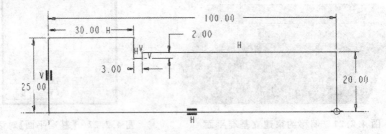

图 4.2.24　旋转特征的草图

步骤 3:使用去除材料的拉伸特征建立横向孔

(1)激活拉伸命令　单击【插入】→【拉伸】菜单项或工具栏按钮 ᓂ 激活拉伸特征。

(2)选择去除材料模式 ◿ 。

(3)绘制截面草图　选择 FRONT 面作为草绘平面,RIGHT 面作为参照平面,方向向右,绘制草图如图 4.2.26 所示。

图 4.2.25 旋转特征

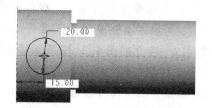

图 4.2.26 拉伸特征的草图

（4）指定拉伸深度 两侧拉伸，均为穿透模式 ╬。生成的模型如图 4.2.27 所示。

步骤 4：建立基准平面

（1）激活基准平面命令 单击【插入】→【模型基准】→【平面】菜单项或工具栏按钮 ∕╱。

（2）选定参照及其约束方式 选择 FRONT 面作为参照平面，其约束方式选择"偏移"，输入平移距离为 15，生成 DTM1，如图 4.2.28 所示，其【基准平面】对话框如图 4.2.29 所示。

图 4.2.27 去除材料形成孔

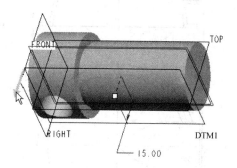

图 4.2.28 使用偏移约束生成基准平面

步骤 5：使用去除材料拉伸特征生成平键槽

（1）激活拉伸命令 单击【插入】→【拉伸】菜单项或工具栏按钮 ∕ 激活拉伸特征。

（2）选择去除材料模式 ∕。

（3）绘制截面草图 选择步骤 4 中建立的基准平面作为草绘平面，RIGHT 面作为参照平面，方向向右，绘制草图如图 4.2.30 所示。

图 4.2.29 【基准平面】对话框

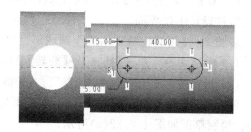

图 4.2.30 拉伸特征的草图

（4）指定拉伸方向与深度　确保拉伸方向向外，深度为穿透模式。生成的模型如图 4.2.23 所示。本例模型参见随书光盘文件 ch4\ ch4_2_example4.prt。

例 4.2　建立如图 4.2.31 所示铸造件。

分析：使用旋转为壳体的方式生成半圆球形型腔；使用实体的拉伸特征建立左侧管道，深度模式为到圆球外表面；使用去除材料的拉伸，将管道内部连同与球形型腔连接部分挖空；最后使用拉伸特征建立底部和左侧的凸缘。

模型建立过程：①旋转半径为 100 的四分之一圆弧生成旋转壳体特征，从而形成半圆形型腔；②建立基准平面以确定左侧管道的草绘平面；③从基准平面拉伸直径为 70 的圆到半圆球的外表面形成实心实体；④建立去除材料的拉伸特征，剪除管道和型腔的多余部分；⑤拉伸生成底部和左侧的凸缘。

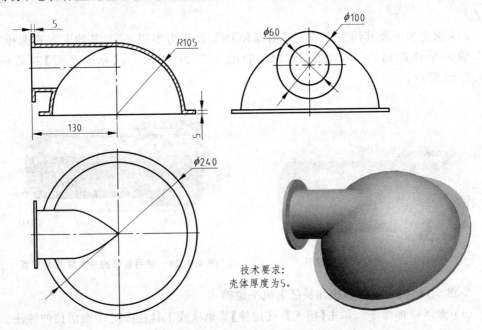

技术要求：
壳体厚度为5。

图 4.2.31　例 4.2 图

步骤 1：建立新文件

（1）单击【文件】→【新建】菜单项或工具栏 按钮，确定文件名为"ch4_2_example5"，取消默认模板，单击【确定】按钮。

（2）在【新文件选项】对话框中，选择公制模板 mmns_part_solid，并单击【确定】按钮，进入零件设计工作界面。

步骤 2：使用旋转特征生成半圆球形型腔

（1）激活命令　单击【插入】→【旋转】菜单项激活旋转特征工具。

（2）指定模型建立模式为"加厚"，并指定其厚度为 5。

（3）绘制截面草图　选择 FRONT 面作为草绘平面，RIGHT 面作为参照平面，方向向右，绘制草图如图 4.2.32(a) 所示。

（4）指定旋转角度为 360°。

（5）单击 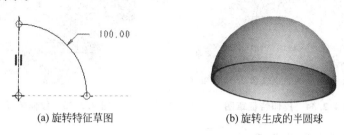，改变生成壳体的方向，确保壳体生成于草图的外侧。生成的半圆球如图 4.2.32(b)所示。

(a) 旋转特征草图   (b) 旋转生成的半圆球

图 4.2.32 使用旋转特征形成半圆球形型腔

步骤 3：建立辅助平面

（1）激活基准平面命令 单击【插入】→【模型基准】→【平面】菜单项激活基准平面特征工具。

（2）选定参照及其约束方式 单击选择 RIGHT 面作为参照平面，其约束方式选择"偏移"，输入平移距离为－130，生成基准平面如图 4.2.33(a)所示，其【基准平面】对话框如图 4.2.33(b)所示。注意：偏移距离输入－130 是为了确保基准平面生成于参照平面 RIGHT 的负方向上（左侧），若此时生成的参照平面位于 RIGHT 的右侧，再次将输入距离改为负值即可。

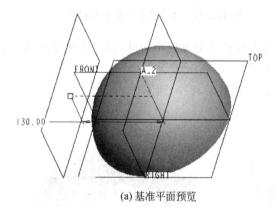 

(a) 基准平面预览   (b)【基准平面】对话框

图 4.2.33 建立基准平面

步骤 4：使用拉伸特征生成实心的左侧管道

（1）激活拉伸命令 单击【插入】→【拉伸】菜单项激活拉伸特征工具。

（2）绘制截面草图 选择步骤 3 中建立的基准平面作为草绘平面，TOP 面作为参照平面，方向为"顶"，绘制草图如图 4.2.34 所示。

（3）指定拉伸方向及深度 确保拉伸方向为指向半球模型，拉伸深度为"到选定的"，其深度参照为半球的外表面，如图 4.2.35 所示。

（4）完成拉伸 生成延伸到半球表面的实心圆柱，其模型如图 4.2.36 所示。

步骤 5：使用去除材料拉伸特征生成管道内孔

（1）激活拉伸命令 单击【插入】→【拉伸】菜单项激活拉伸特征工具。

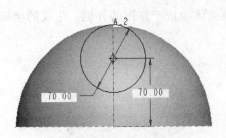

图 4.2.34   拉伸特征草图

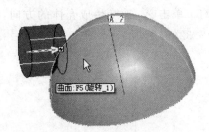

图 4.2.35   拉伸特征预览

（2）选择去除材料模式 ⟋。

（3）绘制截面草图   选择步骤 3 中建立的基准平面作为草绘平面，TOP 面作为参照平面，方向向"顶"，绘制草图如图 4.2.37 所示。

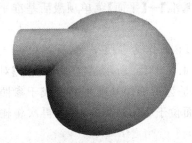

图 4.2.36   生成的拉伸特征

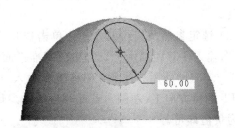

图 4.2.37   建立管道内控的拉伸特征草图

（4）指定去除材料方向及深度   确保去除材料的方向指向圆内侧，深度模式为"到选定的" ⟂，选定深度参照为 FRONT 面，如图 4.2.38（a）所示。

（5）完成去除材料拉伸   建立的模型如图 4.2.38（b）所示。

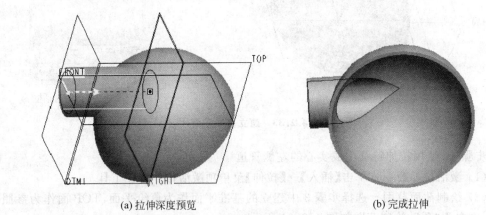

(a) 拉伸深度预览

(b) 完成拉伸

图 4.2.38   生成的管道内孔

步骤 6：使用拉伸特征建立左侧凸缘

（1）激活拉伸命令   单击【插入】→【拉伸】菜单项激活拉伸特征工具。

（2）绘制截面草图   选择步骤 3 中建立的基准平面作为草绘平面，TOP 面作为参照平面,方向向"顶",绘制草图如图 4.2.39(a)所示。

（3）指定拉伸方向及深度　确保拉伸方向为朝向模型,深度为 5。生成的模型如图 4.2.39(b)所示。

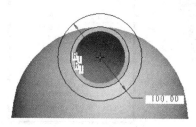 

(a) 拉伸特征草图　　　　　　　　　　　(b) 生成的拉伸特征

图 4.2.39　使用拉伸特征建立右侧凸缘

步骤 7：使用拉伸特征建立底部凸缘

与步骤 6 类似,激活拉伸命令,选用 TOP 面作为草绘平面,RIGHT 面作为参照平面,方向向右,绘制草图如图 4.2.40 所示。指定其拉伸方向向上,深度为 5。生成最终模型如图 4.2.31 所示。

本例模型参见随书光盘文件 ch4\ch4_2_example5.prt。

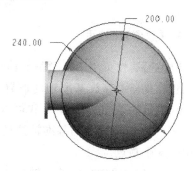

图 4.2.40　底部凸缘拉伸的草图

4.3　基准轴特征

基准轴是零件建模过程中常用的一类基准特征,如在图 4.1.1 中建立基准平面时就使用了基准轴。另外,在建立含有圆的拉伸特征时,系统将自动在其中心产生一条中心轴线,此轴心在一些操作中也能起到与基准轴相同的作用。但是基准轴与中心轴是有区别的：中心轴是建立其他特征时生成的非独立图素,不能对其进行编辑操作；而基准轴是单独生成的独立特征,能够被重定义、隐藏、隐含或删除。

4.3.1　建立基准轴的方法和步骤

单击基准工具栏中的 ╱ 按钮,或单击【插入】→【模型基准】→【轴】菜单项,可以激活建立基准轴命令。如图 4.3.1(a)所示,为了建立筋特征,需要建立一个辅助的草绘平面,而建立草绘平面时基准平面需要经过 FRONT 面和 RIGHT 面的交线,而经过此交线可建立一条基准轴线,如图中的轴"A_11"所示。选定经过 FRONT 面且经过 RIGHT 面作为参照建立辅助轴线,此轴线的建立对话框如图 4.3.1(b)所示,本例所用文件参见随书光盘 ch4\ch4_3_example1。

【基准轴】对话框也包含【放置】、【显示】、【属性】三个属性页,分别控制基准轴的放置方式、轮廓显示大小、基准轴的名称等内容。

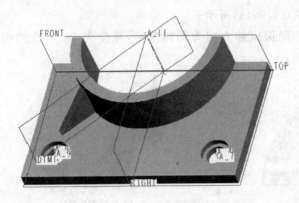

(a) 基准平面与基准轴   (b)【基准轴】对话框

图 4.3.1 基准轴的使用

1.【放置】属性页

【放置】属性页用于控制基准轴的放置方式，包含【参照】和【偏移参照】两个收集器，在【参照】收集器中存放基准轴的放置参照及其约束类型。建立基准轴的放置参照可以是面、边（或轴）、点等，其约束方式可以为"穿过"或"法向"两种方式之一。

- 穿过　要创建的基准轴穿过一个参照平面、一条参照轴线或模型上的一条边或模型中的一个顶点。
- 法向　要创建的基准轴与选定的作为参照的平面垂直。

当选定的参照为平面且约束方式为"法向"时，可以使用"偏移参照"为基准轴的创建指定次参照，次参照可以是选定的参照平面上的边，也可以是垂直于此选定的参照平面的面。

2.【显示】属性页

从理论上讲基准轴是无限长的，为了显示的方便默认情况下显示为一条黄色的虚线段。在此【显示】属性页中可以使用"调整轮廓"的方法改变其显示大小。如图 4.3.2 所示，选中"调整轮廓"即可更改基准轴显示的轮廓长度。

3.【属性】属性页

默认情况下，使用"A_序号"的方法命名基准轴的名称，单击【基准轴】对话框上的【属性】属性页可以更改轴的名称，如图 4.3.3 所示。

建立基准轴的步骤如下：

（1）单击基准工具栏中的 ╱ 按钮，或单击【插入】→【模型基准】→【轴】菜单项，激活基准轴建立命令，弹出基准轴建立对话框。

（2）选择基准轴的参照和偏移参照　选择面、线或点作为基准平面的参照并指定参照的约束类型，在必要时指定偏移参照。

（3）重复上一步，直到基准轴被完全约束，单击基准轴建立对话框中的【确定】按钮。

图 4.3.2　调整轴长度属性页　　　　图 4.3.3　修改轴名称属性页

4.3.2　基准轴建立的约束方法与实例

基准轴的位置由其参照及参照的约束方式确定,根据选用参照或参照的组合对基准轴的约束的不同,有下面创建基准轴的方法。

1. 穿过两个平面

穿过两个平面的交线可以建立一条基准轴,如图 4.3.4 所示。本例参见随书光盘文件 ch4\ch4_3_example2.prt。基准轴的建立过程如下。

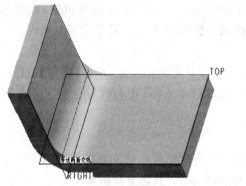

(a) 过两个平面建立基准轴　　　　(b)【基准轴】对话框

图 4.3.4　穿过两平面建立基准轴

(1) 激活基准轴命令　单击【插入】→【模型基准】→【轴】菜单项或工具栏按钮 ⁄ ,弹出【基准轴】对话框。

(2) 选取基准轴的参照　选择 TOP 面,将其约束方式改为"穿过";选择 RIGHT 面,也将其约束方式改为"穿过"。

从模型上可以看出,此时基准轴已被完全约束,其对话框如图 4.3.4(b)所示,单击【确定】按钮完成基准轴,本例轴参见随书光盘文件 ch4\f\ch4_3_example2_f.prt 中名称为"穿过两面交线"的基准轴。

2. 穿过两个点

穿过两个点也可以建立一条基准轴，如图 4.3.5 所示。本例参见随书光盘文件 ch4\
ch4_3_example2.prt。其建立步骤如下。

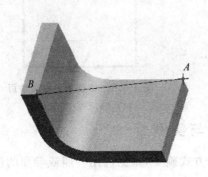

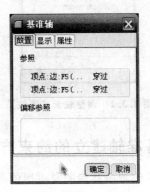

(a) 过两点建立基准轴　　　　　　　(b)【基准轴】对话框

图 4.3.5　穿过两点建立基准轴

（1）激活基准轴命令　单击【插入】→【模型基准】→【轴】菜单项或工具栏按钮 ╱，弹
出【基准轴】对话框。

（2）选择基准轴的参照　将鼠标放在 4.3.5(a) 所示 A 点附近时，此点高亮显示，单
击选中此点。按住 Ctrl 键以上面同样的方法选中 B 点。对于参照点来说，其约束方式只
有"穿过"。

此时基准轴被完全约束，其对话框如图 4.3.5(b) 所示，单击【确定】按钮完成基准轴，
本例参见随书光盘文件 ch4\f\ch4_3_example2_f.prt 中名称为"过两点"的基准轴。

3. 垂直于平面

垂直于平面并指定到其他两个图元的参照也可以建立基准轴，如图 4.3.6 所示。本
例参见随书光盘文件 ch4\ch4_3_example2.prt。其建立步骤如下。

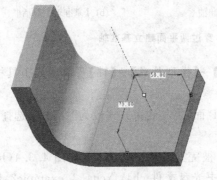

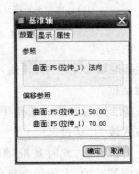

(a) 垂直于面的基准轴　　　　　　　(b)【基准轴】对话框

图 4.3.6　垂直于平面建立基准轴

（1）激活基准轴命令　单击【插入】→【模型基准】→【轴】菜单项或工具栏按钮 $\nearrow$，弹出【基准轴】对话框。

（2）选择基准轴的参照　选择模型上表面，即 4.3.6(a)所示轴线所在的平面，将其约束方式改为"法向"，可预览到垂直于选定曲面的基准轴。

（3）选择偏移参照　单击激活【偏移参照】收集器，按住 Ctrl 键分别选择与参照平面垂直的两个平面，如 4.3.6(a)所示，作为轴线在参照平面上的定位基准，并在收集器的输入框中输入定位尺寸，如 4.3.6(b)所示。

基准轴被完全约束，其对话框如图 4.3.6(b)所示，单击【确定】按钮完成。本例参见随书光盘文件 ch4\f\ch4_3_example2_f.prt 中名称为"垂直于面"的基准轴。

注意

当选取了参照平面后，在模型上出现将要建立的基准轴的预览，同时平面上出现一个白色空心方框和两个绿色实心菱形框，如图 4.3.7 所示。白框为位置控制滑块，绿框为参照控制滑块。

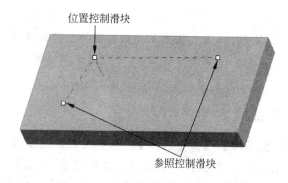

位置控制滑块

参照控制滑块

图 4.3.7　建立基准轴时的控制滑块

在确定基准轴位置的时候，除了用上面步骤中(3)中直接选定偏移参照并输入定位尺寸值的方法之外，也可以直接拖动参照控制滑块到两个平面来选取偏移参照；同理，移动位置控制滑块也可改变偏移参照的尺寸。

此处在选择的基准轴的偏移参照时，除了上面所述的两个平面外，也可以选择参照平面上的两条边，或其他可以确定基准轴位置的项目。

4.4　基准点特征

基准点也是模型建立过程中经常使用的一种辅助特征，可用于辅助建立其他基准特征，还可用于辅助定义特征的位置。

如图 4.4.1 所示，在建立基准平面时，要使此平面经过模型的一条边线和竖直面上与顶面距离 50 的一个点，可首先根据要求在竖直面上建立一个辅助点 PNT0，用来辅助基准平面的建立。

Pro/Engineer 中提供了 3 种类型的基准点，单击基准工具栏 $\times\times$ · 按钮右侧的三角形

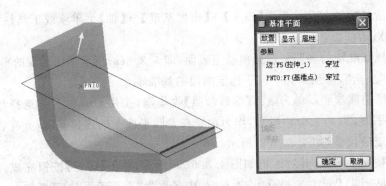

图 4.4.1　使用基准点作为参照建立基准平面

符号,弹出子工具栏 ，本书讲述以下两种基准点的建立方法。

- 一般基准点,即在图元上或偏离图元创建的基准点。
- 偏移坐标系基准点,即通过相对于选定的坐标系创建基准点。

提示

相对于以前的版本,Wildfire 5.0 基准点特征中去掉了草绘基准点,取而代之的是在草图中添加了几何点。几何点在草图中建立,还可应用于三维模型状态下,具有草绘基准点功能。

4.4.1　一般基准点

单击【插入】→【模型基准】→【点】→【点】菜单项或工具栏按钮 ，激活一般基准点命令,其对话框如图 4.4.2(a)所示。一般基准点的位置由【放置】属性页定义。一次激活建立基准点命令可以建立多个基准点,对话框中基准点列表中的每一条目即为一个点。单击选中点后,在右侧的【参照】收集器中显示了此点的放置参照。如图 4.4.2(b)所示,当选择了点位于面上后,对话框中出现【偏移参照】收集器,可以在此处添加偏移参照。

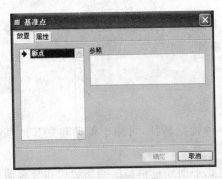

(a) 没有选取参照时的【基准点】对话框

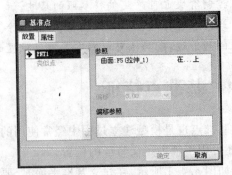

(b) 选取了参照后的【基准点】对话框

图 4.4.2　【基准点】对话框在选取参照前后的变化对比

一般基准点的建立步骤如下：

（1）单击【插入】→【模型基准】→【点】→【点】菜单项或工具栏按钮 ᴧ，激活基准点建立命令，弹出【基准点】对话框。

（2）选择基准点的参照和偏移参照　可以选择模型上的面（包括平面和曲面）、线或点作为基准点的参照并指定参照的约束类型，在必要时指定偏移参照。

（3）重复上一步，直到基准点被完全约束。

（4）单击对话框点列表中的"新点"，建立另一个基准点。

（5）所有基准点建立完成后，单击【确定】按钮结束命令。

在基准特征建立过程中，选定参照并指定约束方式是其重点内容，一般基准点建立时选定的参照可以为边、曲线、面、顶点、现有的基准点等，其约束方式一般为"在……上"或"偏移"。例如，可以使用以下参照建立基准点：

- 选定曲线或边作为参照，其约束方式为"在……上"；
- 选定曲面为参照，其约束方式为"在……上"；
- 选定曲面为参照，其约束方式为"偏移"；
- 选定顶点，其约束方式为"在……上"；
- 选定顶点，其约束方式为"偏移"。

下面以实例讲解"在选定的曲线或边上建立基准点"、"在选定的曲面上建立基准点"和"偏移于选定的面建立基准点"三种方式建立基准点的具体过程。

1. 在选定的曲线或边上建立基准点

使基准点位于选定的边或曲线的特定位置上，可以完全约束基准点。如图 4.4.3 所示，实体的边是一条样条曲线，使用三个基准点可将此样条曲线四等分，三个等分点分别为"一等分点"、"二等分点"、"三等分点"，其建立过程如下所述。本例所用模型参见随书光盘文件 ch4\ch4_4_example1.prt。

（1）单击【插入】→【模型基准】→【点】→
【点】菜单项或工具栏按钮 ᴧ，激活基准点命令，弹出【基准点】对话框。

（2）选择第一个基准点的参照和偏移参照
单击选择模型的样条曲线边，其参照方式只能为"在…上"；接受默认的使用"曲线末端"作

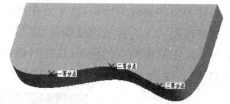

图 4.4.3　建立基准点的模型

为偏移参照；在"偏移"后的输入框中输入"0.25"，表示此基准点在曲线上的位置为从曲线端点开始 0.25 倍的整个曲线长度处。基准点和其对话框参见图 4.4.4。

（3）右击基准点列表中的点名称，更改此点的名称为"一等分点"。

（4）重复（2）、（3）步，在样条曲线的 0.5、0.75 倍处建立另外两个基准点"二等分点"、"三等分点"。最后完成的模型参见图 4.4.3，其基准点建立对话框参见图 4.4.5。本例模型参见随书光盘文件 ch4\f\ch4_4_example1_f.prt 中名称为"曲线上四分点"的基准点特征。

基准点在线上的偏移参照除了可以指定在线上的比例位置外，还可以直接输入基准

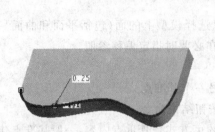

图 4.4.4 以曲线作为参照建立基准点

点到偏移参照点的距离。如图 4.4.6 所示，单击偏移方式下拉列表，选择"实数"，在输入框中直接输入基准点距偏移参照的距离，也可以确定基准点的位置。

图 4.4.5 【基准点】对话框   图 4.4.6 使用"比率"或"实数"确定基准点位置

对于偏移参照的选取，除了使用所选取线或曲面的端点外，还可以选用其他项目作为参照。如图 4.4.7 所示，在【偏移参照】中选择【参照】方式，并在模型上选取左端面，然后单击修改左端面到点的距离（或在对话框中的【偏移】输入框中直接输入−50），完成基准点的建立，如图 4.4.8 中的"PNT0"点。

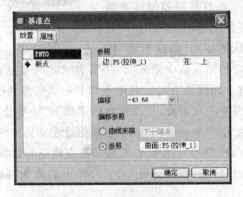

图 4.4.7 【基准点】对话框

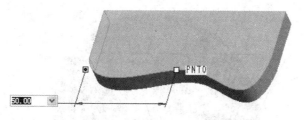

图 4.4.8　与端面偏移 50 建立基准点

2. 在选定的曲面上建立基准点

　　若要以"在面上"为约束方式建立基准点,则需要指定其偏移参照。如图 4.4.9 所示,要在实体上表面建立基准点,要指定此点在面上的位置,可以使用面的两条边(或与参照面垂直的两个面)为偏移参照。本例模型参见随书光盘文件 ch4\ch4_4_example1. prt。

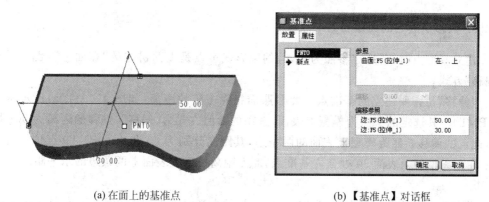

(a) 在面上的基准点　　　　　　　　　　(b)【基准点】对话框

图 4.4.9　使用"在面上"的约束方式建立基准点

　　(1) 单击【插入】→【模型基准】→【点】→【点】菜单项或工具栏按钮 ✕✕ ,激活基准点命令,弹出【基准点】对话框。

　　(2) 选择基准点的参照和偏移参照　单击选择模型上表面作为基准点建立参照,并将其参照方式改为"在…上";单击激活【偏移参照】收集器,按住 Ctrl 键单击如图 4.4.9(a)所示模型上表面两条加粗的边将其添加到【偏移参照】收集器中,并修改偏移尺寸,基准点在面上的约束完成,此时的基准点建立对话框如图 4.4.9(b)所示。本例中建立的基准点参见随书光盘文件 ch4\f\ch4_4_example1_f. prt 中名称为"在面上"的基准点。

注意

　　建立一般基准点时,其参照可以是平面也可以为曲面。如图 4.4.10 所示,点 PNT0 位于球面上,即:其参照为曲面,偏移参照为 FRONT 面和 RIGHT 面,偏移距离分别为 25、40。本例模型参见随书光盘文件 ch4\f\ch4_4_example2_f. prt。

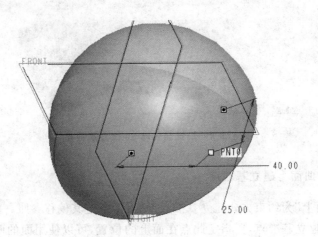

图 4.4.10　位于曲面上的基准点

3. 偏移于选定的面建立基准点

建立基准点时,若选定参照为面,其约束方式可以是上面讲述的"在面上",也可以是"偏移"方式。

"偏移"是指要建立的基准点与此参照面相隔一定的距离,如图 4.4.11(a)所示基准点 PNT0。其选定的参照为模型上表面,选用的参照方式为"偏移",偏移的距离为 30;同时,此点的偏移参照为模型上表面的两条边,其距离分别为 80 和 40。PNT0 点位置含义为:在距离模型上表面 30 处建立基准点,此点距离模型上表面上两条边的水平距离为 80 和 40。

此基准点对话框如图 4.4.11(b)所示,参见随书光盘文件 ch4\f\ch4_4_example1_f.prt 中名称为"偏移于面"的基准点。

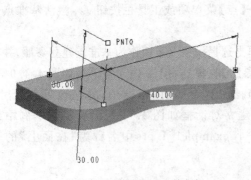

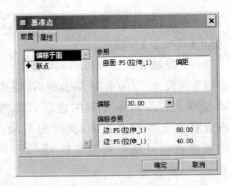

(a) 偏移于选定面建立基准点　　　　　　(b)【基准点】对话框

图 4.4.11　偏移于选定面建立基准点

4.4.2　偏移坐标系基准点

使用偏移坐标系的方法也可以生成新的基准点。若要生成基准点的位置与系统中已有坐标系之间有明确的相对位置关系,使用此方法直接输入新建基准点距选定坐标系的相对坐标可以轻松建立基准点。如图 4.4.12 所示,两个基准点相对于系统坐标系的坐标分别为(20,20,20)和(40,20,20),其建立过程如下。本例模型参见随书光盘文件 ch4\ch4_4_example3.prt。

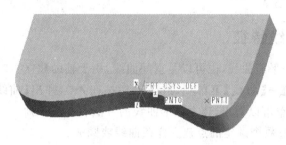

图 4.4.12　偏移坐标系基准点

(1) 单击【插入】→【模型基准】→【点】→【偏移坐标系】菜单项或工具栏按钮 ,激活偏移坐标系基准点命令,弹出【偏移坐标系基准点】对话框如图 4.4.13(a)所示。

 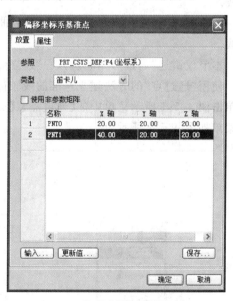

　　　　(a) 初始对话框　　　　　　　　　　　(b) 完成后的对话框

图 4.4.13　【偏移坐标系基准点】对话框

(2) 选定并使用系统坐标系作为新建基准点的参照　单击模型中的系统坐标系,将其加入到【参照】收集器中。

(3) 接受默认的偏移坐标类型为"笛卡儿"坐标。

(4) 单击下面的点列表,系统会自动添加一个相对于选定坐标系坐标为(0,0,0)的点,分别单击更改其 X 轴、Y 轴、Z 轴方向的相对距离为 20、20、20。

(5) 使用与(4)同样的方法添加与系统坐标系相对坐标为(40,20,20)的点。基准点放置完成,此时对话框如 4.4.13(b)所示。

（6）单击【确定】按钮，完成偏移坐标系基准点。参见随书光盘文件 ch4\ f\ ch4_4_example3_f.prt 中名称为"偏移坐标系"的基准点。

4.5　其他基准特征

4.5.1　基准曲线特征

基准曲线可以是平面曲线，也可以是空间曲线，用于辅助建立实体或运动模型。单击【插入】→【模型基准】→【曲线】菜单项，或工具栏按钮 ～ ，弹出【曲线选项】浮动菜单如图 4.5.1 所示，从菜单可以看出，建立基准曲线的方法有如下 4 种。

- 通过点　通过数个选定的点建立样条曲线或圆弧。
- 自文件　通过输入来自 Pro/Engineer 中生成的".ibl"文件或其他格式文件如 IGES 文件、SET 文件或 VDA 文件等创建基准曲线。
- 使用剖截面　使用横截面的边界（即平面横截面与零件轮廓的相交）创建基准曲线。
- 从方程　使用方程式来控制基准曲线上点 X、Y、Z 坐标的变化，从而生成基准曲线。

本节仅讲述"通过点"和"从方程"建立曲线的方法。

使用"通过点"的方法建立基准曲线较简单，只需要依次选定曲线经过的点即可。依次单击图 4.5.1 所示菜单中的【通过点】、【完成】菜单项，弹出【曲线：通过点】对话框及浮动菜单如图 4.5.2 所示。

(a) 对话框　　　　　(b) 浮动菜单

图 4.5.1　基准曲线浮动菜单　　图 4.5.2　使用"通过点"的方式建立曲线

在浮动菜单默认的【样条】、【整个阵列】和【添加点】菜单项下，连续选取多个点，即可生成穿过这些点的样条曲线。如图 4.5.3 所示，从六面体的右上角开始依次单击对角上的 4 个顶点，最后再选择右上角作为结束点。依次单击菜单的【完成】按钮、对话框的【确定】按钮，生成基准曲线如图 4.5.4 所示。本例原始模型及建立曲线后的模型分别参见随书光盘文件 ch4 \ch4_5_example1.prt 和 ch4 \f \ch4_5_example1_f.prt。

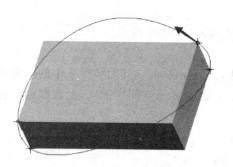

图 4.5.3 选取曲线通过的点

图 4.5.4 生成的样条曲线

使用"从方程"的方式建立基准曲线,是通过一个从 0 到 1 变化的自变量 t,在方程式中表达曲线上各点的 X、Y、Z 坐标的值,从而控制了曲线上点的位置而建立曲线。例如,在直角坐标系中建立一个方程:

$$\begin{cases} x = 4 \times \cos(t \times 360) \\ y = 4 \times \sin(t \times 360) \\ z = 0 \end{cases}$$

上面的方程表示:随着自变量 t 的变化,点的 x、y 坐标在不断变化从而形成一条曲线。将 t 从 0 到 1 代入上述方程,得到每个点的坐标 (x, y, z),分析后可以发现:这些点都是位于 XOY 面上,并且都在以原点为圆心、半径为 4 的圆上。由此,上面的方程式表达了一个直角坐标系下的圆。

上述方程采用了直角坐标系,又称为笛卡儿坐标系。在直角坐标系中,点 $A(x, y, z)$ 的示意图如图 4.5.5(a)所示。

另外,还可以采用圆柱坐标系来定义图形,点 $A(r, \theta, z)$ 在圆柱坐标系中的示意图如图 4.5.5(b)所示,此时表示坐标值的三个参数变为 r、theta(θ)和 z。

- 半径 r 控制极轴的长度;
- 角度 theta 控制极轴的角度;
- Z 方向坐标 z 控制 Z 方向的尺寸。

若采用圆柱坐标系表示上面圆心为原点、半径为 4 的圆的方程为

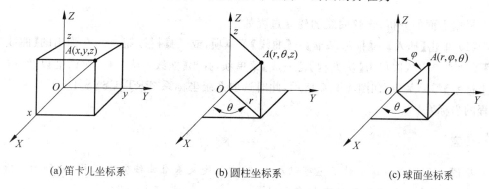

| (a)笛卡儿坐标系 | (b)圆柱坐标系 | (c)球面坐标系 |

图 4.5.5 坐标系类型

$$\begin{cases} r = 4 \\ \theta = t \times 360 \\ z = 0 \end{cases}$$

球面坐标系也是表达空间位置的一种方法,其 $A(r,\varphi,\theta)$ 在球面坐标系中的示意图如图 4.5.5(c)所示,它采用参数 rho(r)、theta(θ)、phi(φ)表示空间中的点,上面圆的方程用球面坐标系表达为

$$\begin{cases} rho = 4 \\ theta = 90 \\ phi = t \times 360 \end{cases}$$

下面结合图 4.5.6 所示 FRONT 面中正弦曲线的制作来讲解基准曲线的建立方法。由图形形状看来,此图可以用方程 $y = A \times \sin x$ 来表示,其中 x 也为因变量,需要用函数来表示。因为系统内只有 t 为从 0 到 1 的自变量,所以用 $x = 360 \times t$ 来表示 x 从 0°到 360°的变化。将此 x 代入 y 的方程中,得到 $y = A\sin(360 \times t)$,而 z 的值始终为零。取 $A = 100$,正弦曲线表示为

$$\begin{cases} x = 360 \times t \\ y = 100 \times \sin(t \times 360) \\ z = 0 \end{cases}$$

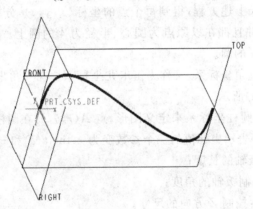

图 4.5.6　正弦曲线

根据上面的分析,正弦曲线的建立过程如下:

(1) 单击【插入】→【模型基准】→【曲线】菜单项,或工具栏按钮 $\sim$,在弹出的【曲线选项】浮动菜单中依次单击【从方程】、【完成】菜单项,弹出【曲线:从方程】对话框以及其【得到坐标系】浮动菜单,如图 4.5.7 所示,此时选取系统坐标系"PRT_CSYS_DEF"作为建立方程的坐标系。

注意

从图 4.5.7 曲线建立对话框可以看出,从方程定义基准曲线需要三步,分别为:指定坐标系、选定坐标系的类型以及创建方程。

（2）选定坐标系的类型 【曲线：从方程】对话框变为如图 4.5.8 所示，同时弹出【设置坐标类型】菜单如图 4.5.9 所示，选取【笛卡儿】，采用直角坐标系来定义所要建立基准曲线的方程。

（3）在弹出的文本窗口中输入正弦曲线在直角坐标系中的方程，如图 4.5.10 所示，保存文件并退出。注意：输入方程时，乘号使用 * 替代，等号、小括号等一律使用英文半角。

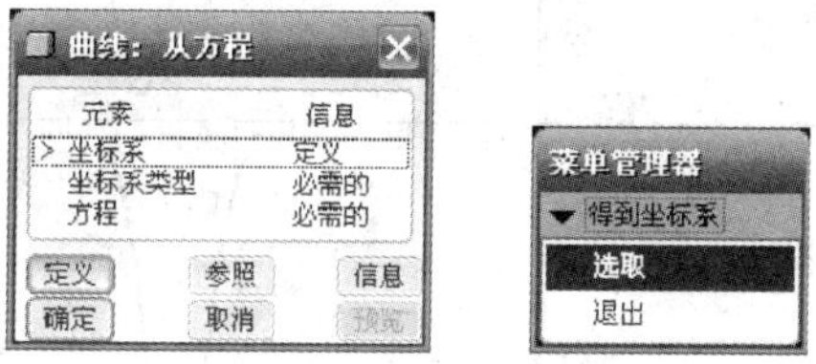

图 4.5.7 建立基准曲线时选取坐标系对话框与 选取坐标系菜单

图 4.5.8 建立基准曲线 对话框

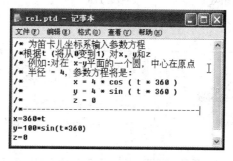

图 4.5.9 【设置坐标类型】菜单

图 4.5.10 输入方程的界面

（4）单击【曲线：从方程】对话框中的【确定】按钮，完成如图 4.5.6 所示曲线。本例生成的模型文件参见随书光盘文件 ch4\ch4_5_example2.prt。读者可自行练习圆、余弦曲线等基准曲线的建立方法。

方程中大量使用了函数，常用于数学计算的函数如下：

（1）正弦函数 sin（ ）；

（2）余弦函数 cos（ ）；

（3）正切函数 tan（ ）；

（4）平方根函数 sqrt（ ）；

（5）以 10 为底的对数函数 lg（ ）；

（6）自然对数函数 ln（ ）；

（7）e 的幂函数 exp（ ）；

（8）绝对值函数 abs（ ）。

方程中还使用数学函数生成复杂多变的曲线，常用函数的表达式以及图形如表 4.5.1 所示。

表 4.5.1　常用函数表达式及其图形

函数名及 坐标系类型	表　达　式	图　形
正弦函数 笛卡儿坐标系	$x=t$ $y=\sin(360\times t)$ $z=0$	
余弦函数 笛卡儿坐标系	$x=t$ $y=\cos(360\times t)$ $z=0$	
正切函数 笛卡儿坐标系	$x=t\times178-89$ $y=\tan x$	
渐开线函数 笛卡儿坐标系	$\text{angle}=360\times t$ $s=\text{pi}\times t$ $x=s\times\cos(\text{angle})+s\times\sin(\text{angle})$ $y=s\times\sin(\text{angle})-s\times\cos(\text{angle})$ $z=0$	
星形线函数 笛卡儿坐标系	$x=[\cos(t\times360)]^3$ $y=[\sin(t\times360)]^3$ $z=0$	
心脏线函数 圆柱坐标系	$\text{theta}=t\times360$ $r=1+\cos(\text{theta})$ $z=0$	
梅花曲线函数 圆柱坐标系	$\text{theta}=t\times360$ $r=140+50\times\cos(5\times\text{theta})$ $z=\cos(5\times\text{theta})$	

注：为了图形表达的方便，表中的部分函数为不完全函数。

例 4.3　建立如图 4.5.11 所示灯罩模型。

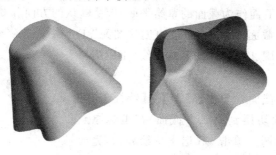

图 4.5.11　例 4.3 模型

分析：模型主体部分可使用平行混合特征建立，其中一个截面为圆，另一个截面为梅花形，实体模型倒角后抽壳即可完成灯罩模型。建立混合特征前，首先建立梅花形曲线，在混合特征建立过程中，使用"通过边创建图元"的方法建立梅花形截面。

模型建立过程：①使用"从方程"方式建立梅花形曲线；②建立混合特征，其截面为圆和梅花曲线；③对模型上端倒角；④抽壳，完成模型。

步骤 1：建立新文件

单击【文件】→【新建】菜单项或工具栏中 ⬚ 按钮，在弹出的【新建】对话框中选择 ⦿ ⬚ 零件，在【名称】文本输入框中输入文件名"ch4_5_example3"，使用公制模板 mmns_part_solid，单击【确定】按钮，进入零件设计界面。

步骤 2：使用"从方程"方式建立梅花形曲线

（1）激活命令　单击【插入】→【模型基准】→【曲线】菜单项，或工具栏按钮 〜 激活曲线特征工具。

（2）从【曲线选项】对话框中指定建立【从方程】曲线，单击【完成】弹出【曲线：从方程】对话框。

（3）选定系统默认坐标系，指定坐标系类型为"圆柱"，建立方程如图 4.5.12 所示。

（4）单击【确定】按钮，完成基准曲线建立，如图 4.5.13 所示。

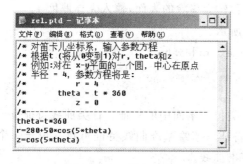

图 4.5.12　输入方程

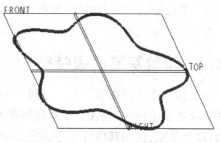

图 4.5.13　梅花形基准曲线

步骤 3：建立混合特征

（1）激活命令　单击【插入】→【混合】→【伸出项】菜单项激活混合特征工具。

（2）依次单击【平行】、【规则截面】、【草绘截面】、【完成】菜单项，弹出平行混合特征建立对话框。指定混合特征的属性为【直】。

（3）指定 FRONT 面作为截面的草绘平面，接受默认的方向和默认的定位方式。

（4）建立第一个截面　单击"通过边创建图元"工具栏按钮 □，选择步骤 2 中建立的基准曲线，生成第一个截面。

（5）建立第二个截面　单击【草绘】→【特征工具】→【切换剖面】菜单项切换到第二个截面，在坐标原点处建立直径为 250 的圆。单击 ✔ 退出草绘界面，完成草图。两个截面如图 4.5.14 所示。

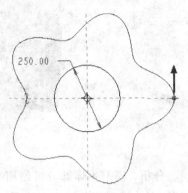

（6）确定两截面间的距离　在消息区输入两截面间深度值 400，单击对话框上的【确定】按钮，混合特征建立完成，如图 4.5.15 所示。

图 4.5.14　混合特征的截面

步骤 4：对实体上端添加圆角特征

（1）激活命令　单击【插入】→【倒圆角】菜单项或工具栏按钮 ⌒ 激活圆角特征。

（2）单击选择实体上端的边，建立半径为 40 的圆角，如图 4.5.16 所示。

图 4.5.15　混合特征

图 4.5.16　建立倒圆角后的混合特征

步骤 5：抽壳

（1）激活命令　单击【插入】→【壳】菜单项或工具栏按钮 ▣，激活壳特征。

（2）单击选择实体的底面（即梅花形表面）作为移除的表面，输入壳体厚度 1。

（3）单击 ✔，完成壳特征，如图 4.5.11 所示。

本例模型参见随书光盘文件 ch4\ ch4_5_example3.prt。

4.5.2　草绘基准曲线特征

草绘基准曲线是在零件模块中建立的一类位于平面中的特征。这类曲线特征位于选定的草绘平面中，是仅包含二维草图的平面特征。草绘基准曲线特征可建立位于一个平面内、形状复杂、使用其他方法不易完成的基准曲线。

单击【插入】→【模型基准】→【草绘】菜单项，或工具栏按钮 ⚏，弹出【草绘】对话框如图 4.5.17 所示。制定草绘平面、参照平面后，进入草绘截面绘制草图。完成后单击草绘工具栏中的 ✔ 按钮退出。图 4.5.18 所示为使用草绘基准曲线特征工具在 TOP 面中建立的一条草绘基准曲线。模型参见随书光盘文件 ch4\ ch4_5_example4.prt。

图 4.5.17　【草绘】对话框

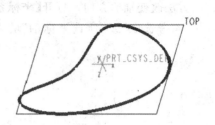

图 4.5.18　草绘的基准曲线

4.5.3　基准坐标系特征

坐标系在零件建模、组件装配、力学分析、加工仿真等模块中,都是不可缺少的辅助特征。具体说来,坐标系可以用作定位其他特征的参照、用作其他建模过程的方向参照、为组装元件提供参照、为有限元分析提供放置约束、为刀具轨迹提供制造操作参照等。

相对于系统默认坐标系 PRT_CSYS_DEF 在 x 方向偏移 200、y 方向偏移 400,建立坐标系 CS0 如图 4.5.19 所示。基准坐标系的建立方法如下所述。

(1) 单击【插入】→【模型基准】→【坐标系】菜单项,或工具栏按钮 ，弹出【坐标系】对话框。

(2) 选取参照　在模型中单击选取系统坐标系 PRT_CSYS_DEF,选择偏距类型为"笛卡儿",在下面的 X、Y、Z 轴方向的偏移输入框中输入偏移距离 200、400、0。【坐标系】对话框如图 4.5.20 所示,模型如图 4.5.21 所示。

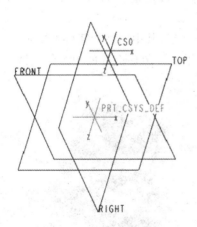

图 4.5.19　基准坐标系特征

图 4.5.20　【坐标系】对话框

在上面输入偏距值时,也可直接在模型上拖动控制滑块,将坐标系手动定位到所需位置。

(3) 单击对话框上的【确定】按钮,使用默认方向和名称创建偏移坐标系。建立的模型文件参见随书光盘文件 ch4\ch4_5_example5.prt。

使用上面的方法建立的坐标系，其各轴与其参照坐标系的各轴平行，可以使用"定向坐标系"的方法改变轴的方向。打开【坐标系】对话框上的【方向】属性页，如图 4.5.22 所示，可使用"参考选取"或"所选坐标轴"的方法确定新建立坐标轴的方向。请读者自行练习。

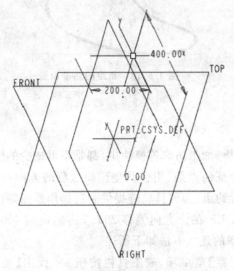

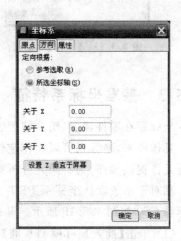

图 4.5.21　通过偏移坐标系建立的基准坐标系　　图 4.5.22　【坐标系】对话框

4.6　综合实例

例 4.4　综合应用拉伸、基准平面、基准轴等特征，建立车床床身拉杆叉模型，如图 4.6.1 所示。

建模过程分析：模型包含了两个实体拉伸特征，其中圆柱特征可直接在 TOP 面上草绘并拉伸，另一个拉伸特征需要首先建立草绘平面。圆柱上孔的中心经过圆柱中心且与 FRONT 面成 60°夹角，也需要建立草绘平面。

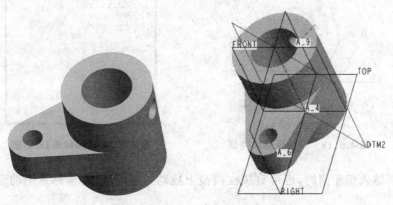

图 4.6.1　例 4.4 模型

步骤 1：建立新文件

单击【文件】→【新建】菜单项或工具栏中 □ 按钮,在弹出的【新建】对话框中选择
⊙ □ 零件,在【名称】文本输入框中输入文件名"ch4_6_example1",使用公制模板 mmns_part_solid,单击【确定】按钮,进入零件设计界面。

步骤 2：建立拉伸特征(1)

(1) 激活拉伸命令　单击【插入】→【拉伸】菜单项或工具栏按钮 □ 激活拉伸特征。

(2) 绘制截面草图　选择 TOP 面作为草绘平面,RIGHT 面作为参照平面,方向向右,绘制草图如图 4.6.2 所示。

(3) 指定拉伸方向及深度　向 TOP 面正方向拉伸,深度 50,生成模型如图 4.6.3 所示。

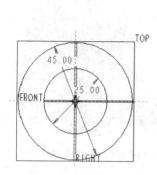

图 4.6.2　拉伸特征的草图

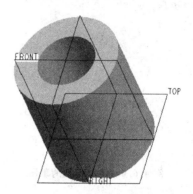

图 4.6.3　拉伸特征

步骤 3：建立基准平面

(1) 激活基准平面命令　单击【插入】→【模型基准】→【平面】菜单项或工具栏按钮 □ ,激活基准平面特征。

(2) 选定参照及其约束方式　选择 TOP 面作为参照,并选用"偏移"约束方式,偏移距离为 15,生成基准平面如图 4.6.4 所示,此时的【基准平面】对话框如图 4.6.5 所示。

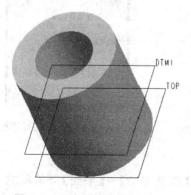

图 4.6.4　建立基准平面 DTM1

图 4.6.5　【基准平面】对话框

步骤 4：建立拉伸特征(2)

(1) 激活拉伸命令　单击【插入】→【拉伸】菜单项或工具栏按钮 ，激活拉伸特征。

(2) 绘制截面草图　选择步骤 3 中建立的基准平面作为草绘平面,RIGHT 面作为参照平面,方向向右,绘制草图如图 4.6.6 所示。

(3) 指定拉伸方向及深度　向 TOP 面正方向拉伸,深度 15,生成模型如图 4.6.7 所示。

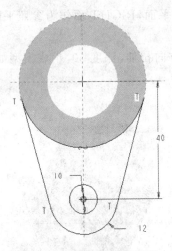

图 4.6.6　拉伸特征的草图

图 4.6.7　拉伸特征

步骤 5：建立基准轴特征

(1) 激活基准平面　单击【插入】→【模型基准】→【轴】菜单项或工具栏按钮 激活基准轴特征。

(2) 选定参照及其约束方式　选择 RIGHT 面和 FRONT 面作为参照,均选用"穿过"的约束方法,生成轴 A_7,如图 4.6.8 所示。【基准轴】对话框如图 4.6.9 所示。

图 4.6.8　模型的基准轴

图 4.6.9　【基准轴】对话框

步骤 6：建立用于生成斜孔的基准平面

(1) 激活基准平面命令　单击【插入】→【模型基准】→【平面】菜单项或工具栏按钮 ,激活基准平面特征。

(2) 选定参照及其约束方式　选择基准轴 A_7 作为参照,约束方式为"穿过";按住

Ctrl 键选取第二个参照为 FRONT 面,约束方式为偏移 30°,生成基准平面如图 4.6.10 所示。【基准平面】对话框如图 4.6.11 所示。

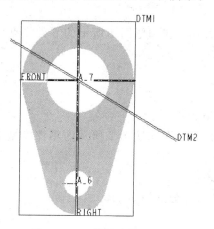

图 4.6.10　模型的基准平面

图 4.6.11　【基准平面】对话框

提示

本步骤中,也可以使用步骤 2 拉伸特征中生成的中心线替代基准轴 A_7 作为基准平面的参照。

步骤 7:使用去除材料的拉伸特征建立斜孔

(1)激活拉伸命令　单击【插入】→【拉伸】菜单项或工具栏按钮 🗇,激活拉伸特征。

(2)选择去除材料模式 ◿。

(3)选定草绘平面和参照　以步骤 6 中建立的 DTM2 面为草绘平面,以 TOP 面为参照平面,方向向"顶",绘制草图,其【参照】对话框如图 4.6.12 所示。

(4)绘制草图　以基准轴 A_7 和基准平面 TOP 面作为参照,绘制草图如图 4.6.13 所示。

图 4.6.12　【参照】对话框

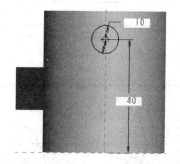

图 4.6.13　拉伸特征草图

(5)确定拉伸方向和深度　在确保拉伸方向正确的情况下,选用拉伸模式为穿透。完成模型,参见随书光盘文件 ch4\ch4_6_example1.prt。

习题

1. 打开随书光盘文件 ch4\ch4_exercise1.prt，在如题图 1 所示的零件模型中，创建三个基准平面。

(1) 基准面 1：过点 1 并与边 1 垂直；

(2) 基准面 2：通过点 1、点 2 和点 3；

(3) 基准面 3：过边 1 并与面 1 偏移 60°角。

2. 打开随书光盘文件 ch4\ch4_exercise2.prt，在如题图 2 所示的零件模型中，创建两条基准轴。

(1) 基准轴 1：过点 1 与点 2；

(2) 基准轴 2：垂直于面 1 且距离边 1 和边 2 分别为 50、100。

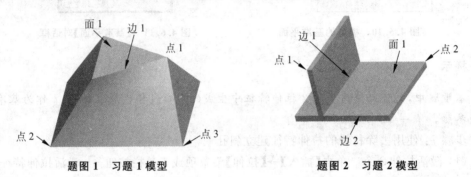

题图 1　习题 1 模型　　　　　　　　　题图 2　习题 2 模型

3. 建立如题图 3 所示模型。

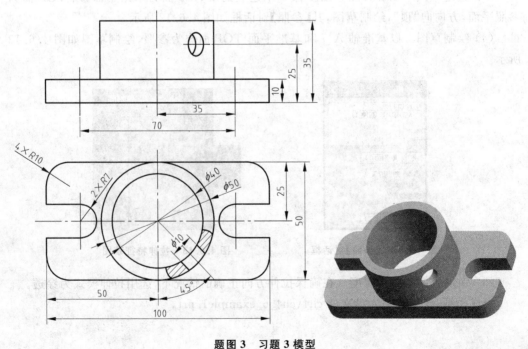

题图 3　习题 3 模型

4. 建立如题图 4 所示模型。

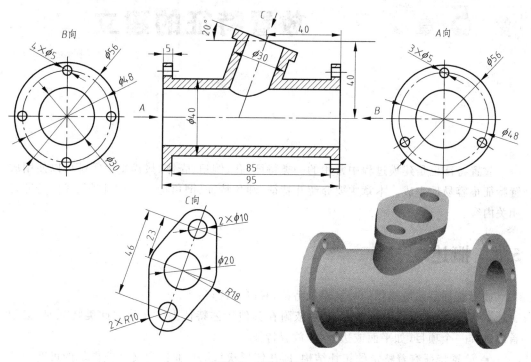

题图 4　习题 4 模型

第 **5** 章　放置特征的建立

　　放置特征也是建模过程中常用的一类特征,孔、倒角、壳体、拔模斜度等都可以使用放置特征很容易地生成。本章主要介绍孔特征、圆角特征、倒角特征、抽壳特征、拔模特征等相关内容。

5.1　概述

　　放置特征是系统提供的一类模板特征,有以下特点:

　　• 放置特征不能单独生成,必须依附在其他实体特征上。在建立此类特征时,必须首先选择一个项目(如平面或边)用于放置特征。

　　• 放置特征有着特定的拓扑结构(即几何形状),用户通过定义系统提供的可变尺寸控制生成特征的大小,得到相似但不同的几何特征。

　　例如,孔特征的生成步骤如下:

　　(1) 选择一个实体的面,用于放置孔。

　　(2) 定义孔的圆心位置,用于确定孔放置在实体面上的具体位置。

　　(3) 定义孔的深度、直径等参数。

　　由上面可以看出,孔特征生成的必定是孔,但孔的位置、深度、大小等要素可以通过参数更改,这也是放置特征建立的一个大体思路。除了上述孔特征外,放置特征还有圆角特征、倒角特征、抽壳特征和拔模特征等。

5.2　孔特征

　　孔特征可分为简单孔和标准孔。简单孔根据截面形状的不同分为预定义矩形轮廓孔(又称简单直孔)、标准孔轮廓孔和草绘轮廓孔三类,其详细信息参见表 5.2.1。标准孔可定义为 ISO、UNC、UNF、ISO 7/1、NPT 和 NPTF 等标准格式。

　　孔特征建立时所需要确定的基本内容有:孔的类型、孔的放置参照(一般为平面)、孔中心线的位置以及孔的尺寸等。创建放置孔特征的基本步骤为:①指定孔的主放置参照,一般为实体的表面;②确定孔的定位尺寸,即确定孔在主参照上的位置;③确定孔自身的尺寸,如孔的大小、深度等。

表 5.2.1　简单孔的类型

简单孔的类型	定　义	图　例
预定义矩形轮廓孔（简单直孔）	孔的截面形状为矩形，是最简单、常用的一类孔	
标准孔轮廓孔	孔的截面形状为带钻孔顶角的标准孔轮廓，使用麻花钻加工而成	
草绘轮廓孔	孔的截面形状由草图定义	

5.2.1　简单直孔与标准孔轮廓孔的建立

简单直孔又称预定义矩形轮廓孔，是建模过程中使用最多的一类孔特征。单击【插入】→【孔】菜单项或工具栏按钮 ，孔特征操控面板如图 5.2.1 所示。

图 5.2.1　孔特征操控面板

- 选择生成孔的类型， 分别代表简单直孔、标准孔轮廓孔和草绘轮廓孔， 代表螺纹孔。
- ∅ 73.00　指定孔直径。
- 151.85　指定孔的深度模式和深度值。
- 放置　单击弹出滑动面板，用于指定孔的主放置参照和次参照。
- 形状　单击弹出滑动面板，用于指定孔的各参数。上面指定的直径、深度等参数也可在此滑动面板中指定。
- 注解　单击弹出滑动面板，用于显示标准孔的注释，此面板仅标准孔可用。
- 属性　单击弹出滑动面板，可以更改孔特征的名称。

不论哪一种孔，都需要确定放置方式和参照。因此，建立孔的过程也就是确定孔的形式、位置和形状的过程。简单直孔的建立过程如下：

（1）单击【插入】→【孔】菜单项，或工具栏按钮 👆，弹出操控面板如图 5.2.1 所示。

（2）确定孔的形式，操控面板中默认孔的类型即为简单直孔。

（3）单击【放置】属性页，在弹出的滑动面板中指定孔的主放置参照、放置方式和次参照，如图 5.2.2 所示。

（4）单击【形状】属性页，在弹出的滑动面板中指定孔的深度模式，并指定孔直径、深度值等参数，其面板如图 5.2.3 所示。

图 5.2.2 【放置】滑动面板

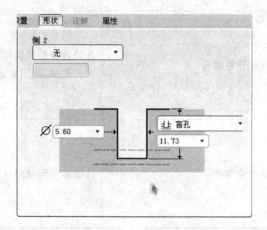

图 5.2.3 【形状】滑动面板

（5）预览特征　单击操控面板中的 ☑ ∞ 图标查看建立的孔，若不符合要求，按 ▶ 退出暂停模式，继续编辑孔特征。

（6）完成特征　单击操控面板中的图标 ✔，完成孔特征。

标准孔轮廓孔的建立过程与简单直孔类似，在确定孔的形式时，在操控面板中单击 ∪ 图标即可建立标准孔轮廓孔。下面以例题来说明标准孔轮廓孔的建立。

例 5.1　在长、宽、高分别为 60、50 和 40 的六面体中心点上，建立直径为 20、深度为 25、顶角为 118°的标准孔轮廓孔，孔的截面如图 5.2.4 所示。

（1）建立新文件　单击【文件】→【新建】菜单项或工具栏中 ▯ 按钮，在弹出的【新建】对话框中选择 ⊙ □ 零件单选框按钮，在【名称】文本输入框中输入文件名"ch5_2_example1"，使用公制模板 mmns_part_solid，单击【确定】按钮，进入零件设计界面。

（2）建立拉伸实体特征　单击【插入】→【拉伸】菜单项或工具栏按钮 ⤵，激活拉伸特征，选取 TOP 面作为草绘平面，RIGHT 面作为参照，方向向右，建立草图如图 5.2.5 所示。指定拉伸高度为 40，建立六面体。

图 5.2.4　例 5.1 模型

（3）单击【插入】→【孔】菜单项或工具栏按钮 👆，弹出孔特征操控面板，单击 ∪ 建立标准孔轮廓孔。

（4）单击选取模型顶面作为主放置参照,模型出现孔特征预览如图 5.2.6 所示。

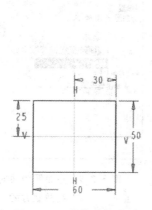

图 5.2.5　拉伸特征草图

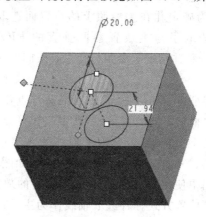

图 5.2.6　孔特征预览

（5）在如图 5.2.6 所示孔特征预览中,拖动菱形的绿色参照控制块,捕捉孔特征参照 RIGHT 面和 FRONT 面。也可单击【放置】按钮,打开滑动面板,单击激活【偏移参照】拾取框直接选取 RIGHT 面和 FRONT 面,并将偏移尺寸改为 0,如图 5.2.7 所示。

（6）拖动孔特征预览中的三个白色空心方框可分别控制直径、深度和孔中心的位置。也可单击【形状】按钮,打开滑动面板,直接输入孔特征的直径 20、深度 25,顶角 118°,如图 5.2.8 所示。

图 5.2.7　【放置】滑动面板

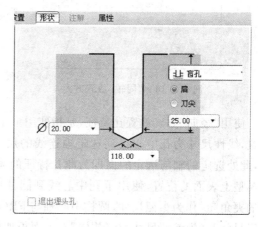

图 5.2.8　【形状】滑动面板

（7）预览特征　单击操控面板上的 ☑ ∞ 图标查看孔特征,若不符合要求,按 ▶ 按钮退出暂停模式,继续编辑孔特征。

（8）完成特征　单击操控面板中的 ✔ 图标,完成孔特征,参见随书光盘文件 ch5\ch5_2_example1.prt。

在上例建模过程中,孔特征使用了主放置参照和偏移参照。

• 主放置参照　特征所在的基本位置,如指定孔的主放置参照为某平面,是指孔生成于此平面上,图 5.2.6 所示模型上表面即为孔特征的主放置参照。

　　• 偏移参照　又称次参照,是指在确定了主放置参照后,为确定孔在主参照上的位置而选取的参照。上例中选取了与主放置参照垂直的 RIGHT 面和 FRONT 面,并指定了参照与孔中心线间的距离,称为参照尺寸。

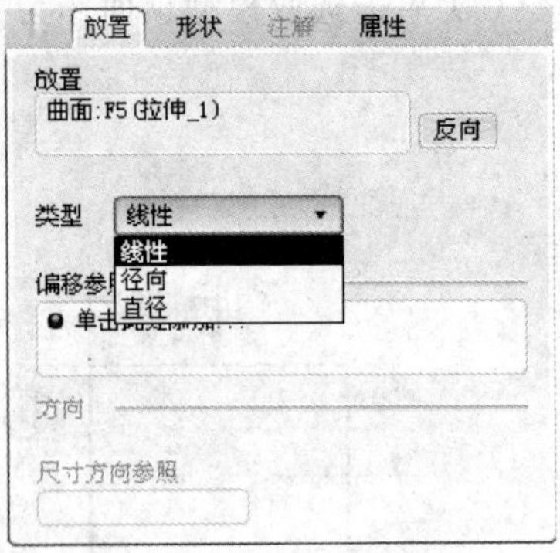

图 5.2.9　主参照为面时的孔放置方式

　　孔特征可以使用平面、轴线或基准点作为其主放置参照。根据不同的主参照,孔中心线可以选取不同的放置类型。例如,若选取平面作为主参照,可以选取"线性"、"径向"、"直径"等放置方式,如图 5.2.9 所示。上例中使用偏移参照定位时使用的放置类型即为"线性"放置方式。若选取轴线作为主参照,可使用"同轴"作为孔中心线的定位方式,如图 5.2.10 所示。选取基准点作为主参照,使用"在点上"定位方式,如图 5.2.11 所示。

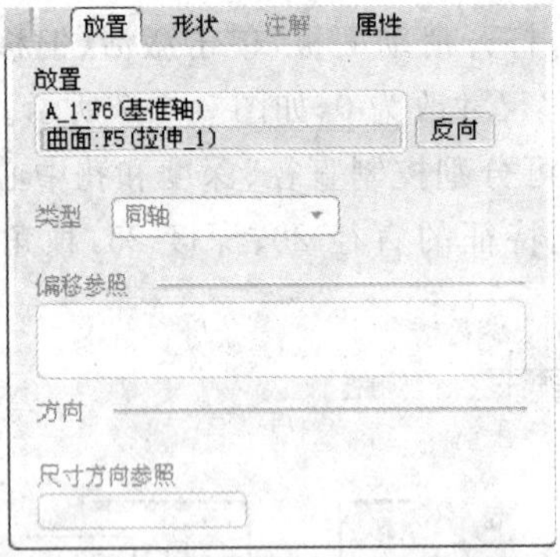

图 5.2.10　"同轴"放置方式

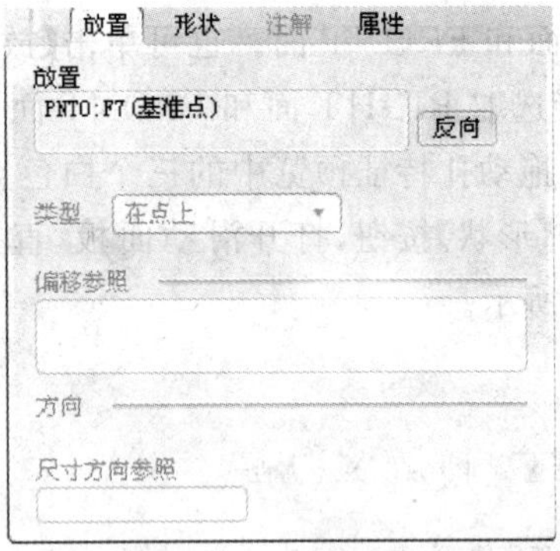

图 5.2.11　"在点上"放置方式

　　使用"径向"方式放置孔特征,是指使用一个线性尺寸和一个角度尺寸确定孔中心的位置,线性尺寸为孔中心线到选定轴连线的尺寸,角度尺寸为此连线与选定面之间的夹角,此处选定的轴与选定的面即为此孔特征的偏移参照。如图 5.2.12 所示,为了确定孔在模型上表面的位置,使用了孔中心线到圆柱中心线的连线尺寸 60、此连线与 FRONT 面的夹角 50°作为参照尺寸,圆柱中心轴与 FRONT 面即为孔特征次参照,线性尺寸 60 和角度尺寸 50 为参照尺寸,其【放置】滑动面板如图 5.2.13 所示。

　　使用"直径"方式放置孔特征,与"径向"方式基本相同,唯一的变化为线性参照尺寸从"径向"时的轴到孔中心线的半径改为了直径。"同轴"方式放置孔特征时,主参照为轴线和一个基准面,此时孔中心线和轴线同轴,平面作为孔的放置平面。

　　孔特征的深度模式与拉伸特征的深度模式一样,分为盲孔、对称、穿透、到选定的、到下一个等多种模式。

　　• 盲孔　孔的深度由尺寸指定。

　　• 对称　孔的深度由主放置参照向两侧各延伸深度值的一半,生成对称孔。

　　• 穿透　孔穿过所有模型的实体,形成通孔。

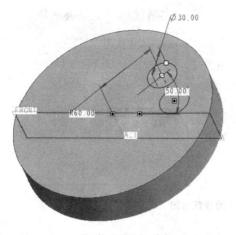

图 5.2.12　孔的"径向"放置方式　　　　图 5.2.13　【放置】滑动面板

- 到选定的　孔的深度由选定的面、线或点决定。

5.2.2　草绘轮廓孔特征的建立

草绘轮廓孔又称草绘孔,是指使用草绘界面绘制的截面形状建立的孔特征,其生成原理类似于去除材料的旋转特征。除了放置方式外,创建草绘孔与简单直孔的过程有所不同:

- 选择孔特征的类型不同　建立草绘孔特征选择的类型为"直孔"中的"草绘轮廓"。
- 孔的形状不同　草绘孔特征的形状由其草绘图决定,包括孔的形状、大小和深度。

但两种孔特征的放置方式基本相同,其主放置参照可为面、轴或点,次参照为定位孔中心线的图元。

例 5.2　结合图 5.2.14 中的孔,说明草绘孔特征的建立过程。

(1) 打开随书光盘文件 ch5\ch5_2_example2.prt,显示已有六面体模型。

(2) 单击【插入】→【孔】菜单项或工具栏按钮 ，在孔特征操控面板单击 图标,如图 5.2.15 所示。

(3) 单击操控面板上的【放置】按钮,在弹出的滑动面板中指定孔特征的主放置参照、放置方式及指定次偏移参照。其操作方法与简单直孔相同,结果参见图 5.2.16。

图 5.2.14　例 5.2 图

图 5.2.15　草绘孔操控面板

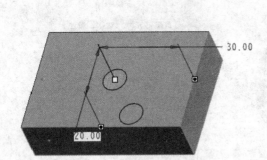

图 5.2.16　孔的放置参照

（4）单击操控面板中的 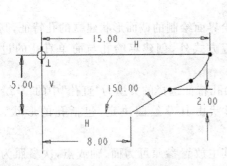 按钮进入草绘界面，绘制孔特征的截面，本例中绘制的截面如图 5.2.17 所示。单击 ✔ 完成草图，单击操控面板中的【形状】属性页，在其滑动面板中显示草绘图形的预览，如图 5.2.18 所示。

图 5.2.18　【形状】滑动面板

图 5.2.17　草绘孔轮廓

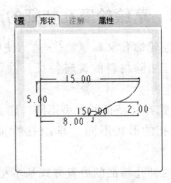

提示

也可以单击操控面板中的 📂 按钮，打开一个已经建立好的草绘文件（.sec 文件），随书光盘文件 ch5\ch5_2_example2.sec 是已经建立好的一个草绘截面，可以直接将其导入，也会具有上面在草绘界面中建立草图相同的效果。

（5）预览特征　单击操控面板上的 ☑ ∞ 图标查看孔特征，若不符合要求，按 ▶ 退出暂停模式，继续编辑孔特征。

（6）完成特征　单击操控面板中的 ✔ 图标，完成孔特征。模型参见随书光盘文件 ch5\f\ch5_2_example2_f.prt。

注意

建立草绘孔特征时可以选取现有的草绘文件或创建新的草绘剖面，要求草绘剖面必须满足以下条件：

- 包含几何图元；
- 无相交图元的封闭环；
- 包含垂直旋转轴(必须是草绘的中心线)；
- 使所有图元位于旋转轴(中心线)的一侧,并且使至少一个图元垂直于旋转轴,此垂直于旋转轴的平面将被定位到主放置参照平面上。

5.2.3　标准孔特征的建立

使用标准孔特征可以创建符合相关工业标准的标准螺纹孔,并且在创建的孔中可带有不同的末端形状,如沉头、埋头等。从 Pro/Engineer 2001 开始系统提供了 ISO、UNC、UNF 3 个标准的螺纹孔供用户选择,Wildfire 4.0 版本开始又增加了 ISO 7/1、NPT、NPTF 标准。设计者可通过选择孔的类型、指定参数建立复杂标准孔特征。

提示

螺纹按用途分为连接螺纹和传动螺纹,而连接螺纹常见的又有普通螺纹(包括粗牙和细牙两种)、管螺纹和锥管螺纹。Pro/Engineer 孔特征中提供的螺纹均为连接螺纹,有以下几种。

ISO 标准螺纹：国际标准化组织(International Organization for Standardization, ISO)制定的国际螺纹标准,与我国的普通螺纹标准基本相同,为米制普通螺纹。ISO 螺纹牙形为三角形,牙形角为 $60°$,是使用范围最广泛的一种螺纹。

UNC(统一标准粗牙螺纹)和 UNF(统一标准细牙螺纹)：统一螺纹是北美地区产品上应用最为广泛的一种一般用途英制普通螺纹,是美国 ANSI B1.1 标准牙形的内、外螺纹,起源于美国、英国和加拿大三国。除了 UNC 和 UNF 标准外,UN、UNEF、UNRS、UNS、UNREF、UNR、UNRF、UNRC 标准的螺纹也为统一螺纹。

ISO 7/1 标准螺纹：国际标准化组织在 ISO 7-1-1982 中制定的国际标准管螺纹,是一种用螺纹密封的锥管螺纹。其牙形角为 $55°$,牙细而浅,可以避免过分削弱管壁,内外径间无间隙,并做成圆顶,用这种螺纹不加填料或密封质就能防止渗漏。创建的螺纹前面的符号“Rc”表示内螺纹。

NPT 螺纹和 NPTF 螺纹：美国标准的锥管螺纹,其标准分别为 ANSI B1.20.1 和 ANSI B1.20.3。NPT(national pipe taper threads,NPT)螺纹为一般用途的锥管螺纹,其牙形角为 $60°$；NPTF(干密封标准型锥管螺纹)为美国标准 ANSIB1.20.1 螺纹,是一种牙形角为 $60°$ 的英制管螺纹。

由上面叙述可以看出,Pro/Engineer Wildfire 5.0 中提供的螺纹有以下两种。

- 普通螺纹：公制 ISO 标准螺纹和美制(英制)UNC、UNF 标准螺纹；
- 锥管螺纹：英制 ISO 7/1 标准螺纹和 NPT、NPTF 标准螺纹。

单击【插入】→【孔】菜单项或工具栏按钮 ，在孔特征操控面板中单击 图标,面板变为如图 5.2.19 所示。选择螺纹孔标准、代号、深度以及沉头、埋头等要素建立标准孔。

- 　创建锥孔,此选项用于创建锥管螺纹,可选择 ISO_7/1、NPT 或 NPTF 标准,此时的操控面板如图 5.2.20 所示。

图 5.2.19　标准螺纹孔操控面板

图 5.2.20　锥管螺纹孔操控面板

- ISO　选取螺纹标准,单击弹出下拉列表如图 5.2.21 所示,用于指定螺纹孔的标准。

- M1x.25　指定标准螺纹的代号。其下拉列表如图 5.2.22 所示。图中的 M12×1 表示公称直径为 12mm、螺距为 1mm 的标准螺纹。

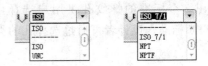

(a) 普通螺纹标准列表　(b) 锥管螺纹标准列表

图 5.2.21　螺纹标准下拉列表

(a) ISO螺纹代号　(b) ISO 7/1螺纹代号　(c) NPT、NPTF螺纹代号

图 5.2.22　螺纹代号下拉列表

- 2.25　指定钻孔深度。在加工螺纹时,先要加工底孔。此项指定底孔的深度。单击 按钮弹出下拉列表,表中的 表示指定肩部深度, 表示指定孔的整体深度。

- 指定沉头或埋头等标准孔特征中的可选项。选取 添加埋头孔,选取 添加沉头孔。

- 形状　单击面板上的【形状】按钮,弹出滑动面板如图 5.2.23 所示,在此面板中可以指定螺纹孔参数。如沉头孔的直径与高度、埋头孔的角度与大小、螺纹的形式及长度等。

- 注解　单击面板上的【注解】,从弹出的滑动面板中观察孔的注释,如图 5.2.24 所示,不选取复选框【添加注解】,可使螺纹孔的注释不显示在模型上。

标准螺纹孔的建立除了选定螺纹孔的参数外,其主放置参照、放置方式、次参照的指定与简

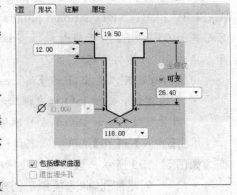

图 5.2.23　螺纹孔的【形状】滑动面板

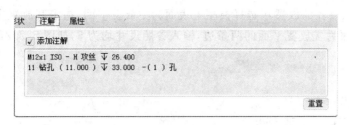

图 5.2.24 螺纹孔的【注解】滑动面板

单直孔相同,建立的步骤也与简单直孔基本相同。

例 5.3 在一个长宽高分别为 50mm、30mm、20mm 的六面体上表面的 4 个角上分别建立 M10×0.5 深 12mm 的螺纹,螺纹孔的钻孔深度为 15mm。

步骤 1:建立新文件并生成六面体

(1) 单击【文件】→【新建】菜单项或文件工具栏上的 按钮,在弹出的【新建】对话框中输入文件名"ch5_2_example3",单击【确定】按钮,使用 mmns_part_solid 模板建立新文件。

注意

因为本文件要建立公制(ISO)螺纹,其单位为 mm,若使用英制模板建立文件,输入的尺寸将以 in(英寸)为单位(1in=25.4mm)。mm 转换为 in 后会导致建立的螺纹孔的直径缩小 25.4 倍。若要统一单位,则要使用 mmns_part_solid 模板。

(2) 单击【插入】→【拉伸】菜单项或工具栏按钮 ,选用 TOP 面作为草绘平面、RIGHT 面为参照,方向向右,建立草图如图 5.2.25(a)所示,指定模型生成方向为 TOP 面正方向,深度 20,生成拉伸特征如图 5.2.25(b)所示。

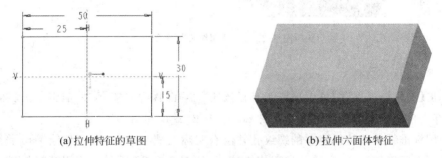

(a) 拉伸特征的草图　　　　　　　　(b) 拉伸六面体特征

图 5.2.25 拉伸特征的草图

步骤 2:添加标准螺纹孔特征

(1) 单击【插入】→【孔】菜单项,或工具栏按钮 ,弹出孔特征操控面板。

(2) 选择操控面板中 选项,选取 ISO 标准,并指定螺纹孔的代号为 M5×0.5;单击操控面板上的【形状】按钮,输入螺纹深度为 12,如图 5.2.26 所示。不指定埋头孔和沉头孔。

(3) 输入钻孔深度 在操控面板上选取 ,指定钻孔的整体深度为 15。

(4) 指定螺纹孔的放置　选择模型上表面为主放置平面,指定其放置方式为"线性",并指定其次参照为主放置平面的两条边,输入参照尺寸均为5,如图5.2.27所示。

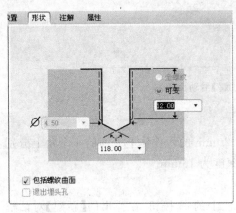

图 5.2.26　输入螺纹深度

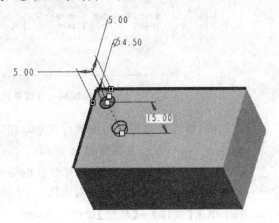

图 5.2.27　螺纹孔预览

(5) 预览建立的螺纹孔特征　单击操控面板上的 ☑ 👓 图标查看建立的孔特征,若不符合要求,按 ▶ 退出暂停模式,继续编辑孔特征。

(6) 完成螺纹孔特征的建立　单击操控面板中的 ✔ 图标,完成螺纹孔特征。

(7) 使用(1)～(6)步同样的方法建立其他 3 个螺纹孔,模型如图 5.2.28 所示。

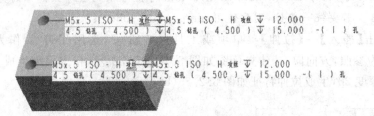

图 5.2.28　带螺纹孔的模型

步骤 3:保存文件

单击【文件】→【保存】菜单项或工具栏按钮 🖫 ,在【保存对象】对话框中单击【确定】按钮,保存文件。模型参见随书光盘文件 ch5\ch5_2_example3.prt。

使用标准螺纹孔特征建立的螺纹孔并没有实际的螺纹切口,而仅仅绘制出了其内径和外径所在的圆柱,这一类特征属于修饰特征,如图5.2.29所示。使用螺旋扫描的方式建立螺旋扫描切口特征,可以生成具有实际牙形的螺纹,详见《Pro/Engineer Wildfire 5.0高级设计与实践》一书。

提示

默认情况下,孔的注释附着于模型中,如图5.2.28、图5.2.29所示,单击取消选取工具栏中的注释元素显示开关 🔯 可使注释不显示。在孔特征操控面板的【注解】滑动面板中取消选取【添加注解】复选框,也可使注释不显示。

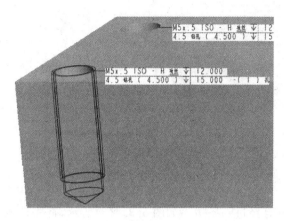

图 5.2.29　螺纹孔

5.3　圆角特征

圆角特征又称为倒圆角特征,图 5.3.1 为零件倒圆角前后的比较。

图 5.3.1　模型倒圆角

5.3.1　圆角特征概述

圆角特征属于放置特征,其主参照即为放置参照,Pro/Engineer 提供了三种可以放置圆角特征的放置参照。

• 模型的边　如图 5.3.2(a)所示,选定模型的三条边作为放置圆角的参照,生成半径为 5 的圆角,如图 5.3.2(b)所示。

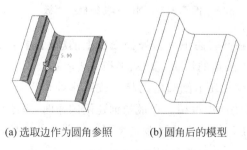

(a) 选取边作为圆角参照　　　(b) 圆角后的模型

图 5.3.2　选取边作为参照建立圆角

• 两平面的交线　如图 5.3.3(a)所示,依次选取两个平面,系统在其交线处生成圆角特征,如图 5.3.3(b)所示。

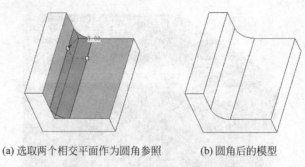

(a) 选取两个相交平面作为圆角参照   (b) 圆角后的模型

图 5.3.3   两个相交平面作为圆角参照

• 切于一个面并且经过一条边   如图 5.3.4(a)所示,首先选取一个面,再选择一条边,系统生成与选定的平面相切、经过选定的边的圆角特征,如图 5.3.4(b)所示。注意:"先选取面后选取边"的顺序不能改变。

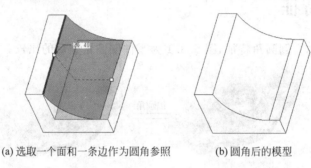

(a) 选取一个面和一条边作为圆角参照   (b) 圆角后的模型

图 5.3.4   一个面和一条边作为圆角参照

单击【插入】→【倒圆角】菜单项,或工具栏按钮 ,弹出倒圆角特征操控面板如图 5.3.5 所示,利用该面板可建立圆角特征。

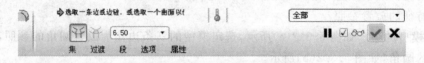

图 5.3.5   倒圆角特征操控面板

• 设定圆角   在此状态下单击操控面板上的【设置】,在弹出的滑动面板中可以设定圆角的组,以及每组圆角的形状、参照、半径等内容。

• 设定圆角过渡   几个倒圆角的相交或终止处可以设定圆角过渡的不同类型,当在模型中生成圆角后此选项可用。在最初创建倒圆角时,系统使用默认方式设定过渡。单击切换到此模式后,可以修改圆角过渡的类型。如图 5.3.6 所示,为三种不同拐角过渡类型。

• 6.50   在设定圆角状态下设定圆角的半径。若单击 切换到设定圆角过渡状态,输入框变为 缺省(仅限倒圆角 2) ,用于设定圆角过渡的类型。

(a) "相交"过渡

(b) "默认"过渡

(c) "拐角球"过渡

图 5.3.6　圆角过渡的三种形式

注意

因倒圆角特征为 Pro/Engineer 中的复杂特征,系统提供了大量高级功能,如对于倒圆角的方式就有恒定倒圆角、可变半径倒圆角、曲线驱动倒圆角、完全倒圆角、圆锥倒圆角、垂直于骨架倒圆角等多种;也提供了定义多种倒圆角过渡的方式。本书仅讲述倒圆角的基础内容,包括恒定倒圆角、完全倒圆角、可变半径倒圆角、曲线驱动倒圆角、拐角过渡等。

圆角特征在重生成时占用大量计算机资源,若模型中包含大量圆角特征,将使计算机运行速度明显变慢。所以一般的建模过程中,尽量将圆角特征放在最后,以免影响前面模型建模速度。同时,因为圆角特征非常灵活,在其他特征建立过程中,尽量不要使用圆角的相关要素作为参照,否则模型改动时以圆角作为参照的特征很容易生成失败。

5.3.2　恒定倒圆角的建立

恒定圆角为半径恒定的圆角特征,是零件建立过程中较简单也是应用最多的一类圆角特征。下面先看建立恒定倒圆角的操作步骤:

(1) 单击【插入】→【倒圆角】菜单项,或工具栏按钮 ◌ ,弹出倒圆角操控面板。

(2) 单击操控面板中的【集】属性页,在弹出的滑动面板中设置"集 1"参数,如图 5.3.7 所示。

- 接受默认的"圆形"作为圆角的截面形状、默认的"滚球"作为圆角的创建方法。
- 选定此圆角集的放置参照　根据 5.3.1 节中的叙述,按住 Ctrl 键选取边或面作为圆角特征的放置参照,选取的参照被添加到滑动面板的【参照】收集器中。右击收集器中的项目,在弹出的快捷菜单中选择【移除】选项来移除参照。

注意

【参照】收集器为多项目收集器,必须按住 Ctrl 键单击选择,否则系统会建立不同的圆角集。

- 设定此圆角集圆角的半径　可直接拖动模型上圆角的半径控制滑块来设定半径值,也可直接双击修改模型上显示的圆角半径值,或者在【设置】滑动面板的【半径】列表中直接单击修改半径值,均可以改变圆角的半径。
- 若要建立其他不同半径的圆角集,直接单击要建立圆角的边,观察图 5.3.7,其"圆角集"列表中会自动添加名称为"集 2"的集合,使用步骤(2)中同样的方法设定其截面形状、创建方法、圆角参照和圆角半径。

(3) 单击操控面板中的 ⫟ 按钮,设定圆角过渡。只有在模型上选定了过渡后,才能

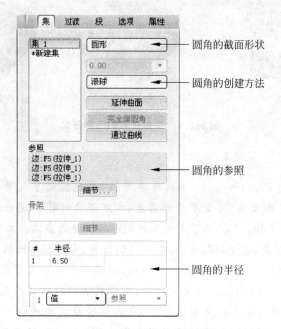

图 5.3.7　圆角的【集】滑动面板

够激活"过渡类型"下拉列表框并从中选择一种过渡类型。

（4）预览建立的倒圆角特征　单击操控面板上的 ☑ ∞ 图标查看倒圆角特征；若不符合要求，按 ▶ 退出暂停模式，继续编辑倒圆角特征。

（5）完成倒圆角特征的建立　单击操控面板中的 ✔ 图标，完成倒圆角特征。

提示

关于圆角的创建方法和截面形状，系统提供了丰富的模式，本书只讲述其默认值，对于其他方式可参阅帮助系统。

例 5.4　下面以实例介绍恒定倒圆角的建立过程。

（1）建立实体特征　放置特征必须指定所在的实体特征，首先建立如图 5.3.8 所示的拉伸特征，也可以直接打开随书光盘文件 ch5\ch5_3_example1.prt，使用其中已有的拉伸特征。

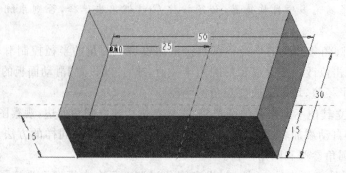

图 5.3.8　拉伸特征

（2）单击【插入】→【倒圆角】菜单项,或工具栏按钮 🖉,弹出倒圆角操控面板。

（3）选择边作为放置参照生成圆角特征。

· 按住 Ctrl 键单击模型中相交的三条边作为生成倒圆角特征的放置参照,并在操控面板中修改圆角半径为 8,单击操控面板上的 ☑ 🔗 图标查看建立的倒圆角特征,如图 5.3.9(a)所示。单击操控面板上的【设置】,此时的圆角设置如图 5.3.9(b)所示。

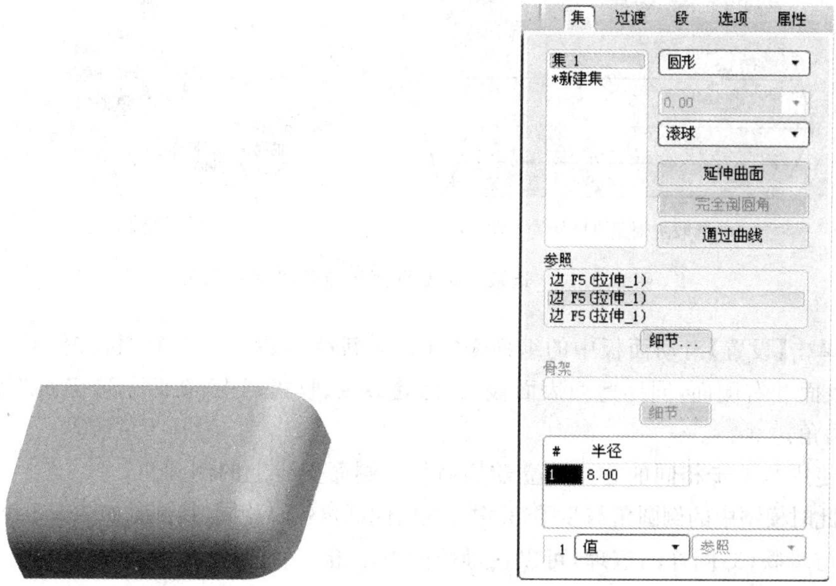

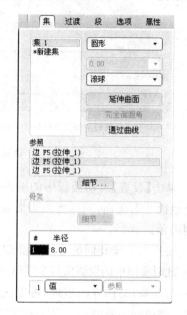

(a)圆角后的模型预览　　　　　　　　(b)圆角的【集】滑动面板

图 5.3.9　设定模型圆角特征

· 单击 ▶ 退出暂停模式,在操控面板处单击 🕂 设定拐角过渡。首先单击模型中三个圆角的相交处(拐角),然后选择过渡模式。图 5.3.10(a)所示的为默认过渡模式,在下拉列表中选择"相交"模式,如图 5.3.10(b)所示,单击 ☑ 🔗 图标查看建立的倒圆角特征,如图 5.3.10(a)所示。

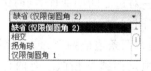
(a)"相交"圆角过渡　　　　　　(b)选取圆角过渡类型

图 5.3.10　设定模型圆角过渡

（4）删除(3)中建立的倒圆角,重新选择平面的交线作为放置参照生成圆角特征。

· 单击 ▶ 退出暂停模式,单击 🕂 退回到圆角模式。单击操控面板上的【集】,在弹出的滑动面板的【参照】收集器中任意选中一条边,选择右键菜单中的【移除全部】将上面选定的参照全部删除。

• 按住 Ctrl 键单击模型的上表面和前侧面,此两面被添加到【集】滑动面板的【参照】收集器中,如图 5.3.11(b)所示。此时在两个选定面的交线处生成了倒圆角,其预览如图 5.3.11(a)所示。

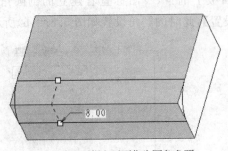

(a) 选取两相交平面作为圆角参照　　　　　(b) 圆角的【集】滑动面板

图 5.3.11　选取两相交平面作为参照生成圆角

• 单击【设置】滑动面板中的组列表中的"＊新组",建立一个新组,按住 Ctrl 键单击模型上表面和右侧面,同样此两表面被收集到【参照】收集器中,在两个选定面的交线处生成了倒圆角。

• 使用与上步相同的方法建立前侧面与右侧面交线上的倒圆角。

• 此时模型中的倒圆角与步骤(3)中建立的倒圆角效果相同,其预览如图 5.3.9(a)所示。

• 与步骤(3)同样的道理,可以在操控面板单击 ⋈ 图标设定拐角过渡。

(5) 完成倒圆角特征　单击操控面板中的 ✓ 图标,完成倒圆角特征。

5.3.3　高级圆角的建立

圆角特征属于复杂特征,除了 5.3.2 中介绍的恒定倒圆角外,还可建立完全倒圆角、可变倒圆角、曲线驱动倒圆角以及自动倒圆角。

1. 完全倒圆角

完全倒圆角如图 5.3.12 所示,在两条边之间创建完全倒圆角,圆角替换一对边之间的曲面,同时圆角的大小也被限定在这两条边之间。

完全倒圆角是在两条边或两个面之间创建的半圆形过渡,其建立过程与恒定倒圆角相似。有两种方式可以创建完全倒圆角。

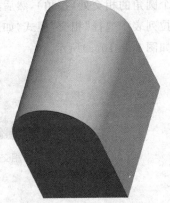

图 5.3.12　完全倒圆角

(1) 在具有公共曲面的两条边之间创建完全倒圆角

在建立倒圆角时,选择两条具有公共面的边作为圆角的放置参照,如图 5.3.13 所示,在倒圆角操控面板的【集】滑动面板中单击【完全倒圆角】选项,如图 5.3.14 所示,便可生成如图 5.3.12 所示的完全倒圆角。由【集】滑动面板也可以看出,完全倒圆角的截面形状、创建方法、圆角半径等

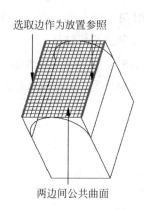

选取边作为放置参照

两边间公共曲面

图 5.3.13　完全倒圆角的放置参照

图 5.3.14　完全倒圆角的【集】操控面板

参数均已被限定。本例参见随书光盘文件 ch5\ch5_3_example2.prt。

（2）在两个曲面之间创建完全倒圆角　选取两个相对的曲面,可以在其间创建完全倒圆角。使用两相对曲面建立完全倒圆角时,要选取两曲面之间连接的公共曲面作为"驱动曲面",它决定倒圆角的位置和大小。系统使用一个半圆面来替换此公共曲面形成完全倒圆角特征,形成完全倒圆角的预览如图 5.3.15 所示,此时的【集】滑动面板如图 5.3.16所示。本例参见随书光盘文件 ch5\ch5_3_example3.prt。

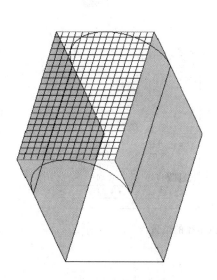

图 5.3.15　完全倒圆角预览

图 5.3.16　完全倒圆角的【集】滑动面板

2. 可变倒圆角

可变倒圆角是指具有不同半径值的圆角,如图 5.3.17 所示的马鞍形倒圆角即为可变倒圆角。可变倒圆角是在恒定倒圆角的基础上添加不同的半径值而形成的。

在倒圆角操控面板中,单击【集】弹出滑动面板,在其【半径】列表中右击,如图 5.3.18 所示,单击【添加半径】按钮添加半径值。此时两半径分别放置在倒圆角所在的边参照的端点,单击修改半径值,系统形成平滑连接的可变倒圆角特征。

继续添加半径值,将新添加半径的位置改为 0.5,如图 5.3.19 所示,表示新添加的半径位于选定参照边的中点上。本例参见随书光盘文件 ch5\ch5_3_example4.prt。

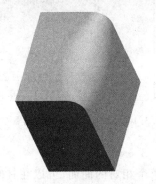

图 5.3.17　可变倒圆角

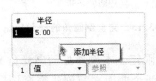

图 5.3.18　添加倒圆角半径

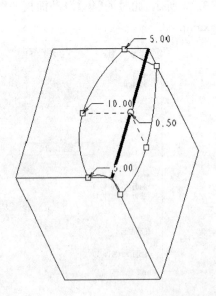

图 5.3.19　修改倒圆角半径的位置

注意

特征建立过程中的半径值、新半径在参照上的位置等参数均可以在倒圆角特征预览上通过拖动控制滑块的方法直接修改。例如,可以在 5.3.19 左图上拖动白色方框改变半径的值、拖动白色圆圈改变新半径在参照上的位置等。

3. 曲线驱动倒圆角

曲线驱动倒圆角是指倒圆角的半径由选定的曲线控制,如图 5.3.20 所示,图中加粗显示的即为驱动倒圆角的曲线。曲线驱动倒圆角需要放置参照、驱动倒圆角的曲线等要素。

在建立曲线驱动倒圆角时,首先选取边作为圆角特征的放置参照,然后按住 Shift 键并拖动半径控制滑块,将其捕捉至作为驱动曲线参照的曲线上,如图 5.3.21 所示。也可以在【集】滑动面板中单击【通过曲线】选项,然后单击作为驱动的曲线,将其收集到【驱动曲线】收集器即可,如图 5.3.22 所示。本例参见随书光盘文件 ch5\ch5_3_example5.prt。

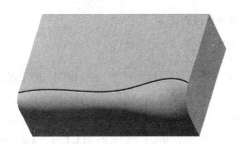

图 5.3.20　曲线驱动倒圆角

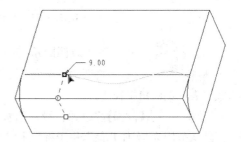

图 5.3.21　捕捉曲线驱动倒圆角的驱动曲线

注意

将光标拖动到作为驱动曲线的参照上时,系统会将曲线加亮显示,使得用户能够确定正确的参照。

4. 自动倒圆角

圆角特征是实体模型中较复杂的特征之一,有时因为参照的选择顺序不适合会导致圆角特征生成失败。从 Pro/Engineer Wildfire 4.0 开始,系统提供了"自动倒圆角"功能,可迅速生成模型中尽量多的圆角,各圆角的生成顺序由系统自动调节,以确保圆角特征建立成功。

单击【插入】→【自动倒圆角】菜单项激活自动倒圆角,此功能可帮助设计者将整个模型或一组选定边中尽量多的边自动倒圆角。默认情况下,系统对整个模型倒圆角。对如图 5.3.23 所示模型,建立半径为 4 的自动倒圆角,结果如图 5.3.24 所示。模型参见随书光盘文件 ch5\ ch5_3_example6.prt。

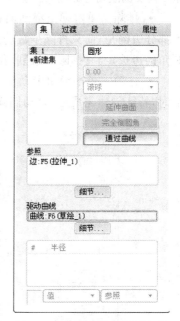

图 5.3.22　曲线驱动倒圆角的
　　　　　 【集】滑动面板

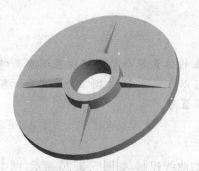
图 5.3.23　原始模型

图 5.3.24　自动倒圆角模型

自动倒圆角的操控面板如图 5.3.25 所示。

图 5.3.25　自动倒圆角操控面板

- ✓ ⌐ 4.00　　将凸边倒圆角,框中的值为倒圆角半径。
- ✓ ∟ 相同　　将凹边倒圆角,框中的"相同"表示圆角半径与凸边相同,也可直接输入数字表示倒圆角半径值。
- 范围　单击【范围】按钮弹出滑动面板如图 5.3.26 所示,可以选择要自动倒圆角的范围。其默认范围为"实体几何",用于将整个实体的所有边倒圆角,下部的【凸边】、【凹边】复选框指定需要倒圆角边的类型。也可选择【选取的边】单选框,此时需要设计者指定要倒圆角的边。
- 排除　单击弹出滑动面板如图 5.3.27 所示,选定要排除的边。当需要对实体中大部分边倒角,而只排除少数的边时,可在【范围】面板中选定【实体几何】,而将不需要倒圆角的边选定到【排除的边】收集器中。
- 选项　单击弹出滑动面板如图 5.3.28 所示。当选定【创建常规圆角特征组】复选框时,特征创建完成后,自动倒圆角特征将自动转化为普通的圆角组。

图 5.3.27　【排除】滑动面板

图 5.3.26　【范围】滑动面板

图 5.3.28　【选项】滑动面板

注意

自动倒圆角特征的预览按钮 □ ⅏ 是不可用的,因为只有当设计者单击 ✔ 完成特征建立时,系统才开始计算圆角的生成顺序,在这之前无法显示特征结果。

5.4　倒角特征

倒角是对边或拐角进行斜切削而产生的一种特征,根据所选取放置参照的不同,将倒角特征分为边倒角特征和拐角倒角特征。如图 5.4.1 所示为边倒角,图 5.4.2 所示为拐角倒角。

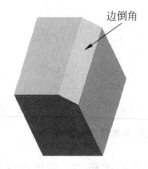
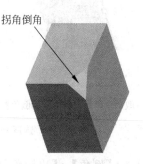

图 5.4.1　边倒角　　　　　　　　图 5.4.2　角倒角

5.4.1　边倒角的建立

与倒圆角特征相似,边倒角特征也属于放置特征,其主参照即为放置参照,Pro/Engineer 提供了 3 种可以放置边倒角特征的放置参照。

- **模型的边**　如图 5.4.3(a)所示,选定模型三条边作为放置圆角的参照,生成边长为 5 的倒角,如图 5.4.3(b)所示。

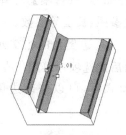
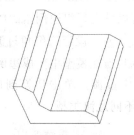

(a) 选取边作为倒角参照　　　(b) 选取边作为参照建立的倒角

图 5.4.3　选取边作为参照建立倒角

- **两个平面的交线**　如图 5.4.4(a)所示,依次选取两个平面,系统在其交线处生成边倒角特征,如图 5.4.4(b)所示。
- **经过一个面和一条边**　如图 5.4.5(a)所示,首先选取一个面,再选择一条边,系统生成经过选定边和平面的边倒角特征,如图 5.4.5(b)所示。

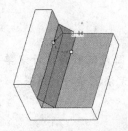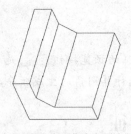

(a) 选取两相交平面作为倒角参照　　(b) 选取两相交平面作为参照建立的倒角

图 5.4.4　选取两相交平面作为参照建立倒角

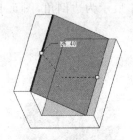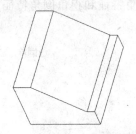

(a) 选取一个面和一条边作为倒角参照　　(b) 选取一个面和一条边作为参照建立的倒角

图 5.4.5　选取一个面和一条边作为参照建立倒角

单击【插入】→【倒角】→【边倒角】菜单项,或工具栏按钮 ✎,弹出边倒角特征操控面板如图 5.4.6 所示,利用该面板可建立边倒角特征。

图 5.4.6　边倒角特征操控面板

- 设定边倒角。在此状态下单击操控面板上的【集】,在弹出的滑动面板中建立边倒角的集合,并可以设定每组边倒角的放置参照、长度等参数。

- 设定边倒角过渡。几个边倒角的相交处或终止处可以设定边倒角过渡的不同类型,当在模型中生成边倒角后此选项才可用。在最初创建边倒角时,系统使用默认方式设定过渡。单击切换到此模式后,可以修改边倒角过渡的类型,如图 5.4.7 所示为两种不同过渡类型。

(a) "相交"过渡模式(默认模式)　　(b) "曲面片"过渡模式

图 5.4.7　倒角的过渡模式

- 　设定倒角方案及倒角的边长。

单击边倒角方案下拉列表,弹出列表如图 5.4.8 所示,对其中的倒角方案解释如下。

- D×D　在各曲面上与边相距 D 处创建倒角,在后面的输入框中要求输入 D 的数值。

- D1×D2　在一个曲面距选定边 D1、在另一个曲面距选定边 D2 处创建倒角;选定此方案后,在后面的输入框中分别输入 D1、D2。

图 5.4.8　倒角方案

- 角度×D　创建一个倒角,它距相邻曲面的选定边距离为 D,与该曲面的夹角为指定角度;选定此方案后,在后面的输入框中分别输入角度和 D。

- 45×D　创建一个倒角,它与两个曲面都成 45°,且与各曲面上的边的距离为 D;选定此方案后,在后面的输入框中输入 D 即可。

- O×O　在沿各曲面上的边偏移 O 处创建倒角;在后面输入框中要求输入 O 的数值。

- O1×O2　在一个曲面距选定边的偏移距离 O1、在另一个曲面距选定边的偏移距离 O2 处创建倒角。

建立边倒角特征的步骤如下:

(1) 单击【插入】→【倒角】→【边倒角】菜单项,或工具栏按钮 ,弹出边倒角特征操控面板。

(2) 单击操控面板中的【集】,可以看到当前正在设置名称为"设置 1"的边倒角集,如图 5.4.9 所示,进行以下设置以建立单个或多个边倒角特征。

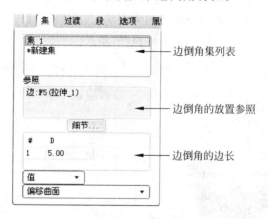

图 5.4.9　倒角的【集】滑动面板

- 选定此圆角集的放置参照。根据前面对于边倒角放置参照的叙述,按住 Ctrl 键选择所需的边或面作为边倒角特征的放置参照,选取的参照被添加到【参照】收集器中。

- 修改"D"列表中的边长值设定倒角的边长,也可以直接拖动模型上的控制滑块来设定边长、或直接双击模型上显示的半径值。

- 若要建立其他边长不同的边倒角集,直接单击要建立倒角的边,在【集】滑动面板中的"边倒角集"列表自动添加名称为"设置 2"的集合,使用步骤(2)中同样的方法设定其放置参照和边长。

（3）也可以单击操控面板中的 D x D ▽ D 5.00 ▽ 图标，设置每一个倒角集的方案并设置其边长。

（4）单击操控面板中的 ⼨，设定倒角过渡。在模型上选定需要设置的过渡，激活"过渡类型"下拉列表并从中选择一种过渡类型。

（5）预览建立的特征 单击操控面板上的 ☑ ∞ 图标查看建立的边倒角特征，若不符合要求，按 ▶ 退出暂停模式，继续编辑。

（6）完成特征建立 单击操控面板中的 ✔ 图标，完成边倒角特征。

例 5.5 以图 5.4.7(b)中的边倒角为例，讲解边倒角特征的建立过程。

（1）新建一个模型文件，在此文件中制作一个长、宽、高分别为 30、20、30 的拉伸特征（六面体）如图 5.4.10 所示，也可直接打开随书光盘文件 ch5\ ch5_4_example1.prt，使用其中已有的特征完成以下步骤。

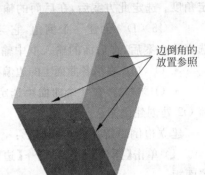

边倒角的放置参照

（2）单击【插入】→【倒角】→【边倒角】菜单项，或工具栏按钮 ◥，弹出边倒角特征操控面板。

（3）选取边倒角特征的放置参照 按住 Ctrl 键选择模型上要建立边倒角的边如图 5.4.10 所示，单击操控面板上的【集】，可以看到这些边已经被收集到边倒角特征的参照收集器中，如图 5.4.11(b)所示。

图 5.4.10 例 5.5 模型

（4）在操控面板中，选择边倒角特征的方案为"D×D"，并指定边长为 5，此时单击操控面板上的预览按钮 ☑ ∞，显示如图 5.4.11(a)所示。

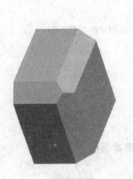

(a) 倒角预览

(b) 倒角的【集】滑动面板

图 5.4.11 选取边作为参照建立倒角

（5）设定过渡 单击 ▶ 退出暂停模式，单击 ⼨ 并选择模型中三条边的交汇处，单击过渡模式列表选择"曲面片"。

（6）预览建立的边倒角特征 再次单击操控面板上的 ☑ ∞ 查看建立的边倒角特征；若不符合要求，按 ▶ 退出暂停模式，继续编辑特征。

（7）完成特征建立　单击操控面板中的 ✔ 图标，完成特征，如图 5.4.7(b)所示。本例生成模型参见随书光盘文件 ch5\f\ch5_4_example1_f.prt。

5.4.2　拐角倒角的建立

拐角倒角的建立与边倒角相似，是位于拐角处的斜切削特征。定义拐角特征需要如下两个要素。

- 放置该特征的拐角　此拐角特征是多条边的交汇点，但选取放置参照时并不直接选取此交点，而是选取要倒角的拐角的边作为放置参照，如图 5.4.12(a)所示，此时系统会默认在离选取点较近的端点建立拐角特征。

- 拐角的尺寸　拐角倒角尺寸的定义如图 5.4.12(b)所示 3 个尺寸，其定义可以通过选取各边上的"选出点"定义，也可以通过直接输入各个尺寸值定义。

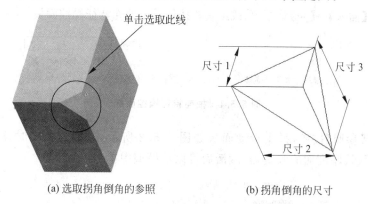

（a）选取拐角倒角的参照　　　　　　（b）拐角倒角的尺寸

图 5.4.12　拐角倒角

拐角倒角的定义就是对上面两个要素的定义，根据定义要素的对话框即可顺序完成。下面以图 5.4.12 中拐角倒角的建立为例，介绍拐角倒角的建立步骤。

例 5.6　建立图 5.4.12 所示拐角倒角。

（1）单击【插入】→【倒角】→【拐角倒角】菜单项，弹出拐角倒角定义对话框如图 5.4.13 所示。

（2）在图形窗口中选取要倒角的拐角的边参照，即图 5.4.12(a)所示的边，系统将会加亮选定的边。

（3）定义"尺寸"元素。系统自动转到定义"尺寸"元素状态，并且弹出【选出/输入】浮动菜单如图 5.4.14 所示，此时可以通过选出点或输入数值的方式确定其尺寸，执行下面两种操作之一。

图 5.4.13　拐角倒角定义对话框　　　　**图 5.4.14　【选出/输入】浮动菜单**

- 单击【选出点】选项,并在加亮边上选取一个点,此点到顶点的长度即为此边倒角长度。
- 单击【输入】选项,在屏幕底部的消息区的输入框中输入加亮边的长度值,并单击 ✔ 图标,此输入的值即为此边上倒角长度。

(4) 第一条边上的长度定义完成后,系统逐个以绿色加亮显示其他边,用(3)同样的方法定义其他两条边上的长度。

(5) 单击对话框中的【预览】观察模型,单击【确定】按钮完成拐角倒角的创建。

5.5 抽壳特征

在建立箱体等空心实体时,常常需要将实体内部挖空,而仅仅保留特定厚度的壳,使用系统提供的"壳"功能可以完成上述操作。壳特征的建立步骤如下:

(1) 单击【插入】→【壳】菜单项,或工具栏按钮 回,抽壳特征操控面板如图5.5.1所示。

图5.5.1 抽壳特征操控面板

(2) 单击【参照】按钮,弹出滑动面板如图5.5.2所示,左侧为抽壳时移除面的收集器,右侧为非默认厚度面的收集器,激活后可以从模型中单击添加。

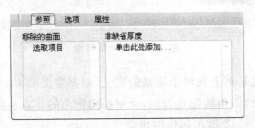

图5.5.2 【参照】滑动面板

(3) 在操控面板的【厚度】输入框中指定本抽壳特征的默认厚度。

(4) 单击 ⅍ 切换生成壳厚度的方向,默认状态壳的厚度生成在模型内部,切换后生成在模型外部。

(5) 预览并完成抽壳特征。

例5.7 以如图5.5.3所示杯子的制作为例,说明抽壳特征的建立步骤。注意:图中杯子的边缘厚度为1.5,而底的厚度为3。

(1) 建立如图旋转特征,作为抽壳的基体 建立旋转特征如图5.5.4(b)所示实体特征,其截面如图5.5.4(a)所示。也可打开随书光盘文件 ch5\ch5_5_example1.prt 直接进入(2)步。

(2) 单击【插入】→【壳】菜单项,或工具栏按钮 回,弹出壳特征操控面板。

(3) 选定参照 单击【参照】,激活【移除的曲面】收集器,单击模型上表面将其添加到收集器。单击右侧【非缺省厚度】收集器,单击选取模型底面将其添加到此收集器中,并修改厚度为3,如图5.5.5所示。

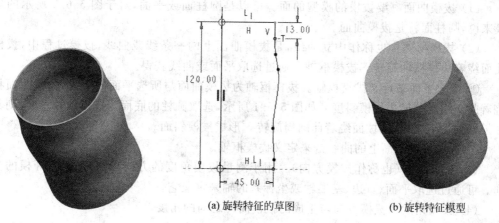

(a) 旋转特征的草图　　　　　　(b) 旋转特征模型

图 5.5.3　例 5.7 模型　　　　　　图 5.5.4　建立旋转特征作为模型基体

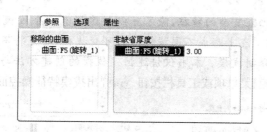

图 5.5.5　选取移除的面和非默认厚度面

（4）在操控面板【厚度】输入框中指定默认厚度 1.5。

（5）预览建立的抽壳特征　单击操控面板上的 ☑ ∞∞ 查看建立的抽壳特征,若不符合要求,按 ▶ 退出暂停模式,继续编辑特征。

（6）完成特征的建立　单击操控面板中的 ✔,完成抽壳特征。本例生成文件参见随书光盘文件 ch5\f\ch5_5_example1_f.prt。

5.6　拔模特征

为了能够顺利脱模,对于注塑件或铸造件来说,往往需要一个拔模斜角,系统提供的"拔模"特征就是用来创建模型上的拔模斜角的。对于由圆柱面或平面形成的面,可以由拔模特征形成一个介于−30°和＋30°之间的拔模角度。如图 5.6.1 所示,在圆柱面上形成了一个 5°的拔模斜角。

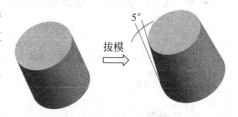

图 5.6.1　拔模特征示意图

5.6.1　拔模特征概述

以下是关于拔模特征的几个术语。

（1）拔模曲面　要拔模的模型的面。可以是圆柱面或平面,对于图 5.6.1 所示的拔模来说,圆柱面就是拔模曲面。

（2）拔模枢轴　也称作中立曲线,是拔模曲面上的一条线或曲线,拔模过程中,拔模曲面绕着拔模枢轴旋转。拔模枢轴可通过选取平面或曲线获得。

① 选取平面来定义拔模枢轴。拔模枢轴为拔模曲面与所选平面的交线,拔模曲面将绕着此交线旋转形成拔模斜度。如图 5.6.1 所示,选取圆柱的底面为拔模枢轴平面,则其拔模枢轴为下圆周,圆柱面绕着此圆周旋转 5°形成拔模斜面。

② 选取拔模曲面上的曲线链来定义拔模枢轴。

（3）拖动方向（也称作拔模方向）　用于测量拔模角度的方向,通常为模具开模的方向。可通过选取平面、直边、基准轴或坐标系的轴来定义它。

（4）拔模角度　拔模方向与生成的拔模曲面之间的角度。

提示

拔模特征是一种比较复杂的特征,除了可以创建仅有一个拔模角度的恒定角度拔模外,也可以在不同的控制点上形成不同拔模角的可变拔模,还可将不同的拔模角度应用于曲面的不同部分形成分割拔模。本书仅讲述恒定拔模的创建方法与过程。

单击【插入】→【拔模】菜单项或工具栏按钮 ,弹出拔模特征操控面板如图 5.6.2 所示。

图 5.6.2　拔模特征操控面板

- "拔模枢轴"收集器,收集用于生成拔模枢轴的平面或曲线。
- "拖动方向"收集器,用于指定测量拔模角度的方向,通常也是模具开模的方向。
- 单击【参照】弹出滑动面板如图 5.6.3 所示。其中包含了拔模曲面、拔模枢轴、拖动方向三个收集器,其中后两个与上述操控面板上的功能相同、使用方法也相同。单击激活【拔模曲面】收集器（显示为黄色）后,从模型上选取要拔模的面可以添加到此收集器中。
- 单击【角度】弹出滑动面板如图 5.6.4 所示,可设置拔模角度。

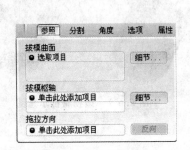

图 5.6.3　拔模特征【参照】滑动面板

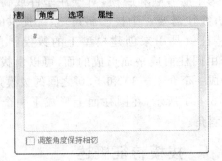

图 5.6.4　拔模特征【角度】滑动面板

5.6.2　简单拔模特征创建过程与实例

根据上面对拔模特征的叙述,可以看出创建简单拔模特征的主要内容包括:选取拔模曲面、选定拔模枢轴以及选定拖动方向、指定拔模角度等,下面来看建立简单拔模特征的操作步骤。

(1)单击【插入】→【拔模】菜单项或工具栏按钮 ⚒ ,弹出拔模特征操控面板。

(2)单击操控面板中的【参照】,在弹出的滑动面板中指定拔模曲面、选定拔模枢轴以及选定拖动方向。

(3)单击【角度】,在弹出的滑动面板中修改拔模角度,

(4)预览建立的拔模特征　单击操控面板上的 ☑ 👓 查看建立的拔模特征,若不符合要求,按 ▶ 退出暂停模式,继续编辑特征。

(5)完成拔模特征的建立　单击操控面板中的 ✔ 图标,完成拔模特征。

例 5.8　图 5.6.5 所示零件为铸造件,为脱模方便,构造内表面 3°、外表面 2° 的拔模斜度,如图 5.6.6 所示。

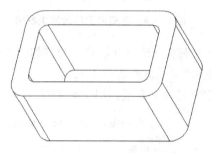

图 5.6.5　原始模型

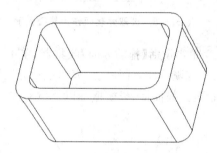

图 5.6.6　添加拔模后的模型

步骤 1:建立新文件并建立文件中的基础特征

(1)单击下拉菜单【文件】→【新建】或工具栏按钮 ⬜ ,在弹出的【新建】对话框中,选择 ⦿ ⬜ 零件 ,在【名称】文本输入框中输入文件名"ch5_6_example1",单击【确定】按钮。

(2)建立基础特征　单击下拉菜单【插入】→【拉伸】或工具栏按钮 ⬜ ,建立拉伸特征。其草绘截面如图 5.6.7 所示,拉伸深度 100,完成模型如图 5.6.5 所示。

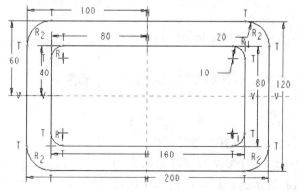

图 5.6.7　拉伸特征草图

步骤 2：建立外表面上的拔模特征

(1) 单击【插入】→【拔模】菜单项或工具栏按钮🖊，弹出拔模特征操控面板。

(2) 单击操控面板中的【参照】，在弹出的滑动面板中指定拔模曲面、选定拔模枢轴以及选定拖动方向。

① 单击激活【拔模曲面】收集器，按住 Ctrl 键依次选取拉伸特征的 8 个外侧面作为拔模曲面，其中包括 4 个倒圆角面和 4 个平面，如图 5.6.8 所示。

② 单击激活【拔模枢轴】收集器，单击如图 5.6.9 所示模型底面，将其选取到收集器中，系统将使用此面与拔模曲面的交线作为拔模枢轴。

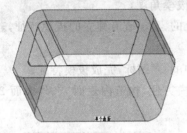
图 5.6.8　选取外表面作为拔模曲面

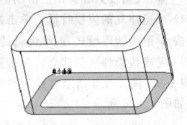
图 5.6.9　选取底面作为拔模枢轴

③ 单击激活【拖动方向】收集器，单击模型上表面将其选取到收集器中。如图 5.6.10 所示，系统默认此表面向上，表示拖动方向为向上（即开模方向为向上）。

指定拔模曲面、拔模枢轴以及拖动方向后，【参照】滑动面板如图 5.6.11 所示。

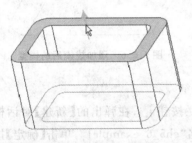
图 5.6.10　选取顶面作为拖动方向

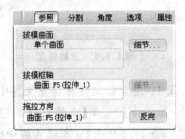
图 5.6.11　【参照】滑动面板

(3) 单击【角度】按钮，在弹出的滑动面板中将默认拔模斜角由 1°改为 2°，如图 5.6.12 所示。

(4) 单击操控面板中的完成图标✔，外表面拔模特征建立完成。

步骤 3：使用与步骤 2 相同的方法，建立内表面上的拔模特征

(1) 单击工程工具栏上的🖊按钮或单击【插入】→【拔模】菜单项，弹出拔模特征操控面板。

(2) 单击操控面板中的【参照】，在弹出的滑动面板中指定拔模曲面、选定拔模枢轴以及选定拖动方向。

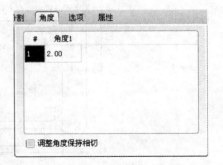
图 5.6.12　【角度】滑动面板

① 单击激活【拔模曲面】收集器,按住 Ctrl 键依次单击选择拉伸特征的 8 个内侧面作为拔模曲面,其中包括 4 个倒圆角面和 4 个平面,如图 5.6.13 所示。

② 单击激活【拔模枢轴】收集器,单击如图 5.6.14 所示模型底面,将其选取到收集器中,系统将使用此面与拔模曲面的交线作为拔模枢轴。

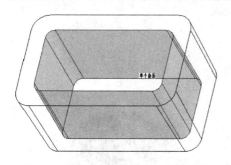

图 5.6.13　选取内表面作为拔模曲面

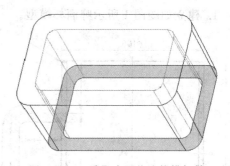

图 5.6.14　选取底面作为拔模枢轴

③ 单击激活【拖动方向】收集器,单击模型上表面将其选取到收集器中。

系统生成拔模特征的预览如图 5.6.15(a)所示,其拔模的方向向里,此时内孔由下向上是渐小的,单击操控面板上的翻转角度按钮 ，使拔模方向向外,此时预览如图 5.6.15(b)所示。

此时拔模特征操控面板及【参照】滑动面板如图 5.6.16 所示。

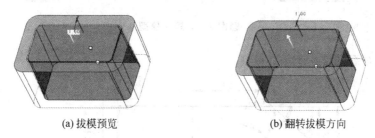

(a) 拔模预览　　　　　　　　　　(b) 翻转拔模方向

图 5.6.15　拔模特征预览

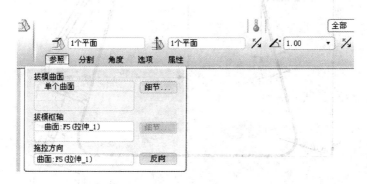

图 5.6.16　拔模操控面板

(3) 单击操控面板中的【角度】,在弹出的滑动面板中将默认的拔模斜角由 1°改为 3°。

(4) 单击操控面板中的完成图标 ，完成内表面拔模特征。

本例模型参见随书光盘文件 ch5\f\ch5_6_example1_f.prt。

习题

1. 建立如题图 1 所示啤酒杯模型。

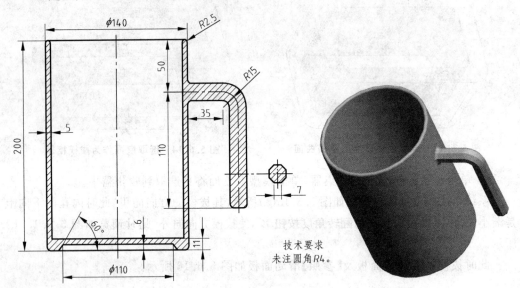

技术要求
未注圆角R4。

题图 1　习题 1 模型

2. 建立如题图 2 所示水杯模型。

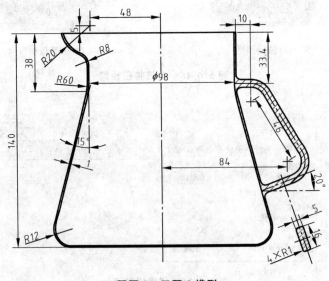

题图 2　习题 2 模型

题图 2 (续)

3. 建立如题图 3 所示铸件模型。

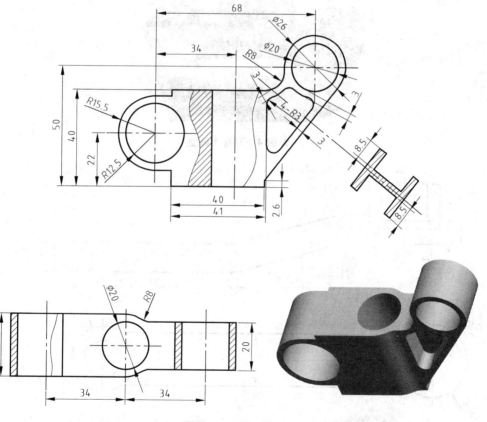

题图 3 习题 3 模型

4. 建立如题图 4 所示铸件模型。

5. 建立如题图 5 所示铸件模型。

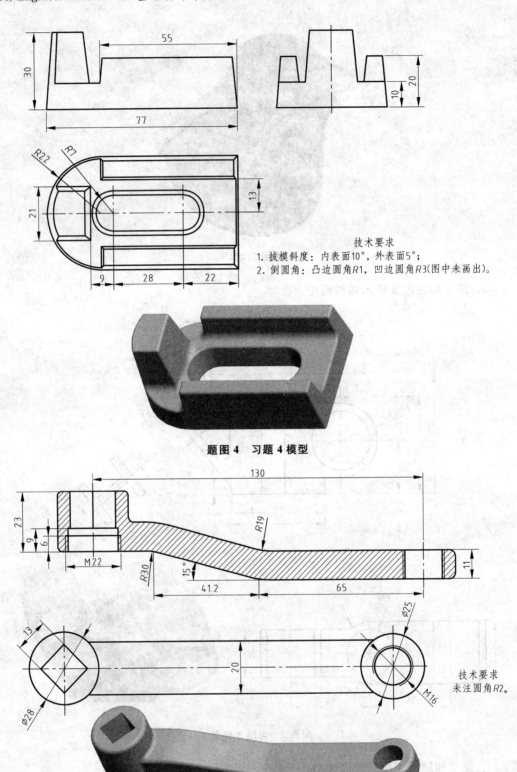

55

30

77

20

10

R22 R1

21

13

9 28 22

技术要求
1. 拔模斜度：内表面10°，外表面5°；
2. 倒圆角：凸边圆角R1，凹边圆角R3(图中未画出)。

题图 4　习题 4 模型

130

23

9

6

M22

R19

R30

15°

41.2

65

11

13

Ø25

20

Ø28

M16

技术要求
未注圆角R2。

题图 5　习题 5 模型

第 **6** 章　　　　特 征 操 作

使用前面讲述的特征建立方法可建立单一、简单的零件模型,要想快速地生成复杂模型并对已有模型进行修改,一般要使用特征操作方法。

本章介绍特征复制、特征阵列等特征生成方法,并介绍特征删除、特征修改、特征重定义等特征修改方法,最后介绍特征父子关系、组、特征隐含、特征排序、特征插入、特征重命名等实用操作。

6.1　特征复制

复制是建模过程中经常使用的工具,灵活使用复制特征,可以加速模型的建立过程并使模型易于修改,还可减小模型的存储大小。

特征复制有 4 种方式,分别为:新参考复制、相同参考复制、镜像复制、移动复制,其功能和使用场合不同、操作过程也不相同。单击【编辑】→【特征操作】菜单项,屏幕右侧的菜单管理器中出现【特征】浮动菜单如图 6.1.1 左图所示,单击【复制】菜单项弹出【复制特征】浮动菜单如图 6.1.1 右图所示。【复制特征】菜单可分为指定复制特征的放置方法、要复制特征的指定方式、复制特征与原始特征的关系和完成 4 个部分。

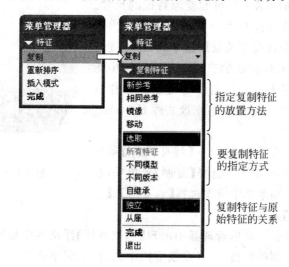

图 6.1.1　【复制】菜单

1．指定复制特征的放置方法选项

- 新参考　使用新的放置面与参考面来复制特征。
- 相同参考　使用与原来模型相同的放置面与参考面来复制特征。
- 镜像　使用镜像的方式复制特征。
- 移动　以旋转或平移的方式复制特征。

2．要复制特征的指定方式选项

- 选取　在当前模型中选择要进行复制的特征。
- 所有特征　复制当前模型中的所有特征。
- 不同模型　从不同模型中选取要复制的特征。
- 不同版本　从当前模型的不同版本中选取要复制的特征。
- 自继承　从继承特征中复制特征。

3．复制特征与原始特征的关系选项

- 独立　使已复制特征尺寸独立于被复制特征的尺寸，从不同模型或版本中复制的特征自动独立。
- 从属　使已复制特征尺寸从属于被复制特征的尺寸。当重定义从属复制的截面时，所有的尺寸都显示在父项上；当修改原始截面时，系统同时更新从属复制。

6.1.1　新参考复制

使用新参考复制方式，可以复制同一零件模型相同或不同版本的模型特征，也可复制不同零件模型的特征。在复制过程中，需选定新特征的草绘平面（或放置平面）和参考平面，以放置复制出来的特征；还可改变原特征的尺寸。

图 6.1.2 中侧面上的圆柱是由上面的圆柱复制出来的，在复制过程中不但改变了特征放置平面，还改变了参考平面，并改变了圆柱特征的直径。下面以图中侧面上圆柱的复制过程为例讲解新参考复制的操作过程，本例所用的原始模型参见随书光盘文件 ch6\ch6_1_example1.prt。

图 6.1.2　复制的特征

（1）激活命令　单击【编辑】→【特征操作】菜单项，在出现的【特征】浮动菜单中选择【复制】菜单项，在弹出的【复制特征】浮动菜单中依次选择【新参考】、【选取】、【独立】和【完成】菜单项。

（2）选择原始特征　菜单管理器中出现【选取特征】浮动菜单如图 6.1.3 所示，在图形窗口中选取要被复制的特征，或者在模型树中选取，本例中选取上面的圆柱，然后单击【选取特征】浮动菜单的【完成】菜单项。

（3）定义要改变的尺寸　菜单管理器中出现【组可变尺寸】浮动菜单如图 6.1.4 所

示,其中的每个菜单项对应图 6.1.5 所示圆柱的一个尺寸,在菜单上移动鼠标至每个菜单项时,图中对应的尺寸便高亮显示(默认显示为暗红色),选择某尺寸即表示在复制特征中要改变此尺寸。本例中选择【Dim 2】复选框,表示将改变复制圆柱的直径。单击【完成】菜单项进入下一步。

图 6.1.3　【选取特征】菜单　　　　　图 6.1.4　【组可变尺寸】菜单

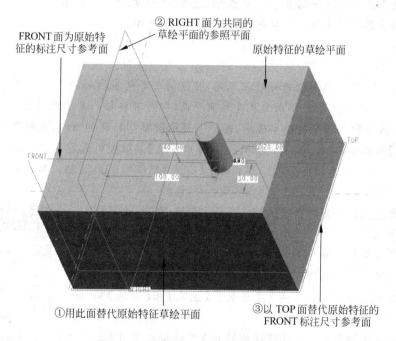

图 6.1.5　新参考复制的参考替换过程

(4) 输入变化后的尺寸值　弹出【组元素】对话框如图 6.1.6 所示,用于定义新生成的复制特征(以组的形式表示)的尺寸及参考。此时屏幕下部消息区中出现 ⇨输入Dim 2 30.0000 ,提示设计者输入要改变的尺寸。此处在输入框中输入复制生成特征的直径 50。

(5) 改变复制特征的参考　菜单管理器出现【参考】浮动菜单如图 6.1.7 所示,同时消息区出现选取参照的提示,用于为复制的新特征选取新的参考。【新参考】方式复制特征可以改变的参考有草绘平面(或放置平面)、草绘平面的参照、尺寸标注参照以及草绘平面参照的方向等内容。

图 6.1.6 【组元素】对话框

图 6.1.7 【参考】菜单

本例中在 ➡选取 草绘平面参照对应于加亮的曲面 提示下，选取立方体的前面作为复制的新特征的草绘平面；在 ➡选取 垂直草绘参照对应于加亮的曲面 提示下，选取浮动菜单里的【相同】菜单项，表示被复制的新特征和原始特征具有共同的草绘平面参照；在 ➡选取 截面尺寸标注参照对应于加亮的曲面 提示下，选取 TOP 面替换 FRONT 面作为新的尺寸标注的参照；最后在 ➡给拉伸_3 截面1 选择竖直平面的向右方向 提示下，指定草绘平面的参照方向为默认的正向。替换过程详见图 6.1.5 所示。

注意

"新参照复制"时选取的原始特征不同，替换的参考也不相同，如果原始特征为放置特征，则要替换的参考为放置平面与尺寸参照平面（即放置特征的主参照与次参照）。

（6）完成复制　参照替换完成后，模型上显示被复制特征的预览，同时菜单管理器弹出【组放置】浮动菜单如图 6.1.8 所示；选择【重定义】菜单项可重定义复制过程；选择【信息】菜单项查看当前复制特征的信息；单击【完成】菜单项结束复制。本例完成后的模型参见随书光盘文件 ch6\f\ch6_1_example1_f.prt。

总结上面例题中复制特征的建立过程，"新参考"方式复制特征的过程如下：

（1）激活命令　单击【编辑】→【特征操作】菜单项，在出现的【特征】浮动菜单中选择【复制】菜单项，在弹出的【复制特征】浮动菜单中依次选择【新参考】、【选取】、【独立】和【完成】菜单项。

图 6.1.8 【组放置】菜单

（2）选择原始特征　确保【选取特征】浮动菜单处于【选取】菜单项，在图形窗口中选取要被复制的特征，或者在模型树中选取，单击【选取特征】浮动菜单的【完成】选项。

（3）定义要改变的尺寸　从【组可变尺寸】浮动菜单中选取要改变值的尺寸，并单击【完成】菜单项进入下一步。

（4）输入改变的尺寸值　屏幕下部消息区中输入尺寸值提示，在输入框中输入改变后的尺寸值。

（5）改变复制特征的参考　根据消息区的提示选取复制生成特征的草绘平面、草绘平面参照、尺寸标注参照以及草绘平面参照的方向。

（6）完成复制　单击【组放置】浮动菜单的【完成】菜单项结束复制。

注意

上例完成后的模型树如图 6.1.9 所示,复制出来的新特征被自动添加到一个组中(关于组的内容将在 6.7 节讲述),并且与原始特征一样。本例中原始特征是拉伸特征,所以复制出来的新特征也是拉伸特征,对此特征可以像其他特征一样进行编辑和重定义。

图 6.1.9　完成复制后的模型树

6.1.2　相同参考复制

选用相同参考方式复制出来的特征,其所有的参照都不能更改,只能在同一平面生成新的特征,所以也就不能复制不同零件模型的特征,除此之外其他操作方式与新参考相同。相同参考方式复制特征的过程如下:

(1)激活命令　单击【编辑】→【特征操作】菜单项。在出现的【特征】浮动菜单中选择【复制】菜单项,在弹出的【复制特征】浮动菜单中依次选择【相同参考】、【选取】、【独立】和【完成】菜单项。

(2)选择原始特征　确保【选取特征】浮动菜单处于【选取】菜单项,在图形窗口中选取要被复制的特征,或者在模型树中选取,单击【选取特征】浮动菜单的【完成】选项。

(3)定义要改变的尺寸　从【组可变尺寸】浮动菜单中选取要改变值的尺寸,并单击【完成】菜单项进入下一步。

(4)输入改变的尺寸值　屏幕下部消息区中输入尺寸值提示,在输入框中输入改变后的尺寸值。

(5)单击【组元素】对话框中的【确定】按钮,生成被复制的新特征。

注意

在步骤(3)中,至少要选取一个尺寸对其重新定义,要不然被定义的新特征将会与原始特征完全重合。

下面以图 6.1.10 所示以小孔为原始特征复制大孔为例来说明"相同参照"方式复制的操作过程。本例所用的原始模型参见随书光盘文件 ch6\ch6_1_example2.prt。

(1)激活命令　单击【编辑】→【特征操作】菜单项,在出现的【特征】浮动菜单中选择【复制】菜单项,在弹出的【复制特征】浮动菜单中依次选择【相同参考】、【选取】、【独立】和【完成】菜单项。

(2)选择原始特征　确保【选取特征】浮动菜单处于【选取】菜单项,在图形窗口中选取上表面上放置的孔作为原始特征,也可以在模型树中选取,单击【完成】菜单项。

(3)定义要改变的尺寸　从【组可变尺寸】浮动菜单中选取孔直径、孔在主参照上的放置坐标作为要改变值的尺寸,并单击【完成】菜单项进入下一步。

(4)输入改变的尺寸值　在屏幕下方消息区输入框

图 6.1.10　相同参照复制的例子

中输入各尺寸的值依次为：直径 60、距右端面距离 150、距前端面距离 100。

（5）单击【组元素】对话框中的【确定】按钮，生成被复制的新特征如图 6.1.10 所示，完成后的模型参见随书光盘文件 ch6\f\ch6_1_example2_f.prt。

6.1.3 镜像复制

使用"镜像"的方式复制，可以对若干个选定的特征进行镜像复制，常用于生成对称特征。下面以图 6.1.11 所示罐左边把手的制作过程为例来讲述"镜像"复制的过程。本例所用的原始模型参见随书光盘文件 ch6\ch6_1_example3.prt。

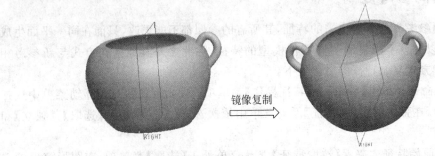

镜像复制

图 6.1.11 镜像复制

（1）激活命令 单击【编辑】→【特征操作】菜单项，在出现的【特征】浮动菜单中选择【复制】菜单项，在弹出的【复制特征】浮动菜单中依次选择【镜像】、【选取】、【独立】和【完成】菜单项。

（2）选择要镜像的特征 确保【选取特征】浮动菜单处于【选取】菜单项，在图形窗口中选取右侧扫描特征孔作为原始特征，也可以在模型树中选取，单击【完成】选项。

（3）选取镜像平面 菜单管理器显示【设置平面】浮动菜单如图 6.1.12 所示，在图形窗口选取 RIGHT 平面作为镜像平面，图形区显示镜像完成后的结果，如图 6.1.11 右图所示。完成后的模型参见随书光盘文件 ch6\f\ch6_1_example3_f.prt。

图 6.1.12 【设置平面】菜单

6.1.4 移动复制

使用"移动"的方式复制，可以平移或旋转的方式复制特征。下面以图 6.1.13 法兰盘中第二个法兰的复制过程为例来说明移动复制。本例所用的原始模型参见随书光盘文件 ch6\ch6_1_example4.prt。

（1）激活命令 单击【编辑】→【特征操作】菜单项，在出现的【特征】浮动菜单中选择【复制】菜单项，在弹出的【复制特征】浮动菜单中依次选择【移动】、【选取】、【独立】和【完成】菜单项。

（2）选择要移动的特征 确保【选取特征】浮动菜单处于【选取】菜单项，在图形窗口中选取构成法兰的拉伸特征和孔特征（拉伸_3 和孔_1）为原始特征，也可以在模型树中选取，单击【完成】选项。

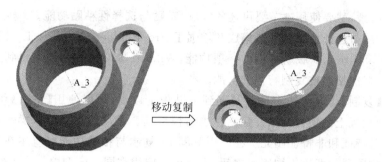

图 6.1.13　移动复制

提示

按住 Ctrl 键单击可选择多个特征。

（3）选择移动方式　菜单管理器显示【移动特征】浮动菜单如图 6.1.14 左图所示,选择【旋转】菜单项,弹出【选取方向】浮动菜单,此处选取【曲线/边/轴】的方式,在图形窗口选取法兰的旋转轴(轴 A_3)并接受默认的箭头向上为旋转正向。

（4）输入旋转角度　在消息区 ⇨ 输入旋转角度 提示后的输入框中输入旋转角度 160,单击 ✓ 完成输入。

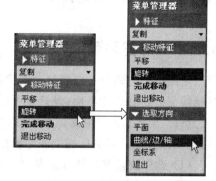

图 6.1.14　【移动特征】菜单

（5）在【移动特征】浮动菜单中单击【完成移动】菜单项,弹出【组元素】对话框如图 6.1.15 所示,定义【组可变尺寸】元素的浮动菜单如图 6.1.16 所示。此处尺寸值均不改变,选择【完成】菜单项结束组元素的定义。

图 6.1.15　【组元素】对话框

图 6.1.16　【组可变尺寸】菜单

（6）单击【组元素】对话框上的【确定】按钮,完成法兰特征的移动复制,如图 6.1.13 右图所示。完成后的模型参见随书光盘文件 ch6\f\ch6_1_example4_f.prt。

6.2　复制、粘贴与选择性粘贴

6.1 节介绍的特征复制的方法只能复制特征,对于一些非特征图素如特征上的面、曲线、边线等,再使用【特征操作】菜单就无能为力了。要想既能够复制或移动特征,又能够操作非特征图素,就要使用本节要讲述的复制、粘贴与选择性粘贴功能。

复制、粘贴与选择性粘贴功能集成和增强了 Pro/Engineer Wildfire 1.0 的复制、移动等功能,是 Wildfire 2.0 版新推出的一项功能,Wildfire 3.0 中此功能又得到进一步的增强,如增加了多次粘贴被复制特征的功能。

在使用【复制】功能将选定项目复制到剪贴板上以后,可以使用【粘贴】和【选择性粘贴】命令将剪贴板上的项目调出并建立在当前模型上。使用此功能可以操作特征、几何、曲线和边链等特征和非特征图元。在应用范围上,复制与粘贴功能可应用在两个不同模型之间或者相同零件两个不同版本之间,当然也可应用在同一模型内。

根据要粘贴的项目是特征、几何还是链,【粘贴】和【选择性粘贴】的界面会稍有些不同,本章主要研究特征的复制与粘贴,对于曲面等非特征图元的粘贴功能将在第 7 章中讲述。

6.2.1　特征粘贴

使用【粘贴】命令可以将复制到剪贴板中的特征创建到当前模型中,此时系统打开被复制特征的特征创建界面,设计者可以在此界面中重定义复制的特征。

仍以图 6.1.2 中根据顶面上的圆柱来复制侧面上的圆柱为例,来讲述【复制】与【粘贴】的使用方法。本例所用的原始模型参见随书光盘文件 ch6\ch6_2_example1.prt。

(1) 选中要复制的特征并复制到剪贴板中　选择圆柱特征,单击【编辑】→【复制】菜单项,或直接按组合键 Ctrl+C,将原始特征复制到剪贴板上。

(2) 粘贴特征　单击【编辑】→【粘贴】菜单项,或直接按组合键 Ctrl+V,打开原始特征的特征创建界面。本例中复制的原始特征是拉伸特征,此操作将打开拉伸特征操控面板如图 6.2.1 所示。

图 6.2.1　粘贴拉伸特征的操控面板

(3) 重定义粘贴的特征　在操控面板中单击【放置】图标,弹出滑动面板如图 6.2.2 所示。单击【编辑】按钮,重新定义草绘截面的草绘平面与草绘平面的参照,进入草绘平面后单击放置复制特征的草绘平面,同时可以修改此草图。单击草绘工具栏中的 ✔ 按钮退出草绘界面,在特征操控面板中预览并完成特征的粘贴,完成后的模型参见随书光盘文件 ch6\f\ch6_2_example1_f.prt。

提示

观察粘贴完成后零件的模型树如图 6.2.3 所示,可以看到粘贴的拉伸特征在模型树中显示为拉伸特征:"拉伸 4",这说明特征的【复制】与【粘贴】功能相当于特征副本的创建与重定义过程。

图 6.2.2　【放置】滑动面板

图 6.2.3　模型树

总结上述过程,特征的复制与粘贴操作过程如下:

(1) 选取要复制的特征　单击【编辑】→【复制】菜单项,或直接按组合键 Ctrl＋C,将原始特征复制到剪贴板上。

(2) 粘贴特征　单击下拉菜单【编辑】→【粘贴】,或直接按组合键 Ctrl＋V,打开原始特征的特征创建界面。

(3) 重定义粘贴的特征　根据被复制特征的不同,重定义此特征。

(4) 重复步骤(2)～(3)可以创建多个复制特征副本。

提示

在复制时也可选中多个特征一同将其复制到剪贴板中,粘贴时将依次打开各特征创建界面,对其进行重定义。

复制时所选原始特征不同,在粘贴时出现的特征创建界面也不相同,读者可分别复制旋转、扫描、孔等特征然后粘贴,观察其界面的异同。

6.2.2　特征的选择性粘贴

使用"选择性粘贴"功能可提供特征复制的一些特殊功能,如:特征副本的移动、旋转、新参照复制等。要使用"选择性粘贴",首先选取一个特征并单击【编辑】→【复制】菜单项将其复制到剪贴板,然后单击【编辑】→【选择性粘贴】菜单项打开【选择性粘贴】对话框如图 6.2.4 所示,其中各选项的解释如下。

• 从属副本　创建原始特征的从属副本。在此选项下又有两种情况,选择【完全从属于要改变的选项】单选按钮,则被复制特征的所有属性、元素和参数完全从属于原始特征;选择【仅尺寸和注释元素细节】单选按钮,则仅被复制特征的尺寸从属于原始特征。

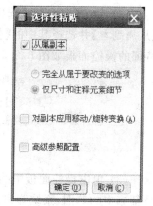

图 6.2.4　【选择性粘贴】对话框

• 对副本应用移动/旋转变换　通过平移、旋转的方式创建原始特征的移动副本,此选项对于组阵列不可用。

• 高级参照配置　在生成被复制的新特征时可以改变特征的参照。在粘贴过程中列出了原始特征的参照,设计者可保留这些参照或在粘贴的特征中将其替换为新参照。此项功能相当于 6.1 节中讲述"特征复制"时的"新参考复制"或"相同参考复制"。

注意

如果上述三个可选项均未被选中,则此【选择性粘贴】将提供与【粘贴】相同的功能:生成一个与原始特征同类且完全独立的特征。

同样以图 6.1.2 中根据顶面上的圆柱来复制侧面上的圆柱为例,来讲述【选择性粘贴】的使用方法。本例所用的原始模型参见随书光盘文件 ch6\ch6_2_example2.prt。

1. 使用【完全从属于要改变的选项】选项创建原始特征的从属副本

使用这种方法可以创建完全从属于原始特征的副本,粘贴过程中用户不能改变新生成特征的任何属性,粘贴完成后设计者可以改变某些元素的从属关系。操作过程如下所述:

(1)选中顶面上的圆柱并单击【编辑】→【复制】菜单项或按 Ctrl+C 组合键将圆柱特征复制到剪贴板。

(2)单击【编辑】→【选择性粘贴】菜单项,弹出图 6.2.4 所示的对话框,选中【从属副本】复选框并选择其中的【完全从属于要改变的选项】单选项。

(3)单击对话框中的【确定】按钮,完成从属副本的建立,模型树上添加了特征节点 ⌐复制的 拉伸 4,但因粘贴的特征副本与原始特征完全重合,所以在图形窗口并没有明显的变化。

复制完成的副本完全从属于原始特征,对原始特征的修改将完全反应到此特征副本上,本例完成后的模型参见随书光盘文件 ch6\f\ch6_2_example2_f.prt。

2. 使用【仅尺寸和注释元素细节】选项创建原始特征的从属副本

使用【仅尺寸和注释元素细节】选项创建原始特征的从属副本,副本和原始特征之间仅在尺寸或(和)草绘上设置从属关系。其操作过程如下所述:

(1)选中顶面上的圆柱并单击【编辑】→【复制】菜单项或按 Ctrl+C 组合键将圆柱特征复制到剪贴板。

(2)单击【编辑】→【选择性粘贴】菜单项,弹出如图 6.2.4 所示的对话框,选中复选框【从属副本】并选择其中的【仅尺寸和注释元素细节】单选项,在图形窗口底部出现被复制特征的操控面板如图 6.2.5 所示。

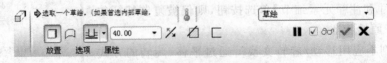

图 6.2.5　拉伸特征操控面板

(3)单击操控面板中的【放置】弹出滑动面板如图 6.2.6 所示,单击【编辑】按钮编辑特征副本的草图,系统弹出提示对话框如图 6.2.7 所示,若要生成特征副本,必须要断开原始特征与特征副本之间放置尺寸的从属关系。

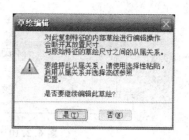

图 6.2.6 【放置】滑动面板　　图 6.2.7 【草绘编辑】提示信息框

（4）单击对话框中的【是】按钮，选择立方体的右侧面作为特征副本的草绘平面，进入草绘状态后，单击确定原始特征的草图在草绘平面上的放置点，单击草绘工具栏中的 ✔ 按钮退出草绘界面，单击操控面板中的 ✔ 按钮结束特征粘贴，生成的特征如图 6.2.8 所示。

使用此方法生成的特征副本，其放置尺寸可以改变，但还保留了其他尺寸与原始特征的从属关系。本例完成后的模型参见随书光盘文件 ch6\f\ch6_2_example2_2_f.prt。

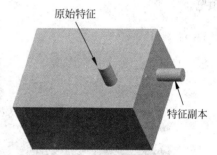

图 6.2.8 粘贴完成后的模型

3. 对特征副本应用移动/旋转变换

粘贴特征的此选项集成了"特征移动"的功能，能够实现对特征副本的平移或旋转，与 6.1 节中讲述的移动方式复制特征功能相似。下面以对图 6.1.2 中顶面上圆柱的副本的平移和旋转为例来说明此项功能。

（1）选中顶面上的圆柱并单击【编辑】→【复制】菜单项或按 Ctrl＋C 组合键将圆柱特征复制到剪贴板。

（2）单击【编辑】→【选择性粘贴】菜单项，弹出图 6.2.4 所示的对话框，只选中【对副本应用移动/旋转变换】复选框并单击【确定】按钮，在图形窗口底部出现特征移动操控面板如图 6.2.9 所示。

图 6.2.9 移动操控面板

（3）单击【变换】菜单项，弹出滑动面板如图 6.2.10 所示，可以在【设置】下拉菜单中选择变换的方式。

• 若变换方式为【移动】，在随后的输入框中输入移动的距离，并在图形窗口中单击选择边或轴作为特征副本移动的方向，也可选择面，使用面的法线方向作为特征副本移动的方向，此方向会自动添加到【方向参照】下面的收集器中，如图 6.2.11 所示为选择了实体上表面的一条边作为移动方向、移动距离为"－80"生成特征副本的预览。

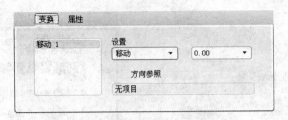

图 6.2.10 【变换】滑动面板

• 若变换方式为【旋转】,在随后的输入框中输入旋转角度,并在图形窗口中单击选择边或轴作为特征副本的旋转轴,此轴线也会自动添加到【方向参照】下面的收集器中,如图 6.2.12 所示为选择了实体的一条竖边作为旋转方向、旋转角度为 40°生成特征副本的预览。

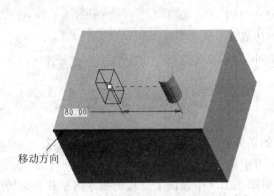

图 6.2.11 【移动】方式复制特征

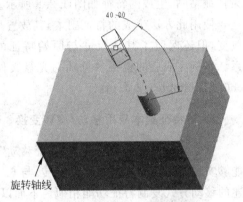

图 6.2.12 【旋转】方式复制特征

(4) 单击移动操控面板中的 ✔ 完成特征副本的移动/旋转操作,本例操作完成后生成平移特征副本的模型参见随书光盘文件 ch6\f\ch6_2_example2_3_f.prt,生成旋转特征副本的模型参见随书光盘文件 ch6\f\ch6_2_example2_4_f.prt。

4. 高级参照配置

使用高级参照配置的选择性粘贴功能类似于特征复制里的"新参考复制",它允许设计者在粘贴特征副本时使用原始特征的参照或重新选定新参照;特征放置的模型可以与原始特征在同一模型,也可以跨模型粘贴特征副本。

下面以对图 6.1.2 中顶面上圆柱的副本进行"高级参照配置"选择性粘贴为例来说明此项功能。

(1) 选中顶面上的圆柱并单击【编辑】→【复制】菜单项,或按 Ctrl+C 组合键将圆柱特征复制到剪贴板。

(2) 单击【编辑】→【选择性粘贴】菜单项,弹出如图 6.2.4 所示的对话框,只选中【高级参照配置】复选框并单击【确定】按钮,弹出【高级参照配置】对话框如图 6.2.13 所示。

(3) 选定原始特征各参照的替换参照。

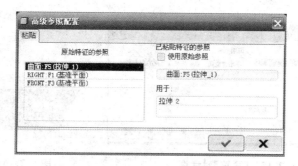

图 6.2.13 【高级参照配置】对话框

• 第一个参照"曲面：F5(拉伸 1)"为原始特征的草绘平面,选用拉伸特征的前表面作为替代参照；

• 第二个参照"RIGHT：F1(基准平面)"为原始特征的草绘平面中的参照,在特征副本中还是采用此表面作为参照；

• 第三个参照"FRONT：F3(基准平面)"为原始特征的草绘平面中的参照,采用 TOP 面为此面的替换参照。

原始特征各参照的替换情况如图 6.2.14 所示。

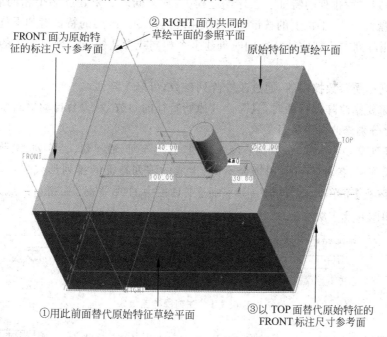

图 6.2.14 选择性粘贴的参照替换情况

(4) 参照指定完成后,单击对话框上的 ▭✔▭ 按钮,弹出【预览】对话框如图 6.2.15 所示,同时生成特征副本预览。若单击对话框中的【反向】按钮,可改变参照方向,单击 ▭✔▭ 按钮完成粘贴,模型如图 6.2.16 所示,本例模型参见随书光盘文件 ch6\f\ch6_2_example2_5_f.prt。

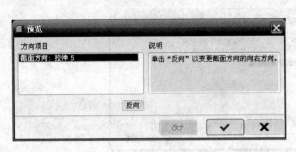

图 6.2.15　【预览】对话框

图 6.2.16　粘贴结果

　　在特征的选择性粘贴中,【从属副本】、【对副本应用移动/旋转变换】和【高级参照配置】为多选项,可以进行多项选择,如同时选中【从属副本】和【高级参照配置】将生成从属于原始特征的、可以变换参照的特征副本。

6.3　特征阵列

　　特征复制功能每次只能生成一个新的特征,使用特征阵列的方法可根据需要一次生成多个按一定规律排列的特征。在建模过程中,如果同时需要建立多个相同或类似的特征,如法兰盘上的孔、手机上的按键等,可使用阵列命令。阵列的特征有如下优点:

　　• 使用阵列方式创建特征可同时创建多个相同或参数按一定规律变化的特征,设计效率高;

　　• 阵列是受参数控制的,通过改变阵列参数,可修改阵列;

　　• 当需要修改阵列特征时,只需修改原始特征的参数,系统会自动更新整个阵列,其修改效率比分别修改各个特征更高。

　　特征阵列有多种方式,分别为:尺寸阵列、方向阵列、轴阵列、表阵列、参照阵列、填充阵列和曲线阵列,各种阵列使用场合不同、生成的阵列特征的排列形式也不相同。单击【编辑】→【阵列】菜单项,或单击【编辑特征】工具栏中的 图标,在窗口的底部出现阵列操控面板如图 6.3.1 所示。

图 6.3.1　阵列操控面板

　　单击操控面板左下角的下拉列表,显示部分阵列方式如图 6.3.2 所示,此列表显示了可用的阵列形式,下面对各种阵列方法解释如下。

　　• 尺寸　通过使用创建原始特征的驱动尺寸来控制阵列,尺寸阵列可以为单向阵列也可以为双向阵列。

　　• 方向　通过指定某方向作为阵列增长的方向来创建自由

图 6.3.2　阵列方式
下拉列表

形式阵列,方向阵列也可以为单向阵列或双向阵列。

- 轴　通过指定围绕某轴线旋转的角增量为驱动,来创建旋转阵列。
- 表　通过使用阵列表并为每一阵列实例指定尺寸值来控制阵列,使用表阵列可创建以原始特征的参照为坐标面的平面内的自由阵列。
- 参照　通过参照另一阵列来形成新的阵列。
- 填充　通过选定栅格用实例填充区域来控制阵列。
- 曲线　通过指定沿着曲线的阵列成员间的距离或数目来控制阵列。

以上各种阵列创建方法各不相同,其创建时的操控面板也有所变化,下面分别说明各种阵列的创建方法和应用场合。

6.3.1　尺寸阵列

尺寸阵列通过使用创建原始特征的驱动尺寸来控制阵列的生成,若选择单方向的驱动尺寸可创建单向阵列;选择双方向的驱动尺寸可创建双向阵列。下面以如图 6.3.3 所示单方向尺寸阵列为例说明尺寸阵列的创建方法和过程。本例所用的原始模型参见随书光盘文件 ch6\ch6_3_example1.prt。

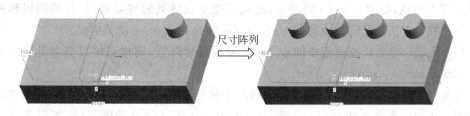

图 6.3.3　尺寸阵列

(1) 激活命令　要激活特征命令,必须首先选定要阵列的对象。选取要阵列的特征,在工具栏中单击 ▦ 图标,或单击【编辑】→【阵列】菜单项,也可在模型树中右键单击特征名称,然后在弹出的快捷菜单中单击【阵列】菜单项,弹出阵列操控面板如图 6.3.1 所示。

(2) 选定阵列方式　从阵列方式下拉列表中选定阵列方式为"尺寸",如图 6.3.2 所示。

(3) 选定阵列尺寸和增量、指定阵列数量　单击操控面板上的【尺寸】图标,弹出滑动面板如图 6.3.4 所示,在确保方向 1 的收集器处于活动状态(默认状态即为方向 1 的收集器处于活动状态)的情况下,在图形窗口单击选择原始特征到 RIGHT 面的距离尺寸"60"作为阵列的驱动尺寸,并修改此尺寸的增量为"—30",然后在操控面板的阵列数目输入框中输入第一方向的阵列数"4",此时生成阵列特征的预览如图 6.3.5(a)所示。

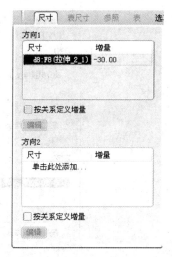

图 6.3.4　特征阵列的【尺寸】
滑动面板

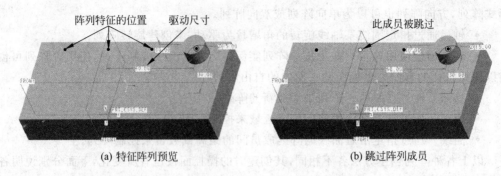

(a) 特征阵列预览　　　　　　　　　　　　　　(b) 跳过阵列成员

图 6.3.5　特征阵列预览

提示

　　指定驱动尺寸后,系统以此尺寸方向上增加一个增量值作为下一个特征的位置,以驱动尺寸的参照平面作为起始点,向着原始特征方向作为此增量的正方向,否则为反方向。上例中要生成的阵列在原始特征向着参照平面的方向上,故增量值为负。

　　(4) 跳过阵列成员　　若要使阵列中某一成员不生成,可单击标识该阵列成员的黑点,此黑点变为白色,如图 6.3.5 (b)所示,此成员在生成阵列时将被跳过,在模型树和模型上都不存在;要恢复此阵列成员,单击白点即可转换为黑点,可正常生成。

　　(5) 完成　　单击操控面板中的 ✔ 按钮,完成尺寸阵列,完成后的模型参见随书光盘文件 ch6\f\ch6_3_example1_f.prt。

　　在选择驱动尺寸时,若选定两个方向的尺寸并分别指定增量值、阵列数量,则会生成双向阵列。在随书光盘文件 ch6\ch6_3_example1.prt 生成圆柱的阵列时,如图 6.3.6 所示,在【方向 1】拾取器中选取驱动尺寸"60",并将【增量】改为"-30";然后单击激活【方向2】拾取器,选取圆柱到 FRONT 面的距离"30"作为驱动尺寸,将其【增量】改为"-20";在

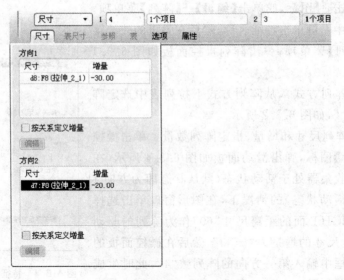

图 6.3.6　双向阵列操控面板

操控面板中将方向 1 的阵列数目改为"4"、方向 2 的阵列数目改为"3"。此时图形中生成的阵列的预览如图 6.3.7 所示,单击操控面板中的 ✔ 按钮,完成尺寸阵列,完成后的模型参见随书光盘文件 ch6\f\ch6_3_example1_2_f.prt。

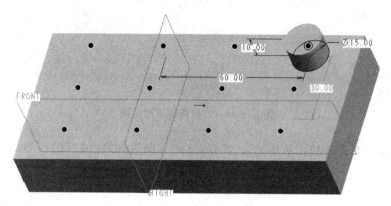

图 6.3.7　双向阵列预览

6.3.2　方向阵列

在生成上面的阵列时,若驱动尺寸不容易选取,或者要生成非驱动尺寸方向的阵列时,可以使用方向阵列。如图 6.3.8 所示,要生成右上、左下两对角线方向上的特征阵列,可以过两点的轴线为方向生成方向阵列。其创建过程如下:

(1)激活命令　选取要阵列的圆柱特征,单击工具栏中的 ▦ 图标,或单击【编辑】→【阵列】菜单项。

(2)选定阵列方式　从阵列方式下拉列表中选定阵列方式为【方向】。

(3)选定阵列的方向　单击基准工具栏创建基准轴按钮 ╱ ,此时特征阵列暂停,其操控面板也处于冻结状态,过六面体的右上角和左下角做基准轴如图 6.3.9 所示;单击阵列特征的 ▶ 按钮继续阵列过程,此时上面作的基准轴被自动选定为阵列的方向,如图 6.3.10 操控面板所示。

图 6.3.8　方向阵列

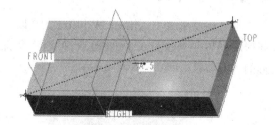

图 6.3.9　定义基准轴

提示

选定阵列的方向时,除了可以使用轴线外,还可以选定模型边、平面等。若选定平面,阵列的方向为面的正方向(关于面的方向问题,参见 3.2.2 节)。

（4）在操控面板中,指定生成特征的数目为"5",特征间的距离为"25",如图 6.3.10 所示,此时生成特征的预览如图 6.3.11 所示。若要使其中的某个成员不显示,可以单击标识该阵列成员的黑点,黑点将变为白色,此成员将不显示;要恢复阵列成员,单击白点将变黑,成员显示。

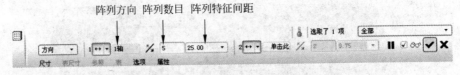

图 6.3.10　方向阵列操控面板

（5）完成　单击操控面板中的 ✔ 按钮,完成方向阵列,完成后的模型参见随书光盘文件 ch6\f\ch6_3_example1_3_f.prt。

提示

在上面步骤（3）操作过程中,暂停了阵列操作,制作了一条轴线,这是特征命令的嵌套使用。当单击阵列操控面板中的 ▶ 按钮时,特征阵列恢复执行。在这期间制作的"轴"特征将被隐藏并隶属于阵列特征,其模型树如图 6.3.12 所示。

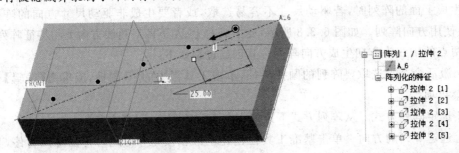

图 6.3.11　方向阵列预览　　　　图 6.3.12　阵列特征模型树

6.3.3　轴阵列

轴阵列是 Pro/Engineer Wildfire 2.0 以后添加的新功能,用于生成沿中心轴均布的环形阵列特征。如图 6.3.13 所示,可以将孔特征围绕圆柱轴线 A_2 轴阵列,形成 6 个环形的均布特征。

轴阵列

图 6.3.13　轴阵列

下面以图 6.3.13 中阵列特征为例说明轴阵列的创建方法和过程。本例所用的原始模型参见随书光盘文件 ch6\ch6_3_example2.prt。

（1）激活命令　选中孔特征，单击工具栏中的 ▦ 图标，弹出阵列操控面板。

（2）选定阵列方式　从阵列方式下拉列表中选定阵列方式为【轴】，并选定轴阵列的轴线，此时操控面板变为如图 6.3.14 所示，此例中选定圆盘的轴线 A_2 为轴阵列的轴线。

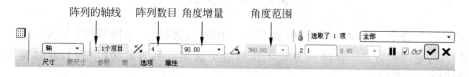

图 6.3.14　轴阵列操控面板

（3）指定阵列数量和阵列成员放置方式　在角度方向上，可以有两种阵列成员的生成方式。

· 指定成员数以及成员之间的角度增量：指定成员数，并指定两成员之间的角度增量。

· 指定角度范围及成员数：指定成员数，并指定这些成员分布的角度范围，阵列成员在指定的角度范围内等间距分布。

此处需要孔特征在圆周上均布，所以选择第二种轴阵列的方式。单击操控面板上的 ◿ 按钮，并输入阵列的角度范围"360"，指定阵列数为"6"。生成阵列特征的预览如图 6.3.15 所示。若要使其中的某个成员不显示，可以单击标识该阵列成员的黑点，黑点将变为白色，此成员将不显示；要恢复阵列成员，单击白点将变黑，成员显示。

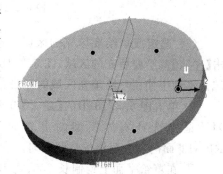

图 6.3.15　轴阵列预览

注意

上面两种方式中的成员数均包含原始特征。

（4）完成　单击操控面板中的 ✔ 按钮，完成轴阵列，完成后的模型参见随书光盘文件 ch6\f\ch6_3_example2_f.prt。

6.3.4　填充阵列

使用填充阵列可用以栅格定位的特征实例来填充选定区域，其中的栅格有固定的模板，如矩形栅格、圆形栅格、三角形栅格等，图 6.3.16 为选用矩形栅格建立的孔特征的两种填充阵列。

下面以图 6.3.16 所示的阵列为例说明填充阵列的创建方法和过程。本例所用的原始模型参见随书光盘文件 ch6\ch6_3_example3.prt。

图 6.3.16　填充阵列

（1）激活命令　选中孔特征，单击工具栏中的 ▦ 图标，弹出阵列操控面板。

（2）选定阵列方式　从阵列方式下拉列表中选定阵列方式为【填充】，此时操控面板变为如图 6.3.17 所示。

要填充的区域　阵列栅格形式　　特征间隔　　旋转角度

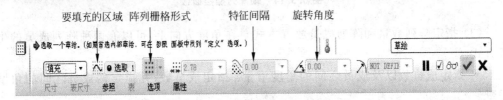

图 6.3.17　填充阵列操控面板

（3）选定或草绘要填充的区域　选择要填充的区域以响应拾取框 △ ● 选取 1 个项E 或单击【参照】草绘要填充的区域，图 6.3.18 为【参照】滑动面板，单击【定义】按钮草绘填充区域。本例中使用草绘填充区域的方法。

① 单击图 6.3.18 中的【定义】按钮，在弹出的【草绘】对话框中选择实体模型的上表面为草绘平面，选取 RIGHT 面向右为草绘的参照方向。

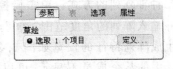

图 6.3.18　【参照】滑动面板

② 在草绘平面上绘制长 230、宽 130 的矩形作为填充阵列的填充区域，单击 ✔ 按钮完成草图绘制。

（4）指定阵列特征排列的栅格形式　单击 ⬡ 正方形 ▽，选择需要的栅格形式，此处选择正方形。

（5）指定栅格参数并预览阵列　通过改变栅格参数来改变阵列中特征实例间的尺寸，本例中指定栅格中特征的间距为"20"、栅格相对原点的旋转角度为"0"，得到图 6.3.19（a）所示的填充阵列预览；若指定栅格相对原点的旋转角度为"30"，得到图 6.3.19（b）所示

(a) 旋转角度为零的正方形栅格填充阵列　　　(b) 旋转角度为30°的正方形栅格填充阵列

图 6.3.19　两种形式的填充阵列预览

的填充阵列预览。要使阵列中某个成员不显示,可以单击标识该阵列成员的黑点,黑点将变为白色,此成员将不显示;要恢复阵列成员,单击白点将变黑,成员显示。

（6）完成　单击操控面板中的 ✔ 按钮,完成填充阵列,完成后的模型参见随书光盘文件 ch6\f\ch6_3_example3_f.prt 和 ch6\f\ch6_3_example3_2_f.prt。

6.3.5　表阵列

使用表阵列可以创建排列不规则的特征阵列,表阵列以表的形式编辑每个特征相对于选定边或面的坐标,从而为阵列中的每个特征实例指定坐标和尺寸。

如图 6.3.20 右图所示为一液压工作台,上面分布着 5 个大小不同、位置不同的孔,使用表阵列的方法可以阵列左图所示的孔,阵列过程中通过编辑表的方法编辑每个孔的位置和尺寸大小。下面以上述孔的阵列为例来说明表阵列的方法和过程,本例所用的原始模型参见随书光盘文件 ch6\ch6_3_example4.prt。

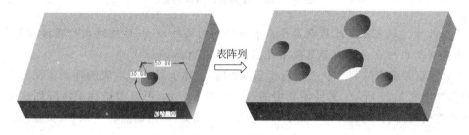

图 6.3.20　表阵列

（1）激活命令　选中孔特征,单击工具栏中的 ▦ 图标,弹出阵列操控面板。

（2）选定阵列方式　从阵列方式下拉列表中选定阵列方式为"表",此时操控面板变为如图 6.3.21 所示。

（3）选取阵列过程中要变化的尺寸　单击选择图 6.3.20 中的尺寸,可按住 Ctrl 键多选。选取完成后,【选取项目】栏目中显示选取尺寸的数目。此时单击操控面板上的【表尺寸】,弹出滑动面板如图 6.3.22 所示,显示了被选中的尺寸。

图 6.3.21　表阵列操控面板

图 6.3.22　阵列表中的
尺寸列表

（4）编辑表以定义阵列实例的位置与尺寸　单击操控面板上的【编辑】选项,弹出编辑表窗口如图 6.3.23 所示,分别编辑 4 个孔的 3 个可变尺寸如表所示,编辑完成后单击【文件】→【退出】菜单项返回到实体编辑界面。

注意

表中的第一列(即 C1 列)为索引号,表示生成阵列实例的序号,从第二列开始编辑选

	C1	C2	C3	C4	C5	C6
R7	! 以"@"开始的行将保存为注释。					
R8	!					
R9	!	表名TABLE1.				
R10	!					
R11	! idx	d7(50.00)	d8(30.00)	d5(20.00)		
R12	1	100.00	100.00	30.00		
R13	2	180.00	70.00	20.00		
R14	3	100.00	50.00	40.00		
R15	4	150.00	40.00	25.00		

图 6.3.23　阵列表的编辑界面

定的三个尺寸。也可以将此表存盘生成 ptb 格式的文件,在以后编辑表时直接打开即可。本例中阵列所用的表存盘后参见随书光盘文件 ch6\table1.ptb。

(5)预览并编辑阵列　从表编辑状态返回后,实体上显示了生成的阵列实例的中心点的预览,如图 6.3.24 所示;若要使其中的某个成员不显示,可以单击标识该阵列成员的黑点,黑点将变为白色,此成员将不显示;要恢复阵列成员,单击白点将变黑,成员显示。

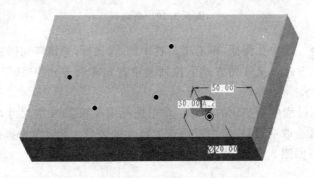

图 6.3.24　表阵列预览

(6)完成　单击操控面板中的 ✔ 按钮,完成表阵列,完成后的模型参见随书光盘文件 ch6\f\ch6_3_example4_f.prt。

6.3.6　曲线阵列

曲线阵列是 Pro/Engineer Wildfire 3.0 中新添加的一项功能,此方法可沿草绘曲线创建特征实例。创建曲线阵列时,首先选取或创建一条曲线,通过指定阵列成员间的距离或成员个数将选取的特征沿着曲线创建阵列。如图 6.3.25 所示,可将左图中的圆柱体沿实体表面的曲线,按照指定的距离创建阵列,也可指定阵列成员个数创建阵列,右图为在选定的曲线上指定成员数 15 均匀创建阵列成员的曲线阵列。下面以图 6.3.25 为例讲解曲线阵列的制作过程,本例所用原始模型参见随书光盘文件 ch6\ch6_3_example5.prt。

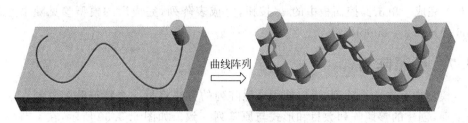

图 6.3.25　曲线阵列

（1）激活命令　选中要阵列的圆柱特征,单击工具栏中的 ▦ 图标,或单击【编辑】→【阵列】菜单项。

（2）选定阵列方式　从阵列方式下拉列表中选定阵列方式为【曲线】,此时操控面板变为如图 6.3.26 所示。

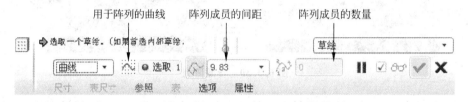

图 6.3.26　曲线阵列操控面板

（3）选取用于阵列的曲线　在草绘曲线收集器处于活动状态时(显示为黄色),单击选择六面体表面的曲线。也可以单击【参照】菜单项,在弹出的滑动面板(见图 6.3.27)中单击【定义】按钮,定义一个内部草图作为阵列的曲线,曲线上黄色的方向箭头标识了曲线阵列的起始点和方向,如图 6.3.28 所示。

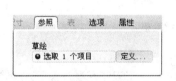

图 6.3.27　【参照】滑动面板

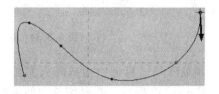

图 6.3.28　作为阵列曲线的内部草图

（4）选定生成阵列成员的形式　按照设计要求,选择指定阵列成员的间距或指定成员的数量。本例要求生成 15 个成员,故单击操控面板中的 ⚟ 图标,在其后的输入框中输入成员数 15。

（5）预览阵列　当指定阵列成员数或指定成员的间距后,模型中生成阵列实例中心点的预览,如图 6.3.29 所示。若要使其中的某个成员不显示,可以单击标识该阵列成员的黑点,黑点将变为白色,此成员将不显示;要恢复阵列成员,单击白点将变黑,成员显示。

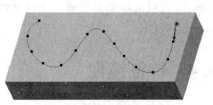

图 6.3.29　阵列预览

（6）完成　单击操控面板中的 ✔ 按钮，完成表阵列，完成后的模型参见随书光盘文件 ch6\f\ch6_3_example5_f.prt。

6.3.7　参照阵列

若模型中存在一个阵列，可以使用参照阵列的方法将另一个特征阵列复制在这个阵列的上面，创建的参照阵列数目和形式与原阵列一致。如图 6.3.30 所示，在上节中生成的曲线阵列的基础上，在每个阵列成员上创建一个倒圆角特征，可以使用参照阵列的方法。以此例说明参照阵列的建立方法和过程，本例所用原始模型参见随书光盘文件 ch6\ch6_3_example6.prt。

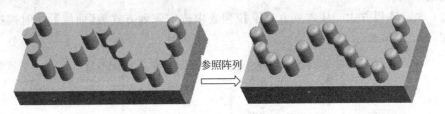

图 6.3.30　参照阵列

（1）激活命令　选中要阵列的圆柱特征上的倒圆角特征，单击工具栏中的 ▦ 图标，或单击【编辑】→【阵列】菜单项。

（2）选定阵列方式　从阵列方式下拉列表中选定阵列方式为【参照】，此时操控面板变为如图 6.3.31 所示。

图 6.3.31　参照阵列操控面板

（3）预览阵列　模型中生成阵列实例中心点的预览，如图 6.3.32 所示。若要使其中的某个成员不显示，可以单击标识该阵列成员的黑点，黑点将变为白色，此成员将不显示；要恢复阵列成员，单击白点将变黑，成员显示。

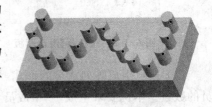

图 6.3.32　参照阵列预览

（4）完成　单击操控面板中的 ✔ 按钮，完成表阵列，完成后的模型参见随书光盘文件 ch6\f\ch6_3_example6_f.prt。

6.4　特征镜像

使用"镜像"的方法不但可以快速地生成对称的特征，还可以生成镜像基准、面组和曲面等几何项目，前者称为特征镜像，后者称为几何镜像，关于几何镜像的问题将在第 7 章中讲述。

对于如图 6.4.1 所示的第二个法兰可采用特征镜像的方法生成,其制作过程如下。本例所用原始模型参见随书光盘文件 ch6\ch6_4_example1.prt。

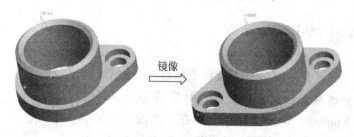

镜像

图 6.4.1　特征镜像

(1) 激活镜像命令　选择要镜像的特征,然后单击工具栏中的 ◢【 按钮,或【编辑】→【镜像】下拉菜单项,弹出特征镜像操控面板,如图 6.4.2 所示。在本例中需要选定一个拉伸特征和一个孔特征,按住 Ctrl 键在图形窗口或模型树中选中所需要的特征。

(2) 选择镜像平面　单击选择 FRONT 面作为镜像平面。选定后,镜像平面收集器显示为 [1个平面]　,表示已经选定了镜像平面。

(3) 指定镜像特征与原特征的从属关系　单击【选项】菜单项,弹出选项滑动面板如图 6.4.3 所示。若选定【复制为从属】项,则被镜像的特征将从属于原特征,若原特征尺寸发生改变,镜像特征随着改变;若取消选中的【复制为从属项】复选框,则原特征和镜像特征没有关联,即使原始特征发生改变也不会影响到镜像特征。

图 6.4.2　特征镜像操控面板

图 6.4.3　【选项】滑动
面板

(4) 完成　单击操控面板中的 ✔ 按钮,完成特征镜像,完成后的模型参见随书光盘文件 ch6\f\ch6_4_example1_f.prt。

在模型树中直接选定最顶层的模型文件 ▢ CH6_EXAMPLE4.PRT,然后选择镜像命令,可以复制特征并创建包含模型所有特征几何的合并特征。图 6.4.4 为选中上面生成的整个模型并以 TOP 面作为镜像平面镜像后的模型,本例参见随书光盘文件 ch6\f\ch6_4_example1_2_f.prt。

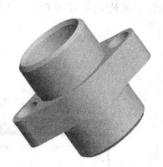

图 6.4.4　整个模型镜像

6.5　特征移动

特征移动功能从 Pro/Engineer Wildfire 2.0 开始集成到【复制】与【选择性粘贴】中。选定特征后单击【编辑】→【复制】菜单项或按组合键 Ctrl+C,然后单击【编辑】→【选择性粘贴】菜单项,在【选择性粘贴】对话框中选择【副本应用移动/旋转变换】选项,即可实现特征的移动复制,详情参见 6.2.2 节。

6.6　特征修改与重定义

产品的设计过程实际就是一个设计不断修改的过程,所以模型的易于修改性是任何一种产品设计软件都必不可少的。右击 Pro/Engineer 模型树中的特征,在弹出的右键菜单中可以进行删除、重命名、编辑、编辑定义等多种操作,如图 6.6.1 所示。本节与 6.7 节将讲解这些功能。

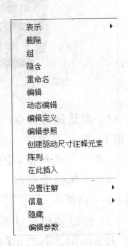

6.6.1　特征删除

可以将选中的一个或一组特征删除,删除的方法有多种:

(1) 在模型树中单击选中特征或按 Ctrl 键选中多个特征,右击,在弹出的右键菜单中单击【删除】菜单项。

(2) 在图形窗口选中要删除的特征后右击,在弹出的右键菜单中单击【删除】菜单项。

图 6.6.1　特征的右键菜单

(3) 在图形窗口选中要删除的特征后,按键盘上的 Delete 键。

在执行了删除操作后,系统会出现提示对话框如图 6.6.2 所示,单击【确定】按钮确认删除。

阵列也是一种特征,但在删除阵列时与删除单个特征不同。在模型树中选择阵列,右击,弹出的右键菜单如图 6.6.3 所示,关于删除的菜单有【删除】和【删除阵列】两项。单击【删除】菜单项将删除阵列和生成阵列的原始特征;而单击【删除阵列】菜单项将仅删除阵列,生成阵列的原始特征将以独立特征的形式出现在模型树上。

图 6.6.2　【删除】对话框

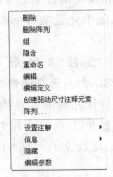

图 6.6.3　模型树种阵列节点的右键菜单

6.6.2　操作的撤销与重做

从 Pro/Engineer Wildfire 3.0 开始,系统提供了操作的撤销/重做功能,而在以前的版本中,只有草绘界面下才提供此功能。使用撤销/重做功能,在对特征的操作中,如果错误地删除或修改了某些内容,可以使用【撤销】功能恢复;撤销了的操作也可以使用"重做"功能重做。下面以实例说明撤销/重做的应用:

（1）新建一个零件模型,取默认的名称 Prt0001.prt;

（2）使用拉伸的方法创建长宽各为 100、高度为 50 的六面体,如图 6.6.4 所示;

（3）将六面体的一边倒圆角,如图 6.6.5 所示;

（4）单击工具栏中的 ↶ 撤销步骤（3）中建立的圆角,模型返回到图 6.6.4 所示状态;再次单击 ↶ 将删除步骤（2）中建立的六面体;

（5）单击工具栏中的 ↷ 将依次恢复步骤（4）中撤销的操作,逐渐返回到图 6.6.5 所示模型。

图 6.6.4　建立拉伸特征

图 6.6.5　将拉伸特征倒圆角

6.6.3　特征重定义

特征建立完成后,如果想修改特征的属性、截面形状或是特征的深度模式时,必须对特征进行重定义:选中模型中要重定义的特征并右击,选择【编辑定义】菜单项即可对此特征进行重定义。下面以随书光盘文件 ch6\ch6_6_example1.prt 中法兰上的沉头孔(见图 6.6.6)的编辑过程为例说明特征重定义的过程。

（1）选中模型并右击,选择右键菜单中的【编辑定义】菜单项后在图形窗口下部出现操控面板如图 6.6.7 所示,可以看出这是创建孔特征的操控面板。

（2）在操控面板中可以直接改变孔的形式,如:将简单孔改为草绘孔或标准孔,在孔直径输入框中输入新值可以改变孔的直径。

图 6.6.6　法兰零件

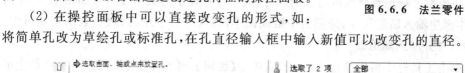

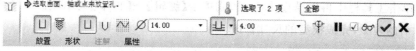

图 6.6.7　孔特征重定义的操控面板

（3）单击【放置】选项,弹出滑动面板如图 6.6.8 所示,可以修改孔特征的主参照、生成孔的方式以及次参照。

（4）单击【形状】选项，弹出滑动面板如图 6.6.9 所示，可以改变孔深的模式、深度以及孔的直径。

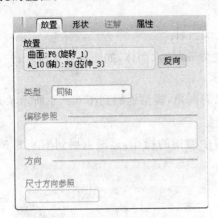

图 6.6.8　【放置】滑动面板

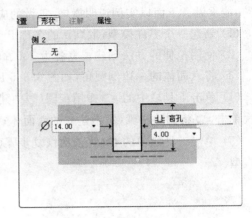

图 6.6.9　【形状】滑动面板

（5）完成　单击单击操控面板中的 ✔ 按钮，完成孔特征的重定义。

由上面孔特征的重定义可以看出：特征重定义的过程就是特征建立时各步骤的重演，在这个过程中可以更改特征的任何选项，特征重定义是特征修改的最主要、功能最强大的方法。

6.6.4　特征尺寸编辑

如果只是想编辑特征的尺寸，双击此特征将显示其所有控制尺寸，再双击其中的每一个尺寸都可以将其激活，输入新的尺寸并再生模型即可完成模型尺寸的修改。下面以随书光盘文件 ch6\ch6_6_example2.prt 中拉伸的圆环特征为例，说明特征尺寸的编辑过程。

（1）激活特征的尺寸编辑　可以使用双击特征的方法激活特征尺寸编辑，不过双击时容易选中特征上的图素，激活此命令的另一种方法是在模型树上右击此特征，并选择右键菜单中的【编辑】菜单项，此时控制模型的尺寸都会显示出来，如图 6.6.10 所示。

（2）在模型上双击要修改的特征的尺寸，此尺寸将显示为文本输入框如图 6.6.11 所示，在文本框中输入新的尺寸，并单击中键或回车，此尺寸将显示为绿色，表示需要再生；双击其他尺寸并输入新值。

（3）单击工具栏中再生模型按钮 🖾，或单击【编辑】→【再生】菜单项。系统重新生成修改尺寸后的模型，完成模型的尺寸修改。

6.6.5　特征动态编辑

在 Pro/Engineer Wildfire 5.0 中，添加了特征动态编辑功能，使用这项功能，可在不退出三维建模窗口的情况下，直接更改特征尺寸或移动草绘图元，同时还可直观地查看模型变化。

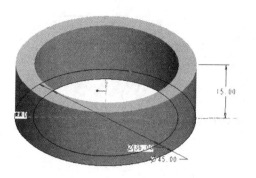

图 6.6.10 显示要编辑的尺寸

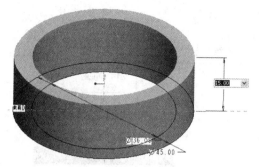

图 6.6.11 编辑尺寸值

在模型窗口或目录树中选取一个或多个需要编辑的特征并右击,单击右键菜单中的【动态编辑】菜单项,模型将显示特征的草图和所有控制尺寸,如图 6.6.12 所示。通过以下几种操作方式可进行特征的动态编辑。

（1）拖动控制滑块 图中的尺寸 35 为拉伸特征高度,以控制滑块表示,直接拖动滑块,可动态改变拉伸高度。

（2）拖动草图 直接拖动直径为 80 和 40 的两个草绘圆,可动态改变拉伸圆环的外径和内径。

（3）双击尺寸并键入新值,单击中键或按回车,模型动态再生。

当选取其他工具或命令时,即完成动态编辑,直接在图形窗口单击也可退出动态编辑。

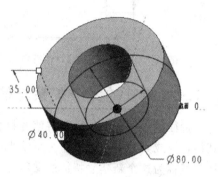

图 6.6.12 特征动态编辑界面

6.7 特征的其他操作

除了上面的特征删除、特征操作的撤销与重做、特征尺寸编辑和特征重定义之外,对特征的操作还有特征只读、特征的父子关系、创建局部组、创建特征关系、特征的隐含、特征的隐藏等操作,本节将一一讲解。

6.7.1 特征重命名

模型中特征的一个直观的名字不但使此特征便于查找,还可使他人容易理解设计者的设计意图。在模型建立过程中,有些特征的名称可以在操控面板的【属性】面板中(见图 6.7.1)或是【基准轴】对话框中(见图 6.7.2)修改,而有些特征如扫描、混合等则不能指定生成特征的名称,其名称只能由系统指定。

无论哪类特征,都可以通过模型树操作修改其名称。在模型树上右击特征,在右键菜单(见图 6.6.1)中单击【重命名】菜单项可以修改特征名称;也可在位重命名,选中特征后再次单击特征,使特征名称变为输入框,直接输入新的特征名并回车,完成特征名称的更改,如图 6.7.3 所示。

图 6.7.1　在拉伸特征操控面板中修改特征名称

图 6.7.2　在【基准轴】对话框中修改轴线名称

图 6.7.3　在位重命名特征

6.7.2　特征的父子关系与信息查看

特征建立的顺序与过程将使各特征间形成父子关系,一个特征建立过程中若引用了其他特征或其他特征的面作为草绘平面、参照或在草绘图中将其作为了约束的参考,这些特征就称为这个新建立特征的父特征;同时,新建立特征称为其所依附特征的子特征,特征关系对设计修改的影响很大,在修改前尤其是删除特征前一定要明白特征的父子关系,才不至于出现特征生成失败等异常情况。

选定特征,右击,可以通过快捷菜单中的【信息】菜单项查看本特征信息、整个模型信息和本特征的父特征/子特征信息,菜单如图 6.7.4 所示。下面以随书光盘文件 ch6\ch6 _7_example1.prt 中的特征为例,说明特征信息及特征间的父子关系的查看方法,本例如图 6.7.5所示。

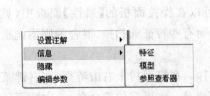

图 6.7.4　特征右键菜单的【信息】子菜单

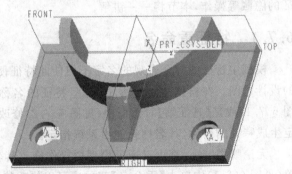

图 6.7.5　查看信息的模型

（1）查看模型信息　选定任一特征,右击,选择【信息】→【模型】子菜单项,屏幕弹出浏览器如图 6.7.6 所示,图中显示了模型的所有信息,包括:模型名称,模型所用的单位,模型中所有特征的编号、名称、类型、状态等,单击浏览器最右侧的"＜"隐藏此浏览器窗口。

（2）查看特征信息　选定一特征,右击,选择【信息】→【特征】子菜单项,屏幕弹出浏览器如图 6.7.7 所示,图中显示了本特征所在的模型名、本特征的编号以及其父特征、子特征、特征元素数据、特征的截面、特征的几何尺寸等数据,单击浏览器最右侧的"＜"隐藏此浏览器窗口。

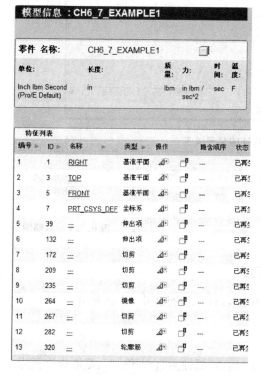

图 6.7.6　模型信息

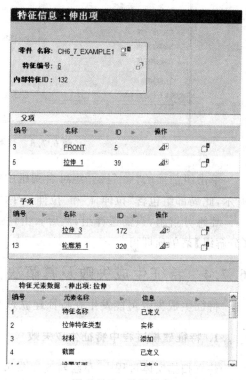

图 6.7.7　特征信息

（3）查看父项/子项信息　选定特征并右击,在右键菜单中选取【信息】→【参照查看器】菜单项,弹出【参照查看器】对话框如图 6.7.8 所示,图中显示了本特征的父项及子项。

6.7.3　局部组的创建与分解

有时需要将几个特征组合在一起,以方便操作与编辑,这就需要在模型中建立局部组,局部组在模型树中显示为:　组LOCAL_GROUP,单击图标前面的"田",可以展开组,显示组中的成员。

要想建立组,在模型树上按住 Ctrl 键并选择要组成组的特征,右击,在弹出的右键菜单中选择【组】菜单项,选定的特征便被组合到组中;或者选中要建立组的特征后,单击【编辑】→【组】菜单项,也可将选定的特征组合到组中。

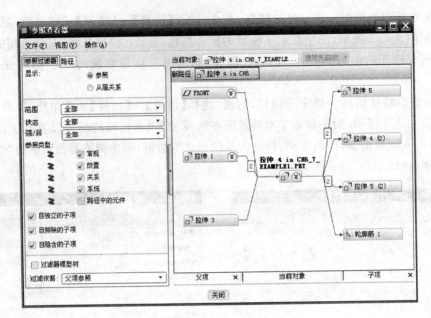

图 6.7.8　查看特征的父子关系

单击组前面的"⊞"展开组可看到组中包含的特征,如图 6.7.9 所示,此局部组包含"拉伸 4"和"拉伸 5"两个特征。

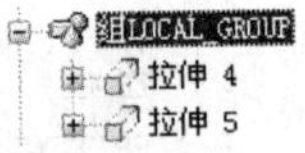

要想分解组,只需选择组,然后右击,在弹出的右键菜单中选择【分解组】菜单项即可。

图 6.7.9　局部组

6.7.4　特征生成失败及其解决方法

特征生成失败可能发生在特征建立过程中或特征修改过程中,分别介绍。

1. 特征建模过程中特征生成失败

建立扫描实体过程中,草绘轨迹如图 6.7.10 所示、属性为"合并终端"、截面为直径为 10 的圆,单击扫描对话框中的【预览】按钮,扫描特征并没有生成,消息区显示出错信息【区】不能相交带有特征的零件,这就是一个特征生成失败的例子。

单击扫描对话框中的【确定】按钮,系统弹出【再生失败】对话框如图 6.7.11 所示,若单击其【确定】按钮,将生成一个失败的特征,在模型树中以红色显示,如图 6.7.12 所示。本例参见随书光盘文件 ch6\ch6_7_example2.prt。

上例中,当截面沿轨迹扫描到轨迹末端时,因为生成"合并端"扫描特征要与原有实体相结合,从图 6.7.10 中的轨迹看,生成的扫描特征势必要延伸到实体外,所以实体无法创建。此时可改变一下草

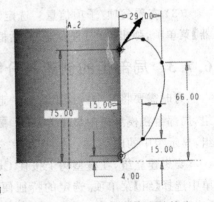

图 6.7.10　扫描特征的草绘轨迹

绘轨迹,尝试着将轨迹末端远离实体边缘,或使轨迹末端与已有实体边界接近垂直,或者将截面直径减小一些都有可能解决特征失败问题。

图 6.7.11　特征【再生失败】对话框　　　　图 6.7.12　含有生成失败特征的模型树

2. 特征修改过程中特征生成失败

特征修改过程中,若出现参照丢失或特征尺寸不合适的情况,也可能会导致特征生成失败。参照丢失的例子参见随书光盘文件 ch6\ch6_7_example3.prt。如图 6.7.13 所示,拉伸圆柱特征的截面为圆,其参照为底部六面体的右侧边和顶部边。若修改六面体的草图,将其右侧边修改为圆弧,如图 6.7.14 所示,圆柱的定位尺寸"100"的参照丢失。当六面体特征修改完成时,屏幕弹出再生失败窗口如图 6.7.15 所示。

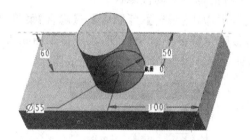

图 6.7.13　拉伸圆柱特征的尺寸　　　　图 6.7.14　修改后的拉伸六面体特征

在对话框 6.7.15 中,单击【取消】按钮取消上一步的操作,模型返回到未修改状态。单击【确定】按钮保留生成失败的特征,下一步可对其进行重定义。对于上例中生成失败的拉伸圆柱特征,使用【编辑定义】的方法进入到其草绘界面中,系统弹出【参照】对话框如图 6.7.16 所示,提示缺少参照,定位尺寸"100"的尺寸界线消失,如图 6.7.17 所示。此时可选取新的参照,使草图完全定位,即可完成特征重定义。

图 6.7.15　特征生成失败提示对话框　　　　图 6.7.16　拉伸圆柱特征的【参照】对话框

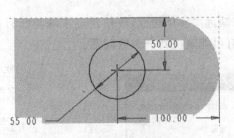

图6.7.17 缺少参照的草图

6.7.5 特征的隐含与恢复

当模型中含有较多的复杂特征(如阵列、高级圆角特征等)时,这些特征的显示和重新生成会占用较多的系统资源,会使系统反应变慢。若将这部分特征隐含,生成模型过程中会将其忽略,不显示也不计算这部分特征,这样会大大提高系统运算速度、节省模型重生成时间。

因为隐含是清除该特征内存中的数据,依赖于此特征的子特征也将无从参照,所以也不能生成与显示。因此,若一特征被隐含,其子特征也将一同被隐含。

在模型树或图形窗口中,选择要隐含的特征并单击【编辑】→【隐含】→【隐含】菜单项,或右击并选取右键菜单中的【隐含】菜单项,若被隐含特征不含子特征,系统显示图6.7.18所示【隐含】对话框,反之显示图6.7.19所示对话框。单击【确定】按钮,完成隐含。

图6.7.18 【隐含】对话框(1)

图6.7.19 【隐含】对话框(2)

隐含的特征可以通过【恢复】命令来解除隐含,通过菜单【编辑】→【恢复】菜单项中的子菜单可以进行以下操作:

- 单击【恢复】或【恢复上一个集】子菜单,恢复最后一个或一组隐含的特征。
- 单击【恢复全部】子菜单,恢复所有隐含的特征。

6.7.6 特征插入

默认状态下,插入的新特征在模型树中总位于最下面,也就是系统将新特征建立在所有已建立特征之后。使用【插入模式】可以在已有特征顺序队列中插入新特征,从而改变模型创建的顺序。

激活插入模式的步骤如下:

(1)单击【编辑】→【特征操作】菜单项,在弹出的【特征】浮动菜单中,单击【插入模式】菜单项,如图6.7.20所示。

(2)在随后弹出的【插入模式】菜单中单击【激活】选项,如图6.7.21所示,消息区中出现提示 ➡选取在其后插入的特征。

（3）单击选择一个特征作为插入的参考，模型树中的 ➡ 在此插入 符号将出现在此特征之后，表示以后新特征建立在此特征之后，而插入参考特征之后的特征将暂时处于隐含状态。在图 6.7.22 所示模型树所在的模型中，选取了【拉伸 1】作为插入参考。

图 6.7.20　【特征】菜单　　　　图 6.7.21　【插入模式】菜单　　　　图 6.7.22　插入模式模型树

插入模式的激活还有一种很简单、直观的操作方法，即：在模型树中直接拖动 ➡ 在此插入到要插入的位置，可激活插入模式，实现上面相同的效果。

6.7.7　特征重新排序

可以对模型中的多个特征重新排序，改变其生成顺序，这样可以将后面生成的特征移动到某些特征之前，从而可以在编辑这些特征时使用移动到前面特征作为参照，增加了设计的灵活性。如图 6.7.23 所示，轴特征的建立位于拉伸特征之后，若将轴特征移动到拉伸特征之前，就可以将轴特征作为参照对拉伸特征实现轴阵列。

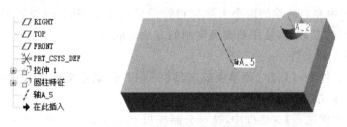

图 6.7.23　特征重新排序的例题

下面以上述情况为例，来说明特征重新排序的过程，本例所用模型参见随书光盘文件 ch6\ch6_7_example4.prt。

（1）单击【编辑】→【特征操作】菜单项，在菜单管理器中弹出【特征】菜单如图 6.7.24 所示，单击【重新排序】菜单项，弹出【选取特征】菜单如图 6.7.25 所示。

（2）根据提示选取要重新排序的特征【轴 A_5】，并单击【完成】菜单项；

（3）消息区中出现提示信息 ➡特征#7 将插到特征#6之前. 确认/取消，同时浮动菜单弹出【确认】菜单如图 6.7.26 所示，单击【确认】菜单项，特征【轴 A_5】移动到【圆柱特征】之前，其模型树如图 6.7.27 所示，完成特征的重新排序。

在特征排序时，要注意子特征不能位于父特征之前，父特征也不能位于子特征之后。所以上例中因特征【轴 A_5】的父特征是【拉伸 1】，将【轴 A_5】重新排序时，只能移动到【拉伸 1】之后、

图 6.7.24　【特征】菜单

图 6.7.25　【选取特征】菜单　　　图 6.7.26　【确认】菜单　　　图 6.7.27　重新排序后的模型树

【圆柱特征】之前这个位置。

特征重新排序也有一种简单、直观的操作方法,即:在模型树中直接拖动要排序的特征到要插入的位置,即可实现特征的重新排序,这是一种所见即所得的编辑方法,只是也要注意特征的父子关系。

6.8　综合实例

本节通过部分典型零件的制作,综合讲述特征建立、特征复制、特征阵列的方法与技巧。

例 6.1　建立如图 6.8.1 所示的车床床身拉杆,重点练习特征复制的方法。

分析:模型中左右两端的两个去除材料特征形状完全相同、但位置不同。本例在制作其中一个特征的基础上,使用新参照复制的方法形成另一个。

步骤 1:建立新文件

(1) 单击【文件】→【新建】菜单项或工具栏 按钮,确定文件名为 ch6_8_example1,取消默认模板,单击【确定】按钮。

(2) 在【新文件选项】对话框中,选择公制模板 mmns_part_solid,并单击【确定】按钮,进入零件设计工作界面。

步骤 2:建立拉伸特征

(1) 建立圆柱体　单击【插入】→【拉伸】菜单项或工具栏中的 按钮,以 RIGHT 面为草绘平面绘制如图 6.8.2 所示的草图,向 RIGHT 面正方向拉伸一个高为 100 的圆柱体,如图 6.8.3 所示。

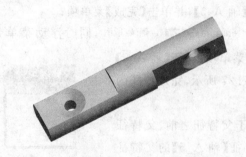 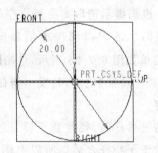

图 6.8.1　例 6.1 图　　　　　　　　　图 6.8.2　拉伸草图

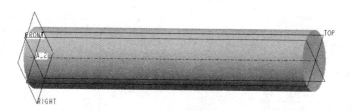

图 6.8.3　拉伸圆柱

（2）建立圆柱体左边的切除特征　单击【插入】→【拉伸】菜单项或工具栏中的 <svg> 按
钮,以圆柱体左端面为草绘平面绘制如图 6.8.4 所示的草图,选中拉伸特征操控面板上的
去除材料方式 <svg> ,建立深度为 40 的拉伸特征,如图 6.8.5 所示。

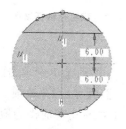

图 6.8.4　左侧切除特征草图

图 6.8.5　左侧切除特征

（3）建立圆柱体右边的切除特征　单击【插入】→【拉伸】菜单项或工具栏中的 <svg> 按
钮,以圆柱体右端面为草绘平面绘制如图 6.8.6 所示的草图,选中拉伸特征操控面板上的
去除材料方式 <svg> ,建立深度为 40 的拉伸特征,如图 6.8.7 所示。

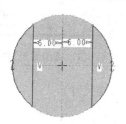

图 6.8.6　右侧切除特征草图

图 6.8.7　右侧切除特征

步骤 3：建立左边孔特征

（1）单击【插入】→【孔】菜单项或工具栏中的 <svg> 按钮,在弹出的孔特征操控面板中选
择"草绘"方式。

（2）单击操控面板上的【放置】菜单项,在弹出的滑动面板中指定孔特征的主放置参
照为左端拉伸出的上表面,放置方式为线性,次参照为距左端线 16、位于中心平面上（即
FRONT 面上）,如图 6.8.8 所示。

（3）单击草绘面板中的 <svg> 按钮进入草绘界面绘制草绘截面,如图 6.8.9 所示。

（4）返回零件设计模式,单击 <svg> 按钮完成孔特征的创建,完成后的模型如图 6.8.10
所示。

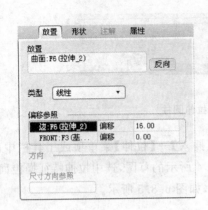

图 6.8.8　孔特征的【放置】操控面板

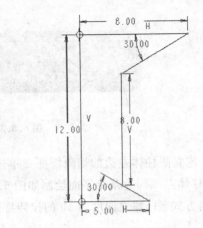

图 6.8.9　草绘孔特征草图

步骤 4：复制孔特征

（1）激活复制命令　单击【编辑】→【特征操作】菜单项，在浮动菜单中单击【复制】菜单项，在【复制特征】菜单中依次选取【新参照】、【选取】、【独立】和【完成】菜单项。

（2）选取要复制的特征　在图形窗口中选取步骤 3 中建立的孔特征作为原始特征，单击【完成】菜单项，弹出【组元素】对话框如图 6.8.11 所示。

图 6.8.10　草绘孔特征

图 6.8.11　【组元素】对话框

（3）定义【组元素】对话框中的【可变尺寸】，不选取任何可变尺寸。

（4）定义【组元素】对话框中的【参照】，依次替换以下参照：

- 以右端前侧平面为新的放置平面替换左端的放置平面；
- 以右端线为新的次参照替换左端线；
- 以 TOP 面作为新的次参照替换 FRONT 面。

（5）左键单击完成【新参照】方式复制，生成的图形如图 6.8.1 所示。

步骤 5：保存文件

单击下拉菜单【文件】→【保存】或工具栏按钮 ，出现【保存对象】对话框，直接单击【确定】按钮，保存文件。此例可参见随书光盘文件 ch6\ch6_8_example1.prt。

例 6.2　建立如图 6.8.12 所示的车床床身油网，重点练习填充阵列。

分析：此模型中包含按一定规律排列的油孔，可以使用填充阵列形成。

步骤 1：建立新文件

（1）单击【文件】→【新建】菜单项或工具栏 按钮，确定文件名为 ch6_8_example2，

图 6.8.12　例 6.2 图

取消默认模板,单击【确定】按钮。

(2) 在【新文件选项】对话框中,选择公制模板 mmns_part_solid,并单击【确定】按钮,进入零件设计工作界面。

步骤 2:使用拉伸的方法建立基础特征

单击【插入】→【拉伸】菜单项或工具栏中的 ⬚ 按钮,以 TOP 面为草绘平面绘制如图 6.8.13 所示草绘截面,并定义拉伸高度为 1.5,建立一个基础特征。

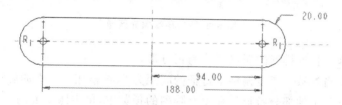

图 6.8.13　拉伸特征草图

步骤 3:使用去除材料拉伸的方法建立形成第一个油孔

单击【插入】→【拉伸】菜单项或工具栏中的 ⬚ 按钮,以基础特征的上表面作为草绘平面,绘制如图 6.8.14 所示的孔作为草绘截面,以去除材料方式 ⬚ 建立一个通孔,形成第一个油孔,完成后的模型如图 6.8.15 所示。

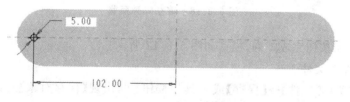

图 6.8.14　拉伸孔草图

图 6.8.15　通过拉伸建立的孔特征

步骤 4:建立填充阵列特征

(1) 激活命令　选中孔特征,单击【编辑】→【阵列】菜单项或工具栏中 ▦ 按钮,激活阵列操控面板。

(2) 选定阵列方式　从阵列方式下拉列表中选定阵列方式为【填充】,此时操控面板变为如图 6.8.16 所示。

图 6.8.16　填充阵列操控面板

(3) 草绘填充区域　单击【参照】菜单项,在弹出的滑动面板中单击【定义】选项,进入草绘界面绘制如图 6.8.17 所示的草图。

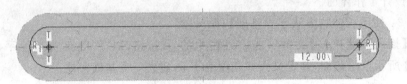

图 6.8.17　草绘填充区域

(4) 指定阵列特征排列的栅格形式为正方形。

(5) 指定栅格参数　指定栅格中特征的间距为 6、栅格相对原点的旋转角度为 45°。

(6) 删除阵列中的部分特征　在填充阵列的预览中,单击四角上的 4 个阵列成员,使其黑点变为白色,表示不显示此特征,如图 6.8.18 所示。

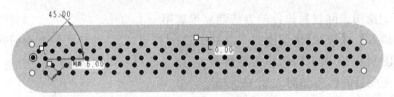

图 6.8.18　填充阵列预览

(7) 单击 ✔ 按钮完成阵列,模型如图 6.8.12 所示。

步骤 5：保存文件

单击下拉菜单【文件】→【保存】或工具栏按钮 🖫 ,出现【保存对象】对话框,直接单击【确定】按钮,保存文件。此例可参见随书光盘文件 ch6\ch6_8_example2.prt。

例 6.3　建立如图 6.8.19 所示的盘类零件,重点练习特征组的轴阵列。

分析：本模型中含有多个形状复杂的筋特征。首先使用旋转特征生成基础实体；然后建立一个筋特征；再建立筋特征上的半圆孔；最后将筋特征和半圆孔组合为组并对组阵列。

步骤 1：建立新文件

(1) 单击【文件】→【新建】菜单项或工具栏 □ 按钮,确定文件名为 ch6_8_example3,取消默认模板,单击【确定】按钮。

图 6.8.19　例 6.3 图

（2）在【新文件选项】对话框中，选择公制模板 mmns_part_solid，并单击【确定】按钮，进入零件设计工作界面。

步骤 2：使用旋转的方法建立基础特征

单击【插入】→【旋转】菜单项或工具栏中的 ⊕ 按钮，建立简单直孔。选择 FRONT 面作为草绘平面，绘制草图如图 6.8.20 所示，旋转 360°形成基础特征如图 6.8.21 所示。

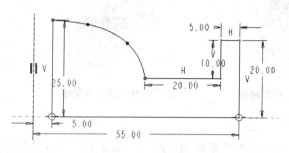

图 6.8.20 旋转特征草图

图 6.8.21 旋转特征

步骤 3：建立筋特征

单击【插入】→【筋】菜单项或工具栏上 ◺ 按钮，建立筋特征。选择 FRONT 面作为草绘平面，绘制草图如图 6.8.22 所示，使筋特征位于草绘平面的两侧，厚度为 5，特征预览如图 6.8.23 所示。

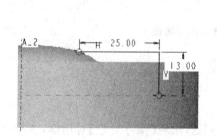

图 6.8.22 筋特征草图

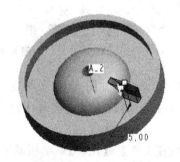

图 6.8.23 筋特征预览

步骤 4：使用去除材料拉伸的方法在筋特征上建立去除材料特征

单击【插入】→【拉伸】菜单项或工具栏中的 ◰ 按钮，以筋特征的一面作为草绘平面，绘制草图如图 6.8.24 所示，以去除材料方式 ◿ 建立一长度为 5 的孔，完成后的模型如图 6.8.25 所示。

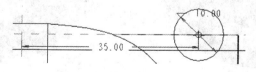

图 6.8.24 拉伸特征的草图

步骤 5：将筋特征与去除材料的拉伸特征建立为组

从模型树上按住 Ctrl 键同时选中筋特征和拉伸特征，如图 6.8.26 所示。右击，在快捷菜单中选择【组】菜单项，两个特征合并为组。

图 6.8.25　使用拉伸建立去除材料特征　　　图 6.8.26　建立局部组

步骤 6：建立轴阵列

（1）激活命令　从模型树上选中步骤 5 中创建的组，单击【编辑】→【阵列】菜单项或工具栏中 ▦ 按钮，弹出阵列操控面板。

（2）指定阵列方式　选定阵列方式为【轴】并单击旋转特征的中心线作为阵列轴。

（3）指定阵列数目　指定在 360°上形成 6 个特征，此时操控面板如图 6.8.27 所示。

图 6.8.27　轴阵列操控面板

（4）特征预览如图 6.8.28 所述。

（5）单击 ✔ 按钮完成阵列，模型如图 6.8.19 所示。

步骤 7：保存文件

单击【文件】→【保存】菜单项或工具栏按钮 🖫，出现【保存对象】对话框，直接单击【确定】按钮，保存文件。此例可参见随书光盘文件 ch6\ch6_8_example3.prt。

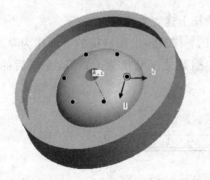

图 6.8.28　轴阵列预览　　　　　图 6.8.29　例 6.4 图

例 6.4 建立如图 6.8.29 所示的标准渐开线齿轮。本例综合练习草绘基准曲线、阵列等方法。

分析：此标准齿轮参数（为与软件统一，此处变量字母均为正体）为压力角 alpha＝20、模数 m＝2、齿数 z＝30、齿顶高系数 ha＝1、顶隙系数 c＝0.25，由上述参数计算的齿轮尺寸如下。

- 齿顶圆直径：da＝m×z＋2×ha×m＝64
- 分度圆直径：d＝m×z＝60
- 齿底圆直径：df＝m×z－2×(ha＋c)×m＝55
- 基圆直径：db＝m×z×cos(alpha)

由机械原理的知识得知，齿轮齿廓渐开线上任意一点的极坐标方程为

$$\begin{cases} r = (db/2)/\cos(alphak) \\ theta = (180/pi) \times \tan(alphak) - alphak \end{cases}$$

式中，alphak 为渐开线上任意一点处的压力角；在极角 theta 的计算中，因为 tan(alphak) 计算出来的是弧度，乘以 180/pi 转换为角度，pi 为圆周率。

齿轮的建立过程可分以下几步：

(1) 以草绘基准曲线的方式建立齿顶圆、分度圆、齿根圆。

(2) 使用基准曲线命令建立一条渐开线。

(3) 镜像(2)中建立的渐开线。

(4) 建立齿坯。

(5) 在齿坯上以(2)、(3)中生成的两条渐开线为边界剪除材料生成一个齿槽。

(6) 阵列齿槽，完成此齿轮的制作。

下面详细介绍齿轮的建立过程。

步骤 1：建立新文件

(1) 单击【文件】→【新建】菜单项或工具栏 ⬜ 按钮，确定文件名为 ch6_8_example4，取消默认模板，单击【确定】按钮。

(2) 在【新文件选项】对话框中，选择公制模板 mmns_part_solid，并单击【确定】按钮，进入零件设计工作界面。

步骤 2：在 FRONT 面上建立齿顶圆、分度圆、齿根圆

(1) 激活草绘基准曲线命令 单击【插入】→【模型基准】→【草绘】菜单项或工具栏按钮 ，选择 FRONT 面作为草绘平面、以 RIGHT 面为参照，方向向右，进入草绘界面。

(2) 绘制草图 以坐标原点为圆心，分别绘制直径为 64、60、55 的圆作为齿顶圆、分度圆、齿根圆，建立的草绘基准曲线如图 6.8.30 所示。

(3) 单击 ✔ 按钮退出草绘基准曲线特征建立。

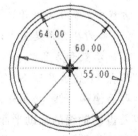

图 6.8.30 使用草绘基准曲线建立齿顶圆、分度圆、齿根圆

步骤 3：在 FRONT 面上建立一条渐开线

（1）激活基准曲线命令　单击【插入】→【模型基准】→【曲线】菜单项或工具栏按钮 ，在弹出的【曲线选项】浮动菜单中依次单击【从方程】、【完成】选项，如图 6.8.31 所示。弹出定义【从方程】曲线的对话框如图 6.8.32 所示。

图 6.8.31　建立曲线菜单　　　　　　图 6.8.32　使用【从方程】方式建立渐开线对话框

（2）选取方程所使用的坐标系　选取系统默认坐标系 PRT_CSYS_DEF。

（3）确定坐标系类型　在弹出的【设置坐标系类型】对话框中选择【圆柱】，表示使用圆柱坐标系建立渐开线方程。

（4）建立渐开线方程　坐标系类型选择完成后弹出定义方程窗口，输入渐开线方程如图 6.8.33 所示。存盘并退出，生成的渐开线如图 6.8.34 所示。

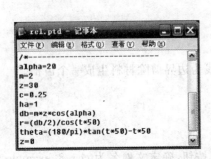

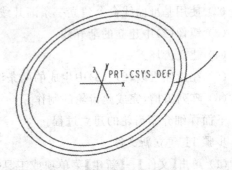

图 6.8.33　渐开线的方程　　　　　　　图 6.8.34　生成的渐开线

提示

方程中 $t \times 50$ 为渐开线上任意一点处的压力角。因为 t 的变化范围为 0 到 1，本例中使用 $t \times 50$ 作为压力角是为了得到压力角从 0°到 50°变化时生成的渐开线，便于生成全齿高。

其他参数和方程的含义可以参照前面的解释和有关专业书籍。

步骤 4：镜像步骤 3 中建立的渐开线，生成齿槽的另一条渐开线

要镜像渐开线，必须先创建一个镜像平面。镜像平面是由经过原渐开线与分度圆交点以及齿轮轴线的辅助平面旋转半个齿槽角度形成的，为了生成此辅助平面又需要建立经过平面的轴线和交点。其建立步骤如下：

（1）建立基准轴线　经过 RIGHT 面和 TOP 面建立一条基准轴线。

（2）建立基准点　经过步骤 3 中生成的渐开线和步骤 2 中绘制的直径为 60 的圆建立一个基准点。

（3）建立基准平面　经过（1）、（2）中生成的基准轴线和基准点建立基准平面。

（4）建立镜像用的基准平面　经过（1）中建立的轴线，并且与（3）中建立的基准平面偏移 3 度建立镜像平面。

提示

该齿轮有 30 个齿，一个齿和一个齿槽对应的角度为 $360/30 = 12°$，一个齿槽对应 $6°$，（4）中建立的镜像平面与（3）中的基准平面相隔半个齿，所以其角度为 $3°$。

（5）镜像渐开线　选中渐开线，单击【编辑】→【镜像】菜单项或工具栏按钮，激活镜像命令，选择（4）中建立的基准平面，单击镜像操控面板中的 ✔ 按钮完成镜像，如图 6.8.35 所示。

步骤 5：建立齿坯

（1）单击【插入】→【拉伸】菜单项或工具栏按钮 ，选择 FRONT 面作为草绘平面、以 RIGHT 面为参照，方向向右，进入草绘界面。

（2）绘制一个直径 64 的圆，并在中心绘制孔和键槽截面，如图 6.8.36 所示。

（3）单击 ✔ 按钮退出草图截面，输入拉伸特征高度 15，并使特征生成于 FRONT 面的负方向侧，如图 6.8.37 所示。

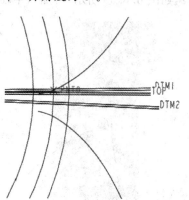

图 6.8.35　镜像渐开线

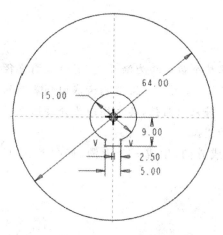

图 6.8.36　齿坯草图

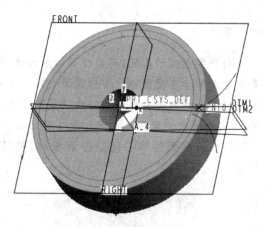

图 6.8.37　齿坯

步骤 6：建立倒角

建立齿轮边缘上 0.5×0.5 的倒角。

步骤 7：建立齿槽切除特征

分析：若齿底圆直径小于基圆，基圆以下的齿面轮廓为非渐开线，在制图中使用半径为 $d/5$（d 为分度圆直径）的圆弧来生成。本步骤首先在齿底圆和渐开线的基础上生成一部分齿槽，然后绘制圆弧并倒角形成齿槽。

（1）单击【插入】→【拉伸】菜单项或工具栏按钮，首先在操控面板中选取去除材料模式。选择 FRONT 面作为草绘平面、以 RIGHT 面为参照，方向向右，进入草绘界面。

（2）绘制齿底圆和渐开线的轮廓　单击【通过边创建图元】按钮，选取齿底圆和两条渐开线，生成如图 6.8.38 所示的图形。

（3）绘制基圆到齿底圆部分曲线　首先以渐开线为端点绘制圆弧并将其半径改为12，如图 6.8.39 所示，再加入半径 0.5 的倒角并修剪草图，最后的草图如图 6.8.40 所示。

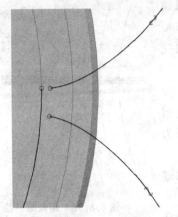

图 6.8.38　使用【通过边创建图元】的方法建立渐开线和齿底圆草图

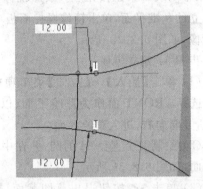

图 6.8.39　绘制渐开线与齿底圆之间的圆弧

提示

渐开线开始于基圆，而齿槽开始于齿底圆，要想整个齿廓均为渐开线，则齿底圆直径要大于或等于基圆直径。当齿底圆直径小于基圆直径时（见图 6.8.38），齿底圆到基圆的部分可用一段与渐开线相切的线段或圆弧来代替。若采用圆弧，其半径约为分度圆直径的 1/5，上例中分度圆 $d = 60$，所以采用 $R = 12$ 的圆弧。

（4）返回到拉伸特征操控面板，调整特征生成方向，生成一个齿槽，如图 6.8.41 所示。

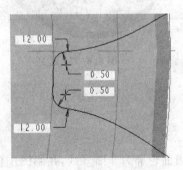

图 6.8.40　齿槽的草图

图 6.8.41　生成一个齿槽

步骤 8：阵列齿槽,完成齿轮建立

(1) 单击选中步骤 7 中生成的去除材料拉伸特征,并单击【编辑】→【阵列】菜单项或工具栏按钮 ⊞,激活阵列特征操控面板。

(2) 选择阵列方式为"轴",选取前面建立的中心线,指定在 360°角度上生成 30 个阵列特征,单击 ✔ 按钮完成阵列。

齿轮建立完成,如图 6.8.29 所示。此例参见随书光盘文件 ch6\ch6_8_example4.prt。

习题

1. 使用复制与阵列的方法建立如题图 1 所示车床床头法兰盘模型。

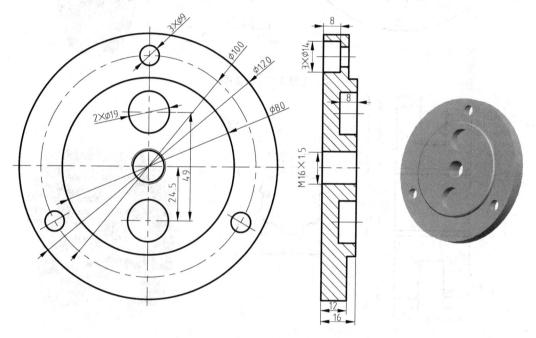

题图 1　习题 1 图

2. 建立如题图 2 所示的偏心轮模型。

3. 建立如题图 3 所示的双联齿轮,其参数如下(为与软件一致,变量用正体,余同)。

(1) 齿轮 1：压力角 alpha＝20,模数 m＝2.25,齿数 z1＝43,齿顶高系数 ha＝1,顶隙系数 c＝0.25;

(2) 齿轮 2：压力角 alpha＝20,模数 m＝2.25,齿数 z2＝38,齿顶高系数 ha＝1,顶隙系数 c＝0.25。

4. 建立如题图 4 所示内齿轮,齿轮参数模数 m＝10,齿数 z1＝60,压力角 α＝20°,齿顶高系数 ha*＝1,顶隙系数 c*＝0.25,齿厚 b＝20mm。圆周上均匀分布 20 个直径为 30mm 的孔,孔心距齿轮中心为 330mm。

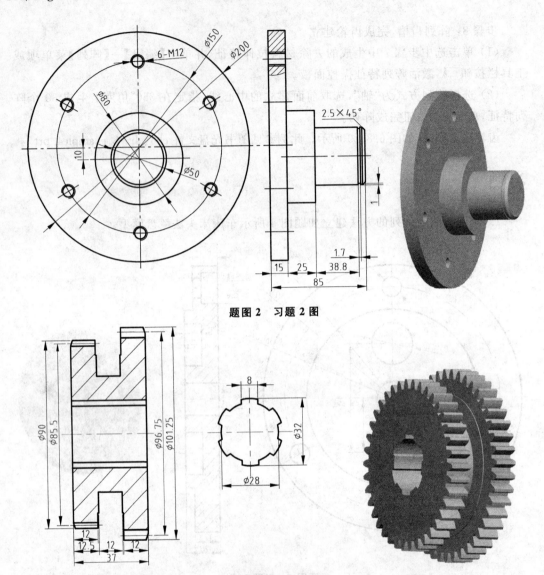

题图 2　习题 2 图

题图 3　习题 3 图

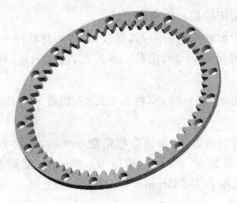

题图 4　习题 4 图

第 **7** 章 曲 面 特 征

　　无论从审美观点还是实用方面,曲面都是现代产品工业设计中不可或缺的特征。对较规则的一般 3D 零件来说,实体特征提供了迅速且方便的造型建立方式。但是对复杂度较高的造型设计而言,单单使用实体造型来建立 3D 模型就显得很困难了,这是因为实体特征的造型建立方式较为固定化(如仅使用拉伸、旋转、扫描、混合等方式来建立实体特征造型),因此曲面特征应运而生。它提供了非常弹性化的方式来建立单一曲面,然后将多个单一曲面集成为完整且没有间隙的曲面面组,最后将曲面面组转化为实体。

　　曲面特征的建立方式除了与建立实体特征相似的拉伸、旋转、扫描、混合等方法外,也可由自由点建立为曲线,再由曲线建立为自由曲面(此种曲面称为自由曲面),参见《Pro/Engineer Wildfire 4.0 曲面设计与实践》(由本书作者编写,清华大学出版社出版,余同不注),还可以使用偏移、复制等方法利用已有曲面生成新曲面。此外,曲面间也有很高的操作性,例如:可以将两个相交或相邻曲面合并为一个曲面,也可以对曲面进行修剪等。由于曲面特征的使用弹性化程度高,其操作技巧性也较高。

　　本章首先介绍曲面特征的基本概念;接下来说明基本曲面特征的建立方法和操作方法;然后阐述曲面与曲面间的编辑方法,最后以实例讲解含有曲面的实体特征的建立方法。

　　本章仅介绍基本的曲面知识,有关曲面更详细与深入的讲述,参见《Pro/Engineer Wildfire 4.0 曲面设计与实践》。

7.1　曲面特征的基本概念

　　本节讲述曲面的几个基本概念,包括曲面、曲面的颜色、曲面的网格显示、曲面的使用方式等。

1. 曲面

　　曲面是没有厚度的几何特征,主要用于生成复杂零部件多变的表面。注意要将曲面与 3.3.2 节中提到的壳体特征区分开,壳体特征有厚度值,其本质上是实体,而曲面仅代表位置,没有厚度的概念。

2. 曲面边线的颜色

　　在曲面以着色方式显示时,不易观察其实际形状以及面与面之间的连接状况,如

图 7.1.1 所示。为了便于区分面与面之间的连接关系,曲面在以消隐的线框显示时,其线框区分为边界线和棱线两种,分别以两种不同颜色显示。

• 边界线 曲面的边界线默认状态下为绿色(在以前的 Wildfire 版本中显示为粉红色),也称为单侧边,其意义为该绿色边的一侧为此特征的曲面,而另一侧不属于此特征的面,如图 7.1.2 所示。

• 棱线 曲面的棱线默认状态下为紫红色,也称为双侧边,其意义为此紫红色边的两侧均为此特征的曲面,如图 7.1.2 所示。

 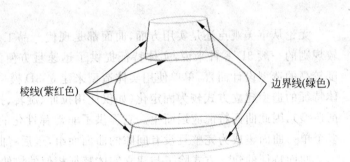

棱线(紫红色) 边界线(绿色)

图 7.1.1 着色方式显示曲面   图 7.1.2 消隐的线框方式显示曲面

3. 曲面网格显示

为了直观显示曲面的形状,可对某曲面或零件以网格形式显示,单击【视图】→【模型设置】→【网格曲面】菜单项,弹出【网格】对话框如图 7.1.3 所示。单击【曲面】下拉列表,选取网格面类型为"曲面";单击对话框中的 按钮,选取要显示网格的曲面。在【网格间距】中指定【第一方向】、【第二方向】上的网格间距。完成后的模型显示如图 7.1.4 所示。单击【视图】→【重画】菜单项或按快捷键 Ctrl+R 时,网格显示消失,模型恢复原来状态。

 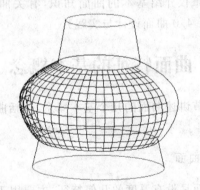

图 7.1.3 【网格】对话框   图 7.1.4 显示网格的曲面

4. 曲面特征的建立过程与使用方法

前面提到,曲面是没有厚度的几何特征,在工程实际中不存在这样的特征,所以曲面在使用前都必须进行实体化操作,曲面建模的步骤如下:

（1）使用曲面特征建立方法（如拉伸、偏移等）生成一个或多个曲面特征。

（2）使用曲面特征的编辑方法，将各个独立曲面特征整合为一个面组，并去除多余部分。

（3）使用【加厚】、【实体化】等曲面编辑方法将曲面特征转化为实体特征。

下面分别介绍单个曲面特征建立方法和曲面特征编辑方法。

7.2　曲面特征的建立

使用第 3 章建立实体特征的方法不但可以建立实体，还可以生成基本曲面，下面分别介绍用拉伸、旋转、扫描、混合等方法建立基本曲面的方法和过程。另外，复制与粘贴、偏移、镜像等操作方法也可以生成曲面。因第 3 章已详细讲解了基本实体特征，本节仅以实例的方法简单介绍各种基本曲面的建立过程。

7.2.1　拉伸曲面特征

如图 7.2.1 所示的曲面特征为拉伸特征，其建立步骤如下：

（1）单击【插入】→【拉伸】菜单项或工具栏按钮
，在弹出的操控面板中单击 图标建立曲面，其操控面板如图 7.2.2 所示。

（2）定义草绘截面　单击操控面板中的【放置】，弹出滑动面板如图 7.2.3 所示，直接选取一个已经定义好的草图或单击【定义】按钮定义一个新的草图。选取 FRONT 面作为草绘平面，绘制如图 7.2.4 所示的草绘截面。

（3）设定曲面深度　选取深度类型为盲孔 ，并输入深度值 60。

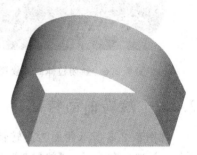

图 7.2.1　拉伸曲面

图 7.2.2　拉伸曲面特征的操控面板

图 7.2.3　【放置】滑动面板

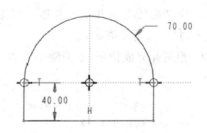

图 7.2.4　拉伸特征的草图

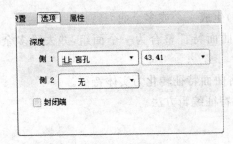

图 7.2.5 【选项】滑动面板

（4）定义曲面特征的【开放】与【闭合】属性 单击操控面板中的【选项】按钮，显示滑动面板如图 7.2.5 所示。对于封闭截面，勾选【封闭端】复选框可建立两端封闭的曲面，如图 7.2.6 所示。

（5）预览特征并完成特征，本例随书光盘文件 ch7\ch7_2_example1.prt。

创建拉伸曲面特征时，所用的截面不一定是封闭图形，如图 7.2.7 所示的曲面是由一条曲线拉伸生成的。本例参见随书光盘文件 ch7\ch7_2_example2.prt。

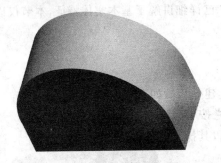

图 7.2.6 封闭拉伸曲面模型

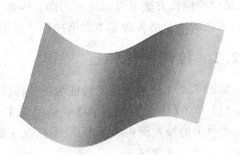

图 7.2.7 开放的拉伸曲面

7.2.2 旋转曲面特征

如图 7.2.8 所示曲面为旋转特征，其生成步骤如下。

（1）选择【插入】→【旋转】菜单项或工具栏按钮 ，在弹出的操控面板中单击 图标建立曲面，操控面板如图 7.2.9 所示。

（2）定义草绘截面 单击操控面板中的【放置】，弹出滑动面板如图 7.2.10 所示，可直接选取一个已经定义好的草图或单击【定义】按钮定义一个新的草图。选择 FRONT 面作为草绘平面，绘制如图 7.2.11 所示的草绘截面。

图 7.2.8 旋转曲面特征

（3）定义旋转类型并输入角度 选取旋转角度类型 ，并输入角度值 360。

（4）预览并完成特征，本例随书光盘文件 ch7\ch7_2_example3.prt。

图 7.2.9 旋转曲面特征操控面板

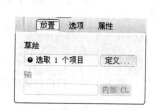

图 7.2.10　【放置】上滑面板

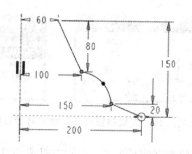

图 7.2.11　旋转特征的草图

7.2.3　扫描曲面特征

如图 7.2.12 所示弯管曲面为扫描曲面特征,其生成步骤如下:

(1)单击【插入】→【扫描】→【曲面】菜单项,弹出对话框如图 7.2.13 所示,同时弹出如图 7.2.14 所示的【扫描轨迹】菜单,开始扫描轨迹的定义。

图 7.2.12　扫描曲面特征

图 7.2.13　扫描曲面特征对话框

(2)定义扫描轨迹　选取 FRONT 面作为草绘平面,接受默认方向,使用默认放置方式,绘制扫描轨迹如图 7.2.15 所示。

图 7.2.14　【扫描轨迹】浮动菜单

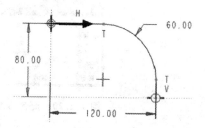

图 7.2.15　扫描轨迹的草图

(3)定义曲面特征的【开放】与【闭合】　若轨迹首尾不闭合,扫描曲面信息对话框中将添加【属性】条目,同时弹出【属性】菜单,用于定义扫描轨迹端点处是否闭合,如图 7.2.16 所示。此处选择【开放端】、【完成】。

(4)定义扫描曲面的截面　完成扫描轨迹后,系统进入截面定义界面。绘制扫描截面如图 7.2.17 所示。

图 7.2.16　定义扫描特征属性的对话框和菜单　　　图 7.2.17　扫描特征的截面

（5）预览并完成特征，本例随书光盘文件 ch7\ch7_2_example4.prt。

7.2.4　混合曲面特征

图 7.2.18 所示为混合曲面特征，其生成过程如下：

（1）单击【插入】→【混合】→【曲面】菜单项，屏幕弹出混合菜单如图 7.2.19 所示。

图 7.2.18　混合曲面特征　　　　　图 7.2.19　【混合选项】浮动菜单

（2）定义混合类型和截面类型　选取【平行】、【规则截面】、【草绘截面】和【完成】菜单项，建立平行混合曲面特征。弹出混合对话框和属性菜单如图 7.2.20 所示。

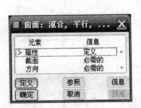

图 7.2.20　混合曲面特征的定义对话框和属性菜单

（3）定义混合属性　选取【直】、【开放端】、【完成】菜单项。

（4）创建截面　以 TOP 面作为草绘平面，调整特征创建方向为 TOP 面正方向。绘制第一个草绘截面如图 7.2.21 所示。单击【编辑】→【特征工具】→【切换截面】菜单项，或右击并选取右键菜单【切换剖面】菜单项，绘制圆作为第二个草绘截面并将其打断为 3 个图元。两截面的合图如图 7.2.22 所示。

（5）定义两截面之间的间距　在弹出的【深度】菜单中选择【盲孔】、【完成】，在输入区输入截面间深度 65，单击 ✔ 图标完成。

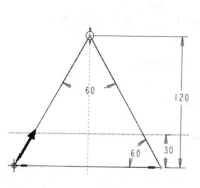

图 7.2.21　混合特征的第一个截面

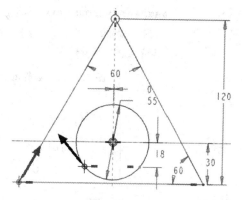

图 7.2.22　混合特征的第二个截面

（6）预览并完成混合特征，本例随书光盘文件 ch7\ch7_2_example5.prt。

7.2.5　边界混合曲面特征

"边界混合"是生成曲面的一种重要方法，其基本思想是通过定义边界生成曲面。在定义边界混合曲面时，在一个或两个方向上指定边界创建曲面，并根据相关要求设置边界约束条件或其他相关设置来获得所需的曲面模型。

如图 7.2.23，依次选择图（a）中的 3 条曲线，可建立边界混合曲面如图（b）所示。若设置边界约束条件为右侧边所在的面与 TOP 面垂直，边界混合曲面变为图（c）所示。

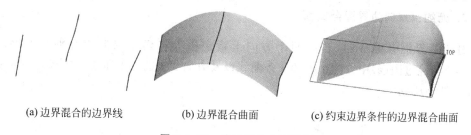

(a)边界混合的边界线　　　(b)边界混合曲面　　　(c)约束边界条件的边界混合曲面

图 7.2.23　边界混合曲面特征

1. 无约束单向边界混合曲面

仅指定边界混合曲面一个方向上的边界创建的边界混合曲面如图 7.2.23(b)所示，因为仅指定了一个方向上的边界，称为单向边界混合曲面。此曲面没有边界约束条件，是最简单的一种边界混合曲面。

单击【插入】→【边界混合】菜单项或工具栏按钮 ，弹出边界混合曲面操控面板如图 7.2.24 所示。

操控面板中的 选取项目 收集器用于收集第 1 个方向上的边界，单击操控面板上的【曲线】弹出滑动面板如图 7.2.25 所示。收集的第 1 方向上的边界同时显示于【曲线】滑动面板中的【第一方向】收集器中。

建立无约束单向边界混合曲面的过程如下：

图 7.2.24　边界混合曲面特征操控面板

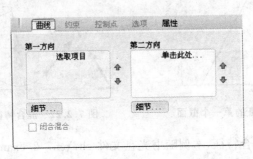

图 7.2.25　边界混合曲面特征的【曲线】滑动面板

(1) 绘制曲线或实体以备用于选作为边界混合曲面的边界。

(2) 激活边界混合曲面命令。

(3) 依次选择第一方向上的各条边界,若要建立首尾相接的边界混合曲面,单击选中【曲线】滑动面板中的【闭合混合】复选框。

(4) 预览并完成边界混合曲面。

2. 无约束双向边界混合曲面

建立边界混合曲面时,若在两个方向上指定边界将建立双向边界混合曲面。如图 7.2.26,经过图(a)中方向 1 上的 3 条曲线以及方向 2 上的 2 条曲线形成双向边界混合曲面如图(b)所示。

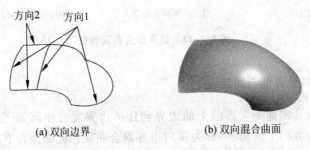

(a) 双向边界　　　　　　　　　　(b) 双向混合曲面

图 7.2.26　双向边界混合曲面特征

注意

在两个方向上定义混合曲面时,其外部边界必须形成一个封闭的环,即:形成混合曲面的外部边界必须相交,图 7.2.26 中方向 1 上外部的两条边与方向 2 上的两条边形成一个封闭环。若选中的曲线外部边界没有形成封闭环,系统将不能生成曲面预览,特征生成失败。

若边界不终止于相交点，系统将自动修剪这些边界，并使用能够形成封闭环的部分形成曲面。如图 7.2.27 所示的 4 条边界两两相交后形成一个封闭区域，系统过相交区域内的边界线形成曲面，其他开放部分被舍弃。

单击边界混合曲面操控面板上的【曲线】，弹出【曲线】滑动面板，按住 Ctrl 键依次选择第 1 方向的 3 条曲线；然后单击面板中的【第二方向】拾取框使其处于活动状态，按住 Ctrl 键依次选取第 2 方向的两条曲线，得到模型如图 7.2.28 所示，此时的【曲线】滑动面板如图 7.2.29 所示。

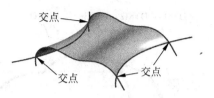

图 7.2.27　边界混合曲面特征

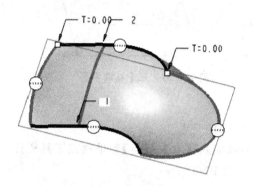

图 7.2.28　边界混合曲面特征预览

图 7.2.29　【曲线】滑动面板

建立无约束双向边界混合曲面的过程如下：

(1) 绘制曲线或实体以备用于选作为边界混合曲面的边界。

(2) 激活边界混合曲面命令。

(3) 激活【曲线】滑动面板，依次选择第 1 方向上的各条边界。

(4) 单击激活【曲线】滑动面板的【第二方向】拾取框，并依次选取第 2 方向上的各条边界。

(5) 预览并完成边界混合曲面。

例 7.1　建立如图 7.2.26 所示鼠标上盖曲面模型。

分析：此曲面模型采用了方向 1 的 3 条线和方向 2 的 2 条线来控制鼠标形状。其中，方向 2 上的 2 条线为水平线。本例中，建立了若干基准平面作为曲面边界的草绘平面。为了便于各曲线能够相交，还建立了若干基准点，作为草绘曲线时创建"相同点"约束的参照。

模型建立过程：①建立各基准平面 DTM1、DTM2、DTM3，如图 7.2.30 所示；②建立基准点 PNT0、PNT1 并过基准点建立方向 2 上的第 1 条曲线；③镜像得到方向 2 上的第 2 条曲线；④建立基准点 PNT2、PNT3 以便建立方向 1 中间的曲线；⑤依次建立方向 1 上的 3 条曲线；⑥以上面建立的曲线为边界建立混合曲面。

步骤 1：建立基准平面

(1) 建立基准平面 DTM1　单击【插入】→【模型基准】→【平面】菜单项或工具栏按钮，激活基准平面工具，选择 FRONT 面作为参照，向前偏移 30 建立基准面 DTM1。

（2）同理，偏移于 RIGHT 面，偏距－40，建立 DTM2 面。

（3）同理，偏移于 RIGHT 面，偏距－70，建立 DTM3 面。

基准平面如图 7.2.31 所示。

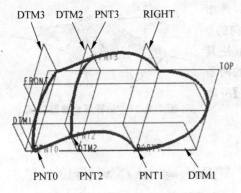

图 7.2.30　边界混合曲面特征的
基准平面和基准点

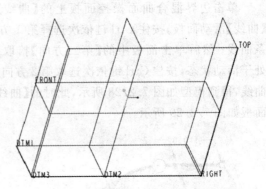

图 7.2.31　三个基准平面

步骤 2：建立基准点 PNT0、PNT1 作为边界曲线的交点

（1）建立基准点 PNT0　单击【插入】→【模型基准】→【点】→【点】菜单项或工具栏按钮　，经过 TOP 面、DTM1 面、DTM3 面建立基准点 PNT0。

（2）同理，经过 TOP 面、DTM1 面、RIGHT 面建立基准点 PNT1。

基准点如图 7.2.32 所示。

步骤 3：建立第 1 条边界曲线

单击【插入】→【模型基准】→【草绘】菜单项或工具栏按钮　，激活草绘基准特征建立命令，选取 DTM1 面作为草绘平面，RIGHT 面作为参照，方向向右，建立草绘基准曲线如图 7.2.33 所示，注意将曲线的两端点分别约束到基准点 PNT0、PNT1 上。

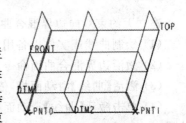

图 7.2.32　两个基准点

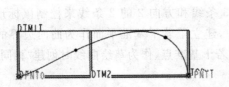

图 7.2.33　第 1 条边界曲线

步骤 4：建立第 2 条边界曲线

单击选中步骤 3 中建立的基准曲线，单击【编辑】→【镜像】菜单项或工具栏按钮　，以 FRONT 面作为镜像平面，生成镜像曲线，如图 7.2.34 所示。

步骤 5：建立基准点 PNT2、PNT3

（1）建立基准点 PNT2　单击【插入】→【模型基准】→【点】→【点】菜单项或工具栏按

钮 ⚒ ,过基准面 DTM2 和第 1 条边界曲线建立基准点 PNT2。

（2）同理,过基准面 DTM2 和第 2 条边界曲线建立基准点 PNT3。

基准点如图 7.2.35 所示。

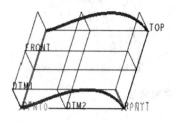

图 7.2.34　第 2 条边界曲线

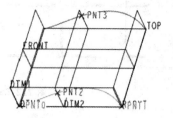

图 7.2.35　两个基准点

步骤 6：建立第 3 条基准曲线

单击【插入】→【模型基准】→【草绘】菜单项或工具栏按钮 ⚒ ,激活草绘基准特征建立命令,以 DTM2 面作为草绘平面建立草绘基准曲线如图 7.2.36 所示,注意将曲线的两端点分别约束到基准点 PNT2、PNT3 上。

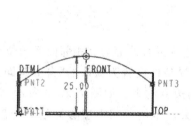

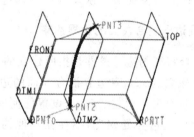

图 7.2.36　第 3 条基准曲线

步骤 7：建立第 4 条基准曲线

单击【插入】→【模型基准】→【草绘】菜单项或工具栏按钮 ⚒ ,激活草绘基准特征建立命令,以 TOP 面作为草绘平面,绘制椭圆并修剪得到草绘基准曲线如图 7.2.37 所示,注意将椭圆的短轴端点约束到基准点 PNT1 上。

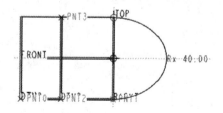

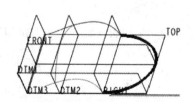

图 7.2.37　第 4 条基准曲线

步骤 8：建立第 5 条基准曲线

单击【插入】→【模型基准】→【草绘】菜单项或工具栏按钮 ⚒ ,激活草绘基准特征建立命令,以 TOP 面作为草绘平面,绘制草绘基准曲线如图 7.2.38 所示,注意将端点约束到基准点 PNT0 上并使两端点关于中心线对称。

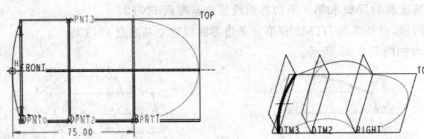

图 7.2.38　第 5 条基准曲线

步骤 9：建立边界混合曲面

单击【插入】→【边界混合】菜单项或工具栏按钮 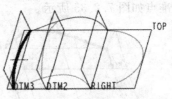，弹出边界混合曲面操控面板。单击【曲线】，在弹出的【曲线】滑动面板中依次选择第 1 方向的 3 条曲线；然后单击面板中的【第二方向】拾取框使其处于活动状态，并依次选取第 2 方向的 2 条曲线，得到模型如图 7.2.28 所示，此时的【曲线】滑动面板如图 7.2.29 所示。单击 ✔ 图标完成操作。

完成的模型参见随书光盘文件 ch7\ch7_2_example6.prt。

3. 设置边界混合曲面的边界约束

边界混合特征的边界条件是指所建立的边界混合曲面与其相邻曲面的位置关系。以上两小节中建立的无约束边界混合曲面的边界条件设置为默认的"自由"，即：此曲面与其相邻接的曲面仅为相互结合，未设置任何的边界约束。如图 7.2.39 所示，新建立的曲面与原有曲面在边界处相交，不存在其他约束。本例所用模型参见随书光盘文件 ch7\ch7_2_example7.prt。

单击边界混合曲面操控面板的【约束】，弹出边界约束滑动面板如图 7.2.40 所示，在此可设置曲面与其他原有曲面的约束条件。

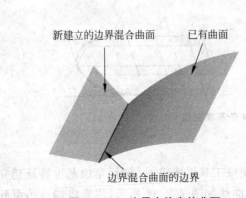
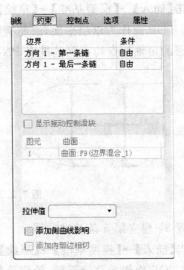

图 7.2.39　边界未约束的曲面　　　图 7.2.40　【约束】滑动面板

在面板中选择要设置约束的边界(在本例中为第一条链,如图 7.2.41 所示),并单击其后的【条件】,弹出下拉列表如图 7.2.42 所示,从中可选取下列边界条件之一。

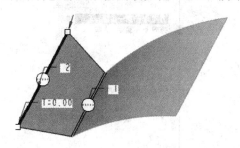

图 7.2.41 边界混合曲面的边界曲线

图 7.2.42 边界曲线的约束条件

- 自由 沿边界没有设置相切条件,表示生成的曲面与边界曲线所在的其他曲面没有关系,此时边界线上以虚线符号 表示,如图 7.2.41 所示。

- 相切 混合曲面沿边界与参照曲面相切,此时的边界线上以实线符号 表示,如图 7.2.43 所示。

- 曲率 混合曲面沿边界具有曲率连续性,即:曲面在边界线处与选定的相邻曲面具有相同(或尽量相同)的曲率变化,此时边界线上以两条实线符号 表示,如图 7.2.44 所示。

- 垂直 混合曲面与参照曲面垂直,即:曲面在边界线处与选定的相邻曲面垂直,此时边界线上以垂直线符号 表示,如图 7.2.45 所示。

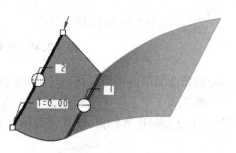

图 7.2.43 边界曲面与参照曲面相切约束

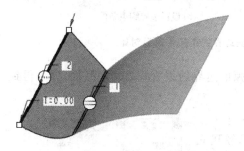

图 7.2.44 边界曲面与参照曲面曲率约束

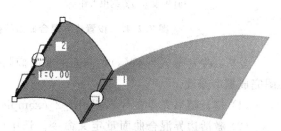

图 7.2.45 边界曲面与参照曲面垂直约束

若边界条件设置为"相切"、"曲率"或"垂直",可以通过改变拉伸因子来影响曲面的形状。拉伸因子的默认值为 1,单击【约束】滑动面板中的【显示拖动控制滑块】显示控制滑块,通过拖动控制滑块或在滑动面板的【拉伸值】框中直接键入数值,可以改变拉伸因子。

图 7.2.44 所示曲面的边界条件设置为"曲率",其拉伸因子为默认值 1。将拉伸因子改为 3 后图形形状如图 7.2.46(a)所示,此时的滑动面板如图 7.2.46(b)所示。

从图 7.2.44 和图 7.2.46(a)的比较可以看出:在将拉伸因子由 1 改为 3 后,曲面边

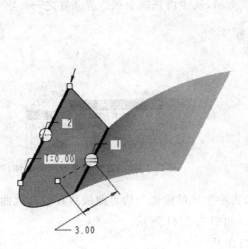

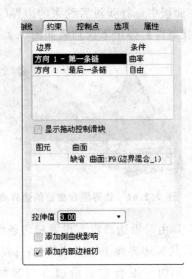

| (a) 设置拉伸因子为3 | (b)【约束】滑动面板 |

图 7.2.46 改变拉伸因子影响曲面形状

界与相邻曲面的曲率更加接近了,但是以曲面更大的扭曲作为代价的。

例 7.2 设置边界混合曲面特征边界约束前后的对比变化如图 7.2.47 所示,改变图(a)中模型的边界约束,使其变为图(b)所示。

| (a) 未设置边界约束条件 | (b) 设置边界约束条件 |

图 7.2.47 设置边界混合曲面特征边界约束条件前后对比

分析:改变图 7.2.47(a)中曲面的底面椭圆弧的边界约束为垂直于底平面,即可得到图完成模型修改。

(1)打开随书光盘文件 ch7\ch7_2_example6.prt。

(2)激活边界混合曲面重定义命令。选中已经建立的边界混合曲面,右击,在弹出的右键菜单中单击【编辑定义】,弹出边界混合曲面操控面板。

(3)单击【约束】弹出滑动面板,在"方向 1-第一条链"后的【条件】下拉框中选择"垂直",并确保下面的参照平面收集器中收集的平面为 TOP 面,如图 7.2.48 所示。

完成的模型参见随书光盘文件 ch7\f\ch7_2_example6_f.prt。

图 7.2.48 【约束】滑动面板

7.2.6　填充特征

填充特征用于创建平整面,如图 7.2.49 所示为一个填充特征的实例,其生成步骤如下:

(1) 单击【编辑】→【填充】菜单项,弹出填充特征操控面板如图 7.2.50 所示。

图 7.2.49　填充曲面　　　　　　　　图 7.2.50　填充曲面操控面板

(2) 定义草绘截面　单击【参照】弹出滑动面板如图 7.2.51 所示,单击【定义】按钮,选取 TOP 面作为草绘平面,定位草绘平面,创建封闭草图如图 7.2.52 所示。

图 7.2.51　【参照】滑动面板

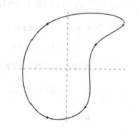

图 7.2.52　填充曲面的草图

(3) 预览并完成特征,本例随书光盘文件 ch7\ch7_2_example8.prt。

7.2.7　复制、粘贴与选择性粘贴曲面

复制与粘贴是 Pro/Engineer Wildfire 2.0 新完善的一项功能,可使用“复制”、“粘贴”和“选择性粘贴”命令复制和放置特征、几何、曲线和边链。“选择性粘贴”有多种功能,本章仅介绍对曲面图元应用“对副本应用移动/旋转变换”功能。

复制是将选定的项目复制到剪贴板,可以复制特征,也可以复制几何、曲线和边等非特征图元。粘贴与选择性粘贴集成了复制、移动等多个功能,用于在新的参照上粘贴复制到剪贴板中的项目。根据剪贴板中存放项目的不同,粘贴界面和粘贴方式也不同。

若粘贴的为特征,则系统会打开特征创建时的操控面板,可重定义此粘贴特征,图 7.2.53 为粘贴拉伸曲面特征的操控面板。若选择性粘贴特征并选择【对副本应用移动/旋转变换】复选框,则会打开移动特征操控面板如图 7.2.54 所示。

若粘贴的项目是几何,因为它没有建立过程,系统会打开复制操控面板,图 7.2.55 为粘贴曲面几何的操控面板。若对几何应用选择性粘贴,系统打开复制与移动/旋转操控面板,与选择性粘贴特征功能相似,但有【参照】项,可以随时选择和更换被移动的曲面,

图 7.2.53　粘贴特征的操控面板

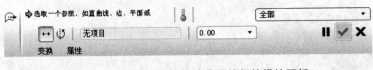

图 7.2.54　移动/旋转粘贴曲面特征的操控面板

图 7.2.55　粘贴曲面几何的操控面板

图 7.2.56 为选择性粘贴曲面几何的操控面板。

图 7.2.56　选择性粘贴曲面几何的操控面板

1. 粘贴曲面组

选定一组曲面并应用"复制"、"粘贴"将复制曲面组。首先选定一组曲面,单击【编辑】→【复制】菜单项,或工具栏按钮 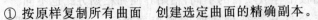,或直接按组合键 Ctrl＋C,将面组复制到剪贴板。再单击【编辑】→【粘贴】菜单项,或工具栏按钮，或直接按组合键 Ctrl＋V,系统打开操控面板如图 7.2.57 所示,可以复制与源曲面形状和大小相同的曲面。其面板功能解释如下。

• 参照　单击操控面板上的【参照】,弹出滑动面板如图 7.2.57 所示,在其【复制参照】收集器中,可以添加、删除和更改要复制的曲面。

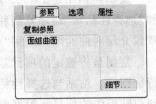

图 7.2.57　【参照】滑动面板

• 选项　单击操控面板上的【选项】,弹出滑动面板如图 7.2.58 所示,在此面板中可选择多种曲面的复制方式。

① 按原样复制所有曲面　创建选定曲面的精确副本。

② 排除曲面并填充孔　复制曲面时可从当前复制特征中排除部分曲面或填充曲面内的孔,单击【排除曲面并填充孔】单选框可进一步选取排除的曲面或要填充的孔/曲面,如图 7.2.59 所示。

③ 复制内部边界　选取边界,复制时仅生成边界内的几何,其收集器如图 7.2.60 所示。

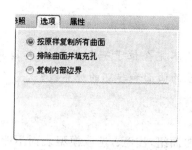

图 7.2.58 【选项】滑动面板（1）

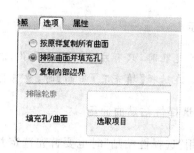

图 7.2.59 【选项】滑动面板（2）

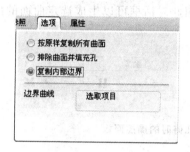

图 7.2.60 【选项】滑动面板（3）

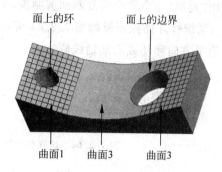

图 7.2.61 例 7.3 图

例 7.3 如图 7.2.61 所示，上表面为三个面的组合，而且上面有两个孔，要求复制上表面并在复制过程中填充孔。本例参见随书光盘文件 ch7\ch7_2_example9.prt。

（1）单击选取实体上任一表面，单击【编辑】→【复制】菜单项或工具栏按钮 ，将选取的表面复制到剪贴板中。

（2）单击【编辑】→【粘贴】菜单项或工具栏按钮 ，弹出粘贴几何操控面板如图 7.2.55 所示。

（3）单击面板上的【参照】，并激活参照收集器，选取曲面 1、曲面 2 和曲面 3。

（4）单击 ✓ 👓 预览复制的曲面如图 7.2.62 所示，可以看到原样复制的曲面。

（5）单击 ▶ 退出预览，在【选项】面板中选中【排除曲面并填充孔】，并将左边圆所在的曲面 1 和右边圆的边界添加【填充孔/曲面】收集器中。再次单击 ✓ 👓 预览，结果如图 7.2.63 所示。

（6）单击 ✔ 完成复制，模型参见随书光盘文件 ch7\f\ch7_2_example9_f.prt。

图 7.2.62 原样复制曲面

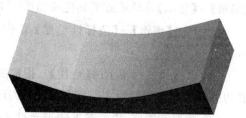

图 7.2.63 填充孔复制曲面

提示

　　在填充孔时,只有左边的圆才是孔,右边的圆不完全位于一个曲面上,其边界未形成一个环。在选择【填充孔/曲面】时,要选择环所在的曲面和非环的边界线。

2. 选择性粘贴曲面组

　　使用"选择性粘贴"时也要首先选定并复制曲面组,注意:选取模型表面不能执行"选择性粘贴",只有选取曲面特征上的面组才可激活此命令。

　　使用"复制"命令将曲面复制到剪贴板,单击【编辑】→【选择性粘贴】菜单项,或工具栏按钮🗐,系统打开操控面板如图 7.2.64 所示,使用此对话框可以生成选定曲面的副本并可将其沿某方向移动或沿某轴线旋转。

图 7.2.64　选择性粘贴曲面几何时的操控面板

- 　↔ 表示复制并移动图形,↻ 表示复制并旋转图形。
- 参照　用于收集要移动/旋转的项目,如图 7.2.65 所示。
- 变换　指定曲面移动的方向参照和距离(曲面旋转的轴线和角度),可以连续指定多个移动/旋转方式,如图 7.2.66 所示。

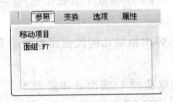

图 7.2.65　【参照】滑动面板

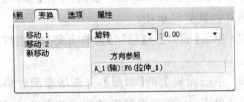

图 7.2.66　【变换】滑动面板

- 选项　选取复选框 ☑ 隐藏原始几何可在复制时隐藏源曲面组,只显示被复制的项目。

例 7.4　使用例 7.3 中生成的曲面为源曲面,复制并旋转曲面。

　　(1) 打开随书光盘文件 ch7\f\ch7_2_example9_f. prt,选取复制生成的曲面并单击【编辑】→【复制】菜单项或工具栏按钮🗐,将其复制到剪贴板中。

　　(2) 单击【编辑】→【选择性粘贴】菜单项或工具栏按钮🗐,弹出对话框如图 7.2.64 所示。

　　(3) 单击操控面板上的【变换】。指定曲面旋转的【方向参照】为实体上右边的一条竖直边并输入旋转角度为 45°,如图 7.2.67 所示,生成的曲面参见图 7.2.68 所示。

　　(4) 预览并完成,模型参见随书光盘文件 ch7\f\ch7_2_example9_f2. prt。

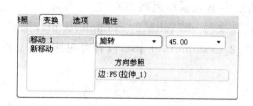

图 7.2.67　【变换】滑动面板

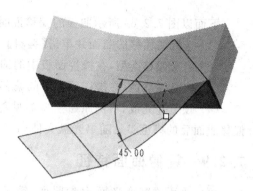

图 7.2.68　选择性粘贴预览

7.2.8　偏移曲面特征

如同曲面复制/粘贴功能一样,曲面偏移也是用于在已有曲面基础上生成新的曲面。如图 7.2.69 所示,下部曲面经过偏移生成了上部带网格的曲面。注意,要激活"偏移"工具,必须先选取一个面。

选中要偏移的面(不能是曲面特征),单击【编辑】→【偏移】菜单项,弹出操控面板如图 7.2.70 所示。

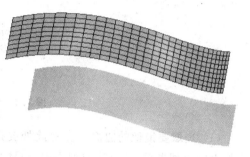

图 7.2.69　偏移曲面

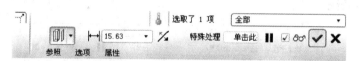

图 7.2.70　偏移曲面操控面板

- 选择偏移特征的类型为标准偏移。偏移特征是本软件的高级特征,系统提供了标准偏移、拔模偏移、展开偏移、替换曲面偏移等 4 种偏移方式,本书仅讲述标准偏移。
- 15.63　指定偏移距离。
- 参照　指定要偏移的曲面,如图 7.2.71 所示。
- 选项　控制偏移曲面的生成方式,如图 7.2.72 所示,系统默认"垂直于曲面"偏移。

图 7.2.71　【参照】滑动面板

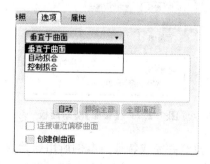

图 7.2.72　【选项】滑动面板

下面以图 7.2.69 所示曲面的偏移说明曲面偏移的操作步骤：

（1）选取要偏移的曲面并单击【编辑】→【偏移】菜单项，激活偏移命令。

（2）定义偏移类型，在操控面板中的偏移类型栏中选取偏移类型 。

（3）定义偏移值，在操控面板中的偏移数值框中输入偏移距离 100。

（4）预览并完成，本例原始模型参见随书光盘文件 ch7\ch7_2_example10.prt，生成偏移曲面后的模型参见随书光盘文件 ch7\f\ch7_2_example10_f.prt，读者可对照练习。

7.2.9　镜像曲面特征

可以平面或基准平面为参照面，镜像选定的曲面，如图 7.2.73 所示，其操作过程如下：

图 7.2.73　镜像曲面

（1）选取要镜像的曲面　注意此处要选取曲面图元，而不是曲面特征。可以单击状态栏上的过滤器框，从过滤器列表中选择【几何】，单击选取要镜像的曲面。

（2）激活曲面镜像命令　单击【编辑】→【镜像】菜单项或工具栏按钮 ，弹出操控面板如图 7.2.74 所示。

图 7.2.74　镜像曲面操控面板

（3）定义镜像平面　单击【参照】，弹出滑动面板如图 7.2.75 所示，选择 RIGHT 面作为镜像平面。

（4）确定是否隐藏源曲面　单击【选项】，出现如图 7.2.76 所示滑动面板，由 隐藏原始几何复选项可以控制是否隐藏源曲面，此处不选取。

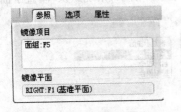

图 7.2.75　【参照】滑动面板

图 7.2.76　【选项】滑动面板

（5）预览并完成特征。本例所用原始模型参见随书光盘文件 ch7\ch7_2_example11.prt，生成镜像曲面后的模型参见随书光盘文件 ch7\f\ch7_2_example11_f.prt。

注意

若在选择源曲面时,选取的是特征,操控面板将稍有不同,请读者注意观察。

7.3　曲面特征的编辑

曲面特征的编辑主要是将 7.2 节中建立的独立曲面合成为面组,并修改面组,然后转变成为实体。其主要的编辑方法有合并、修剪、延伸、加厚、实体化等,下面分别介绍。

7.3.1　曲面合并

曲面合并是 Pro/Engineer 曲面建模过程中使用最多的曲面编辑方法,是通过求交两个曲面,或连接两个及以上面组,将多个面组组合为一个整体。

如图 7.3.1 所示,图(a)中显示了两个相交在一起的面组,使其合并为一个整体,并在整体曲面相交处相互修剪,得到整合后的单一曲面如图(b)所示。

(a) 相交的两个曲面　　　　　　　　　　(b) 合并后得到一个曲面

图 7.3.1　曲面合并示意图

工程实际中使用的形状复杂的壳体类零件,其主曲面可由多个曲面依次合并而生成,然后再编辑主曲面。其建模过程如图 7.3.2 所示,对图 7.3.1(b)所示模型,在其上部添加如图 7.3.2(a)所示曲面,并将这个曲面合并到主曲面上,如图 7.3.2(b)所示,然后将各边倒圆角如图 7.3.2(c)所示,便得到一个按键的外形曲面。

(a) 添加顶部曲面　　　　　(b) 合并顶部曲面　　　　　(c) 倒圆角

图 7.3.2　复杂壳体曲面建模示意图

选择两个相交或相邻的曲面,并单击【编辑】→【合并】菜单项或工具栏按钮 ，弹出操控面板如图 7.3.3 所示。

图 7.3.3　曲面合并操控面板

• 参照　单击操控面板上的【参照】,弹出滑动面板如图7.3.4所示。在面组收集器中收集了预先选中的两个面组。其中,上面的面组称为主面组,选中并单击右下部的 ⬇️ 可将其移动到面组列表的后面。此时,位于上面的面组变为主面组。

• 选项　单击操控面板上的【选项】,弹出滑动面板如图7.3.5所示。可以选择合并的方式为"相交"或"连接"。"相交"是指所创建的面组由两个相交面组的修剪组成,以上的合并均为相交合并。而"连接"是指当一个面组的边位于另一个面组的曲面上,或两个或多个面组的边均彼此邻接且不重叠时,将这些面合并为整体曲面的方法。如图7.3.6所示,模型由4个曲面组成,若要对其作进一步的处理需首先将这4个面合并为一个曲面特征。按住Ctrl键顺序选取各相邻面,激活合并命令后曲面合并为一个特征,操控面板如图7.3.7所示,因为一次合并多个面,只能使用"连接"合并的方法,"选项"面板不可用。

图 7.3.4 【参照】滑动面板

图 7.3.5 【选项】滑动面板

图 7.3.6 "连接"合并曲面的例子

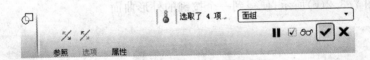

图 7.3.7 连接合并曲面的操控面板

以上四曲面连接合并模型参见随书光盘文件 ch7\ch7_3_example1.prt,四个面组合并后的模型参见 ch7\f\ch7_3_example1_f.prt。

提示

使用"连接"方式合并前后的两个模型在着色状态下并没有明显的差异,但若切换到"消隐"的线框模式下可以看出:在未合并前,面与面之间的相交线以绿色(在以前的Wildfire版本中为粉红色)显示,而合并以后,相交线则变为紫红色。

• ✗ ✗　单击 ✗ ✗ 切换曲面要保留的侧。如图7.3.8所示,切换圆形曲面的外侧为要保留的部分,得到合并特征如图7.3.9所示。

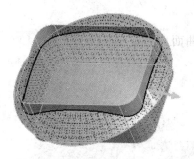

图 7.3.8　切换合并的保留部分

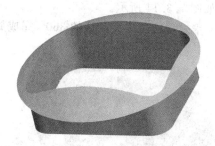

图 7.3.9　合并特征

例 7.5　建立如图 7.3.10 所示按键的曲面模型。

分析：本曲面由三个曲面合并而成，最后对合并曲面的边倒圆角。

模型建立过程：①建立下部竖直面；②建立上部曲面；③合并下部竖直曲面与上部大曲面；④建立顶部小曲面；⑤将顶部小曲面合并到已有曲面上；⑥建立倒圆角。

步骤 1：建立下部竖直面

（1）激活命令　单击【插入】→【拉伸】菜单项或工具栏按钮 □ 激活拉伸命令，单击操控面板上的 □ 选项，建立曲面特征。

（2）定义草绘　单击操控面板上的【放置】，弹出滑动面板。单击【定义】按钮，选择 TOP 面作为草绘平面，RIGHT 面作为参照，方向向右。定义草图如图 7.3.11 所示。

图 7.3.10　例 7.5 模型

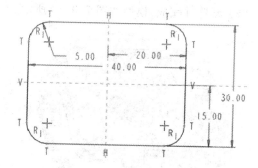

图 7.3.11　拉伸特征草图

（3）指定拉伸方向与深度　指定模型生成于 TOP 面的上部，深度为 18。生成的模型如图 7.3.12 所示。

步骤 2：建立上部大曲面

本例使用旋转特征建立上部大曲面，最终建立的模型如图 7.3.13 所示。

（1）激活命令　单击【插入】→【旋转】菜单项或工具栏按钮 ◆，激活旋转命令，单击操控面板上的 □ 选项，建立曲面特征。

（2）定义草绘　单击操控面板上的【位置】，弹出滑动面板。单击【定义】按钮，选择 FRONT 面作为草绘平面，RIGHT 面作为参照，方向向右。定

图 7.3.12　拉伸曲面特征

义草图如图 7.3.14 所示。

（3）指定旋转角度为默认的 360°,完成旋转曲面。

图 7.3.13　上部曲面

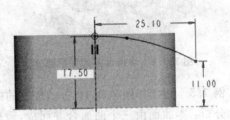

图 7.3.14　上部曲面草图

步骤 3：合并两曲面

（1）激活合并命令　选中步骤 1 和步骤 2 中建立的曲面,单击【编辑】→【合并】菜单项或工具栏按钮 ⬠,激活合并命令。

（2）调整各曲面保留的侧　单击合并操控面板上的 ✕ 按钮,使得竖直曲面保留下部,回转曲面保留中间部分,如图 7.3.15 所示。

（3）预览并完成,模型如图 7.3.16 所示。

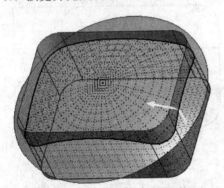

图 7.3.15　合并曲面的保留部分

图 7.3.16　合并曲面

步骤 4：建立顶部小曲面

本例使用边界混合命令建立顶部小曲面,完成后的效果如图 7.3.17 所示。

（1）建立中间基准曲线　单击【插入】→【模型基准】→【草绘】菜单项或工具栏按钮 ⬚,激活草绘基准曲线命令。选择 FRONT 面作为草绘平面,RIGHT 面作为参照平面,方向向右,建立曲线如图 7.3.18 所示。

（2）建立基准平面　单击【插入】→【模型基准】→【平面】菜单项或工具栏按钮 ⬜,激活基准平面工具,选择 FRONT 面作为参照,向其正方向偏移 10 建立基准面 DTM1,如图 7.3.19 所示。

图 7.3.17　建立上部小曲面

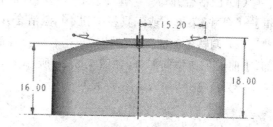

图 7.3.18　上部曲面第 1 条草绘基准曲线

（3）建立前基准曲线　单击【插入】→【模型基准】→【草绘】菜单项或工具栏按钮 ，激活草绘基准曲线命令。选择步骤（2）中建立的 DTM1 面作为草绘平面，RIGHT 面作为参照平面，方向向右，建立曲线如图 7.3.20 所示。

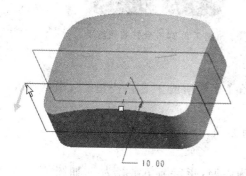

图 7.3.19　建立基准平面

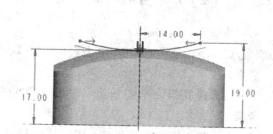

图 7.3.20　第 2 条草绘基准曲线

（4）镜像前基准曲线　选中步骤（3）中建立的草绘基准曲线，单击【编辑】→【镜像】菜单项或工具栏按钮 ，选择 FRONT 面为镜像平面，得到第 3 条基准曲线如图 7.3.21 所示。

（5）建立边界混合曲面　单击【插入】→【边界混合】菜单项或工具栏按钮 ，激活边界混合曲面命令，依次选择步骤（3）、（1）、（4）中建立的曲线，生成曲面预览如图 7.3.22 所示。

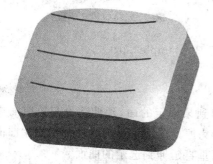

图 7.3.21　镜像基准曲线

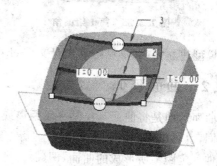

图 7.3.22　边界混合曲面

步骤 5：将步骤 4 中建立的小曲面合并到步骤 3 中生成的合并曲面上

（1）激活合并命令　选中步骤 3 中生成的合并曲面和步骤 4 中建立的曲面，单击【编辑】→【合并】菜单项或工具栏按钮 ，激活合并命令。

（2）调整各曲面保留的侧　单击合并操控面板上的 按钮，使得原合并曲面保留下部，小曲面保留中间部分，如图 7.3.23 所示。

（3）预览并完成，如图 7.3.24 所示。

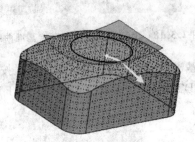

图 7.3.23　合并曲面要保留的侧

图 7.3.24　合并曲面结果

步骤 6：各边倒圆角

（1）激活圆角命令　单击【插入】→【倒圆角】菜单项或工具栏按钮 ，激活圆角命令。

（2）建立第一个圆角组　选择外部边作为参照，指定圆角半径为 3，如图 7.3.25 所示。

（3）建立第二个圆角组　选择中间圆边作为参照，指定圆角半径为 5，如图 7.3.26 所示。

图 7.3.25　第 1 组圆角

图 7.3.26　第 2 组圆角

模型建立完成，参见随书光盘文件 ch7\ch7_3_example2.prt。

7.3.2　曲面延伸

曲面延伸是将曲面延长某一段距离或延伸到某选定的面，延伸部分与原曲面类型可以相同，也可以不同。如图 7.3.27 所示，图（a）为原始曲面，图（b）为曲面沿原始曲面的方向延伸一定距离所形成的曲面，图（c）为将曲面垂直延伸到选定的曲面。

选中要延伸曲面的边或边链，单击【编辑】→【延伸】菜单项，弹出延伸操控面板如图 7.3.28 所示。

(a) 原始曲面　　　　　　(b) 沿原始曲面延伸　　　　　(c) 延伸到参照平面

图 7.3.27　延伸曲面

图 7.3.28　延伸曲面操控面板（1）

- 沿原始曲面延伸。选中该图标后在文本框内输入延伸距离,生成的图形如图 7.3.27(b)图所示。

- 延伸到参照平面。选中该图标后使用参照平面收集器选取参照平面,如图 7.3.29 所示,生成的图形如图 7.3.27(c)所示。

图 7.3.29　延伸曲面操控面板（2）

- 参照　更改要延伸的边或边链。

下面以如图 7.3.27(c)所示延伸为例,说明延伸的操作步骤:

(1) 选取要延伸的曲面的右侧边。

(2) 激活延伸命令　单击【编辑】→【延伸】菜单项,弹出延伸操控面板。

(3) 选取延伸方式　选择延伸到参照平面 ,并选择 RIGHT 面作为延伸的参照平面如图 7.3.30 所示。

图 7.3.30　延伸曲面操控面板（3）

(4) 预览并完成特征。本例模型参见随书光盘文件 ch7\ch7_3_example3.prt,生成延伸曲面后的模型参见随书光盘文件 ch7\f\ch7_3_example3_f.prt。

7.3.3　曲面修剪

曲面的修剪就是利用其他曲面、曲线、基准平面等来切割另一个曲面,它类似于实体的去除材料。常用的修剪方法有三种:建立特征时选择"去除材料"选项修剪曲面、用曲面或基准平面修剪曲面、用曲面上的曲线修剪曲面,本节将介绍前两种方法。

1. 建立特征时选择"去除材料"选项修剪曲面

在【拉伸】、【旋转】命令操控面板中选取曲面图标 □ 和去除材料图标 ∠，或选择【扫描】、【混合】等命令下的【曲面修剪】选项，均可产生一个用于修剪其他曲面的曲面特征。

注意

建立的修剪曲面只用于修剪，不会在模型中出现可视化的特征，但存在于模型树中。

下面以图 7.3.31 所示的在曲面上切割异形孔为例说明特征修剪曲面选项的使用。

(1) 打开随书光盘文件 ch7\ch7_3_example4.prt。

(2) 激活修剪曲面拉伸特征　单击【插入】→【拉伸】菜单项或工具栏按钮 □，在弹出的拉伸曲面操控面板中选取 □ 和 ∠，并选取模型中已有曲面作为要被修剪的面，如图 7.3.32 所示。

图 7.3.31　切割异形孔

图 7.3.32　拉伸曲面操控面板

(3) 建立修剪草图　单击操控面板中的【放置】，在弹出的滑动面板中单击【定义】按钮，以 TOP 面为草绘平面，建立如图 7.3.33 所示封闭样条曲线作为草绘截面。

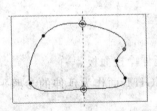

图 7.3.33　拉伸曲面的草图

(4) 选取深度模型与修建方向　选取深度类型为穿透 ⫴，选取切除截面内侧材料。

(5) 预览并完成特征，模型参见随书光盘文件 ch7\f\ch7_3_example4_f.prt。

2. 用曲面或基准平面修剪曲面

使用"修剪"命令，可用另一个面组、基准平面或沿一个选定的曲线链来修剪曲面。选取要被修剪的面或曲面特征后，单击【编辑】→【修剪】菜单项激活修剪曲面操控面板如图 7.3.34 所示。

图 7.3.34　修剪曲面操控面板

例 7.6　以图 7.3.35 所示的图形修剪为例说明曲面修剪过程。

(1) 利用拉伸曲面特征建立要被修剪的开放曲面和封闭的修剪曲面，如图 7.3.35 左图所示。

（2）选取要被修剪的开放曲面，单击【编辑】→【修剪】菜单项，弹出修剪操控面板。

（3）选取修剪对象　单击【参照】，在弹出的滑动面板中单击【修剪对象】收集器，选取封闭曲面作为修剪对象，如图 7.3.36 所示。

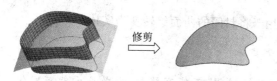

修剪

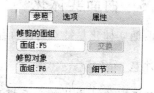

图 7.3.35　例 7.6 修剪曲面示意图

图 7.3.36　【参照】滑动面板

（4）单击操控面板上的 ⁄ 图标，选定内侧曲面作为要保留部分，如图 7.3.37 所示。

（5）去除修剪曲面　单击【选项】弹出滑动面板，确保复选框 □ 保留修剪曲面 没有被选中，如图 7.3.38 所示。

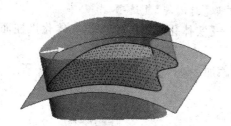

图 7.3.37　切换修剪曲面要保留的侧

图 7.3.38　【选项】滑动面板

（6）预览并完成特征，如图 7.3.39 右图所示。本例原始模型参见随书光盘文件 ch7\ch7_3_example5.prt，修剪曲面后的模型参见随书光盘文件 ch7\f\ch7_3_example5_f.prt。

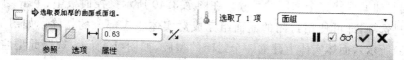

图 7.3.39　加厚曲面操控面板

7.3.4　曲面加厚

工程实际中所使用的模型均为有厚度、质量等特性的实体，而曲面是没有厚度的几何特征，所以前面建立的零厚度曲面只能用来表达模型表面形状。要想将曲面应用到工程中，需要将其转化为有一定厚度和体积的实体。使用"曲面加厚"和"曲面实体化"（7.3.5 节讲述）可完成此操作："曲面加厚"是针对开放曲面组的，用于在开放曲面组基础上建立壳体；"曲面实体化"用于将封闭的曲面组转变为实体。

例 7.7　以例 7.5 中建立的曲面（见图 7.3.10）作为源曲面，将其转化为厚度为 1 的壳体。

（1）打开随书光盘文件 ch7\ch7_3_example6.prt，曲面如图 7.3.10 所示。

（2）选取曲面，单击【编辑】→【加厚】菜单项，弹出加厚曲面操控面板如图 7.3.39 所示。

（3）制定加材料的侧。单击 ⁄，使添加材料的侧变为内侧。

（4）输入生成壳体的厚度 1。

（5）预览并完成特征，完成的模型参见随书光盘文件 ch7\f\ch7_3_example6_f.prt。

7.3.5 曲面实体化

曲面实体化是针对封闭面组的，用于将封闭的曲面组转变为实体。

注意

需要转变为实体的曲面模型必须完全封闭，不能有缺口，或是曲面能与实体表面相交，并组成封闭的曲面空间。

下面以一个拉伸曲面的实体化为例来说明实体化过程。

（1）使用拉伸曲面特征，建立一个立方体曲面。

注意

为了使生成的曲面封闭，拉伸过程中要选取【封闭端】复选项。

（2）选取（1）中生成的曲面，单击【编辑】→【实体化】菜单项，弹出实体化操控面板如图 7.3.40 所示。

（3）预览并完成特征。完成后的模型树添加一项 实体化 ，如图 7.3.41 所示。

| 图 7.3.40 实体化操控面板 | 图 7.3.41 添加实体化特征后的模型树 |

与前面使用拉伸、旋转等方法可以建立切除特征类似，曲面实体化过程中也可以切除实体，得到与曲面形状完全相同的型腔。在图 7.3.40 所示操控面板中，单击 按钮选取其去除材料选项，即可使用封闭的曲面组完成对实体相应部分的切除。如图 7.3.42 所示，在图（a）所示六面体实体上建立一个封闭的型腔，如图（b）所示，选取此型腔激活曲面实体化命令，单击 按钮可去除六面体中封闭曲面所形成的区域，如图（c）所示。

(a) 原始实体模型　　　　(b) 封闭面组　　　　(c) 实体化切除后的模型

图 7.3.42 实体化切除示意图

7.4 综合实例

例 7.8 使用曲面合并的方法建立如图 7.4.1 所示的模型。

分析：本例中模型在 4.2 节中已经作为实体建模的例子讲述过，本节讲述怎样用曲面的方法生成。对于含有较复杂曲面的实体模型的建立,一般来说首先建立多个曲面,然后合并成一个整体,再使用加厚或实体化方法将其转化为实体,完成主体的建立;最后添加孔、倒角等放置特征。

模型建立过程:①使用旋转曲面的方法建立半圆球曲面;②建立基准曲面,用于生成左侧管道曲面的草图;③使用拉伸的方法建立左侧管道曲面;④将半圆球曲面与管道曲面合并并加厚为实体;⑤建立左侧和下部的凸缘;⑥建立左侧和下部的螺纹孔特征并阵列,完成模型。

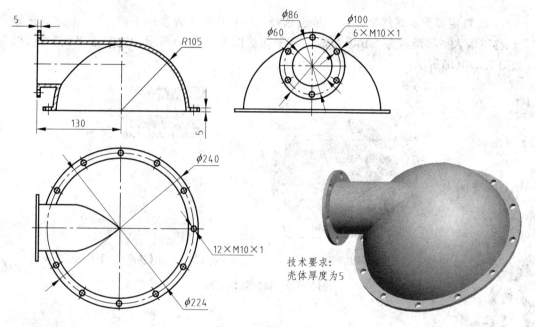

技术要求:
壳体厚度为5

图 7.4.1 例 7.8 图

步骤 1:建立新文件

(1) 单击【文件】→【新建】菜单项或工具栏 □ 按钮,确定文件名为 ch7_4_example1,取消默认模板,单击【确定】按钮。

(2) 在【新文件选项】对话框中,选择公制模板 mmns_part_solid,并单击【确定】按钮,进入零件设计工作界面。

步骤 2:使用旋转曲面的方法建立半圆球曲面

(1) 单击【插入】→【旋转】菜单项或特征工具栏中的拉伸按钮 ⚙️,激活旋转命令。

(2) 在操控面板中单击 ▱ 图标建立曲面。

(3) 绘制截面草图 选择 FRONT 面作为草绘平面,RIGHT 面作为参照平面,方向向右,绘制草图如图 7.4.2(a)所示。

(4) 指定旋转角度为 360°,生成半圆球曲面如图 7.4.2(b)所示。

步骤 3:建立辅助平面

(1) 激活基准平面命令 单击【插入】→【模型基准】→【平面】菜单项激活基准平面特征工具。

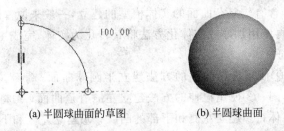

(a) 半圆球曲面的草图　　　　　(b) 半圆球曲面

图 7.4.2　使用旋转曲面建立半圆球

（2）选定参照及其约束方式　单击选择 RIGHT 面作为参照平面,其约束方式选择"偏移",输入平移距离为-130,生成基准平面如图 7.4.3(a)所示,其【基准平面】对话框如图 7.4.3(b)所示。

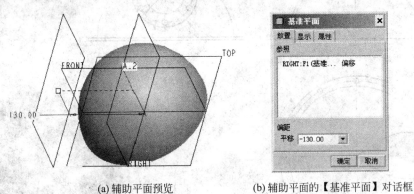

(a) 辅助平面预览　　　　　　　　　(b) 辅助平面的【基准平面】对话框

图 7.4.3　建立辅助平面

注意

偏移距离输入-130 是为了确保基准平面生成于参照平面 RIGHT 的负方向上(左侧),若此时生成的参照平面位于 RIGHT 的右侧,将输入距离改为负值即可。

步骤 4:使用拉伸曲面的方法生成左侧管道曲面

（1）激活拉伸命令　单击【插入】→【拉伸】菜单项激活拉伸特征工具。

（2）在操控面板中单击 口 图标建立曲面。

（3）绘制截面草图　选择步骤 3 中建立的基准平面作为草绘平面,TOP 面作为参照平面,方向为"顶",绘制草图如图 7.4.4 所示。

（4）指定拉伸方向及深度　确保拉伸方向为指向半球曲面模型,拉伸深度为"到选定的" ,其深度参照为 RIGHT 面。

（5）完成拉伸,完成后的模型如图 7.4.5 所示。

步骤 5:合并半球面和管道曲面

（1）选中两个曲面,单击【编辑】→【合并】菜单项激活合并曲面工具。

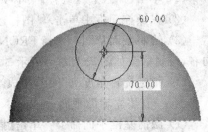

图 7.4.4　左侧管道拉伸曲面的草图

图 7.4.5　管道曲面示意图

（2）单击合并操控面板上的 ⚹ 按钮，改变曲面保留的侧，确保保留半球外侧和管道外侧，生成的模型预览如图 7.4.6(a)所示。单击 ✔ 按钮完成模型的建立，模型如图 7.4.6(b)所示。

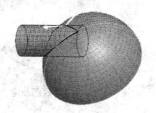

（a）曲面合并预览　　　　　　　　　（b）合并后的曲面

图 7.4.6　将半球与管道曲面合并

步骤 6：加厚合并生成的曲面组

选中合并曲面组，单击【编辑】→【加厚】菜单项激活加厚开放曲面工具。在加厚操控面板中输入加厚实体的厚度 5，确保生成实体的方向为向外。单击 ✔ 按钮完成加厚实体，模型如图 7.4.7 所示。

图 7.4.7　将曲面加厚为壳体

步骤 7：使用拉伸特征建立左侧凸缘

（1）激活拉伸命令　单击【插入】→【拉伸】菜单项激活拉伸特征工具。

（2）绘制截面草图　选择步骤 3 中建立的基准平面作为草绘平面，TOP 面作为参照平面，方向向"顶"，绘制草图如图 7.4.8(a)所示。

（3）指定拉伸方向及深度　确保拉伸方向为朝向模型，深度为 5。生成的模型如图 7.4.8(b)所示。

步骤 8：使用拉伸特征建立底部凸缘

与步骤 7 类似，激活拉伸命令，选用 TOP 面作为草绘平面，RIGHT 面作为参照平面，方向向右，绘制草图如图 7.4.9(a)所示。指定其拉伸方向向上，深度为 5。生成的模型如图 7.4.9(b)所示。

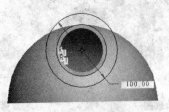

(a) 凸缘的草图

(b) 凸缘

图 7.4.8　使用拉伸特征建立凸缘

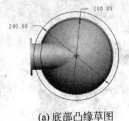

(a) 底部凸缘草图

(b) 底部凸缘

图 7.4.9　使用拉伸特征建立底部凸缘

步骤 9：在管道凸缘上建立螺纹孔

(1) 激活孔特征命令　单击【插入】→【孔】菜单项激活孔特征工具。

(2) 定位螺纹孔位置　主放置平面为左侧凸缘左侧面，放置方式为"径向"，选用管道中心线和 FRONT 面作为其偏移参照，其参考尺寸分别为半径 43 和角度 0°，其放置上滑面板如图 7.4.10 所示。

(3) 选择孔的形式为标准孔，其标准选用 ISO，尺寸为 M10×1。确定钻孔深度为到凸缘的另一面。

(4) 单击操控面板中的【注释】弹出滑动面板，取消选择【添加注释】复选框。单击 ✔ 按钮完成螺纹孔的建立。

图 7.4.10　【放置】滑动面板

步骤 10：阵列螺纹孔

(1) 选中螺纹孔，单击【编辑】→【阵列】菜单项激活阵列工具。

(2) 选择阵列形式为"轴"，单击选择管道中心线作为轴阵列的参考。

(3) 指定在 360° 范围内均匀生成 6 个螺纹孔，其操控面板和生成螺纹孔预览如图 7.4.11 所示。

步骤 11：使用步骤 8、步骤 9 相同的方法建立底部凸缘上的螺纹孔并阵列

(1) 建立底部螺纹孔　以模型底面作为主放置参照，使用"径向"放置方式，建立螺纹孔。其偏移参照为半球中心线和 FRONT 面，参考尺寸分别为半径 112 和角度 0°，【放置】滑动面板如图 7.4.12。

(a) 螺纹孔阵列操控面板

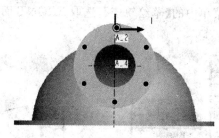

(b) 螺纹孔阵列预览

图 7.4.11 建立螺纹孔阵列

(2) 阵列螺纹孔 选用"轴"阵列的形式,选取半球中心线作为参考,指定在 360°范围内均匀生成 12 个螺纹孔。

模型建立完成,如图 7.4.1。本例生成的模型参见随书光盘文件 ch7\ch7_4_example1.prt。

图 7.4.12 【放置】滑动面板　　　　**图 7.4.13 例 7.9 图**

例 7.9 建立图 7.4.13 所示简化后的手机前盖模型。

分析:本例外表面为复杂曲面,可以使用扫描曲面生成,多余部分切除掉,实体上的孔可以采用去除材料拉伸特征和阵列生成。

模型建立过程:①扫描曲面生成模型外表面;②加厚曲面;③去除多余部分,形成模型底面;④去除材料生成屏幕、大按键和一个数字键;⑤阵列数字键,完成模型。

使用曲面合并的方法建立如图 7.4.13 所示的模型。

步骤 1:建立新文件

(1) 单击【文件】→【新建】菜单项或工具栏 按钮,确定文件名为"ch7_4_example2",取消默认模板,单击【确定】按钮。

(2) 在【新文件选项】对话框中,选择公制模板 mmns_part_solid,并单击【确定】按钮,进入零件设计工作界面。

步骤 2：建立扫描曲面

（1）单击【插入】→【扫描】→【曲面】菜单项，屏幕右上角出现如图 7.4.14 所示的对话框和【扫描轨迹】浮动菜单。

（2）选择【扫描轨迹】菜单中的【草绘轨迹】，选取 FRONT 面作为草绘平面，绘制轨迹如图 7.4.15 所示。

图 7.4.14　扫描曲面的对话框和浮动菜单

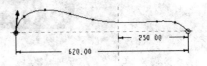

图 7.4.15　建立扫描轨迹

注意

为了保证曲线的光滑性，草图中绘制样条曲线的控制点数不宜太多，双击样条曲线进入曲线编辑状态，可以使用曲率图调整曲线各点的曲率，如图 7.4.16 所示。

（3）定义扫描曲面的截面　扫描轨迹完成后，系统自动进入截面定义界面。绘制扫描截面的一半并镜像完成的扫描截面如图 7.4.17 所示。

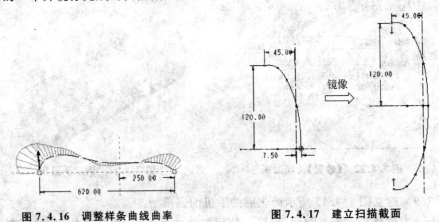

图 7.4.16　调整样条曲线曲率　　　　图 7.4.17　建立扫描截面

（4）单击扫描曲面对话框中的【确定】按钮，完成扫描曲面特征的建立，如图 7.4.18 所示。

步骤 3：加厚曲面

选中完成的扫描曲面特征，单击【编辑】→【加厚】菜单项，在弹出的操控面板中输入厚度 3，完成加厚特征的建立，如图 7.4.19 所示。

步骤 4：添加去除材料的拉伸特征，形成模型的底面

（1）单击【插入】→【拉伸】菜单项，在操控面板中选定实体□和去除材料△。

（2）绘制草绘截面　选用 FRONT 面作为草绘平面，绘制如图 7.4.20 所示的草绘截面。

图 7.4.18　扫描曲面特征

图 7.4.19　加厚曲面

（3）选择拉伸方式　选用两侧拉伸的方式，深度均为"穿透"。

（4）预览并完成切除特征的建立，完成后的模型如图 7.4.21 所示。

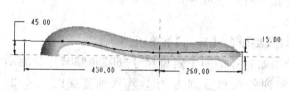

图 7.4.20　去除材料的草绘截面

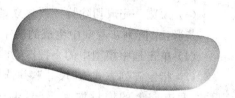

图 7.4.21　切除多余材料

步骤 5：添加去除材料的拉伸特征，完成手机屏幕和大按键制作

（1）单击【插入】→【拉伸】菜单项，在操控面板中选定实体和去除材料，选定 TOP 面作为草绘平面，绘制如图 7.4.22 所示草绘截面。

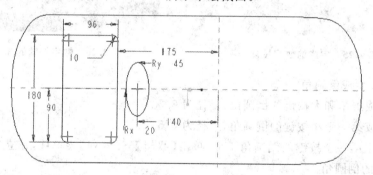

图 7.4.22　手机屏幕和大按键的草图

（2）选择拉伸方式　拉伸方向指向有实体模型侧，深度为"穿透"。

（3）预览并完成切除特征的建立，完成后的模型如图 7.4.23 所示。

步骤 6：添加去除材料的拉伸特征，建立一个数字按键

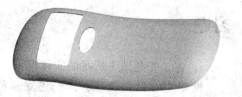

图 7.4.23　完成手机屏幕和大按键

（1）单击【插入】→【拉伸】菜单项，在操控面板中选定实体和去除材料，选定 TOP 面作为草绘平面，绘制如图 7.4.24 所示草绘截面。

（2）选择拉伸方式　拉伸方向指向有实体模型侧，深度为"穿透"。

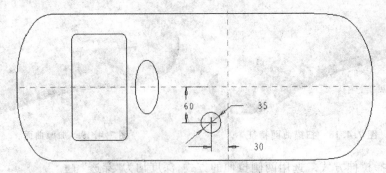

图 7.4.24　数字按键的草绘平面

（3）预览并完成切除特征的建立，完成后的模型如图 7.4.25 所示。

步骤 7：阵列步骤 5 中生成的数字按键

（1）单击选中模型中的小按键，并单击【编辑】→【阵列】菜单项。

（2）指定阵列方式为"尺寸"，并选择原始特征的两个定位尺寸"60"和"30"作为驱动尺寸，两方向上的增量均为－55，生成阵列的数目分别为 3、4，阵列预览如图 7.4.26 所示。

图 7.4.25　完成的数字按键

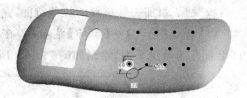

图 7.4.26　数字按键的阵列预览

步骤 8：生成倒圆角

（1）生成屏幕和大按键的倒圆角，半径为 0.5。

（2）生成第一个小按键的倒圆角，半径为 0.5。

（3）选中第一个按键的倒圆角特征，单击【编辑】→【阵列】菜单项，建立参照阵列，完成所有按键的倒圆角。

零件模型建立完毕，如图 7.4.13 所示。本例参见随书光盘文件 ch7_4_example2.prt。

习题

1. 建立如题图 1 所示的实体模型。

模型建立过程提示：首先建立基础拉伸实体；然后利用曲面合并的方法，作出中间闭合面组；利用实体化的去除材料模式，作出最终模型。其建模过程如题图 2 所示。

2. 建立如题图 3 所示的实体模型。

模型建立过程提示：首先建立基础拉伸实体；然后建立两个拉伸曲面特征并合并，形成与实体表面相邻的闭合面组；最后对曲面进行实体化操作，完成模型建立。其建模过程如题图 4 所示。

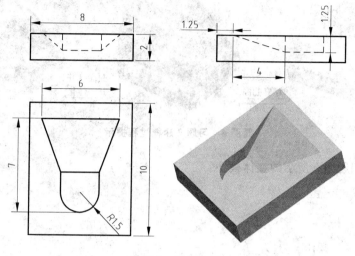

题图 1 习题 1 图

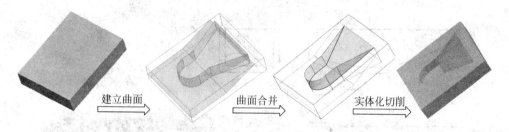

建立曲面 曲面合并 实体化切削

题图 2 习题 1 建模过程提示

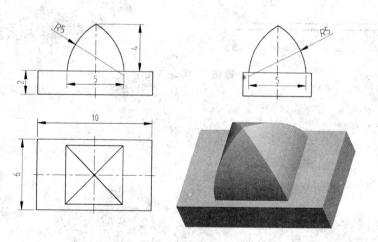

题图 3 习题 2 图

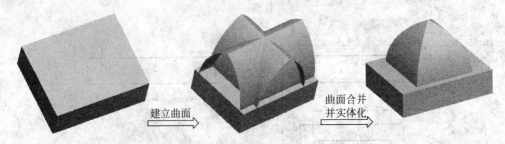

题图 4　习题 2 建模过程提示

3. 建立如题图 5 所示的实体模型。

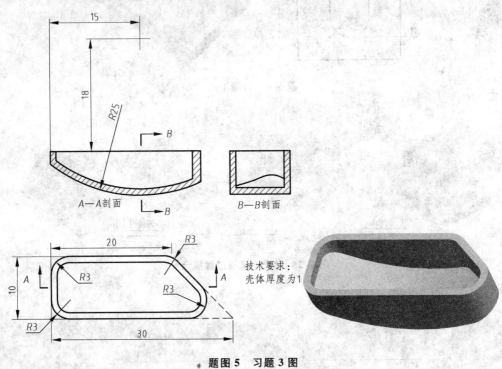

题图 5　习题 3 图

第 **8** 章

模型外观设置与渲染

本章介绍模型外观设置和渲染的相关知识,主要包括模型方向控制、模型外观编辑以及模型渲染等内容。

8.1 模型显示设置

单击【视图】→【显示设置】菜单项,弹出子菜单如图 8.1.1 所示,使用其【模型显示】、【基准显示】、【可见性】等菜单可设置模型显示相关内容。单击【视图】→【模型设置】→【网格曲面】菜单项还可以在指定的曲面或面组上创建网格。

1. 模型显示的控制

单击【视图】→【显示设置】→【模型显示】菜单项,弹出【模型显示】对话框。该对话框有【一般】、【边/线】以及【着色】三个属性页,分别如图 8.1.2、图 8.1.3 和图 8.1.4 所示。

图 8.1.1 模型显示的相关菜单

使用图 8.1.2 所示模型显示对话框的【一般】属性页可以设置模型显示方式、显示内容、重定向时显示等项目。其中,单击【显示样式】下拉列表可使模型显示为"线框"、"隐藏线"、"无隐藏线"、"着色"等多种样式,与使用"模型显示"工具条 控制模型显示的效果相同。

使用图 8.1.3 所示模型显示对话框的【边/线】属性页可以设置模型中边的显示形式及精度。单击【边质量】下拉列表显示如图 8.1.5 所示。选取不同的质量级别,可以改变模型中圆弧的显示精度。图 8.1.6 中显示了一个圆盘,在显示图(a)时选取了边的显示质量为"很高",显示图(b)时选取了其显示质量为"低",此时图(b)中的圆弧以较大线段替代,质量较差。

单击【边/线】属性页的【相切边】下拉列表显示如图 8.1.7 所示,选取不同选项可控制模型中相切边的显示形式。默认状态下,相切边显示为实线。图 8.1.8 为各种相切边的显示情况,图(a)为着色模型,是一个顶部倒半径为 20 圆角、4 个竖边倒半径为 10 圆角的长方形。当以线框显示时,默认情况下相切边显示为实线,如图(b)所示;相切边不显示时如图(c)所示;相切边显示为虚线时如图(d)所示。

图 8.1.2 【一般】属性页

图 8.1.3 【边/线】属性页

图 8.1.4 【着色】属性页

图 8.1.5 【边/线】属性页中的【边质量】下拉列表

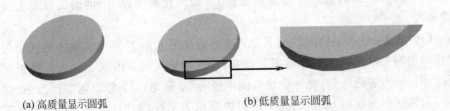

(a) 高质量显示圆弧   (b) 低质量显示圆弧

图 8.1.6 使用【边质量】下拉列表控制模型中圆弧显示质量

图 8.1.7　【边/线】属性页中的【相切边】下拉列表

 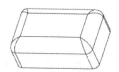  

(a) 着色模型　　　(b) 相切边以实线显示　　　(c) 相切边不显示　　　(d) 相切边以虚线显示

图 8.1.8　各类相切边的显示情况

对于线框显示模式下,斜线的显示质量,主要由【选项】中的 ☑ 平滑线 复选框控制。当选取了此复选框,模型中的斜线将以平滑线显示,如图 8.1.9(a)所示;若不选取此选项,斜线将以锯齿状线显示,如图 8.1.9(b)所示。

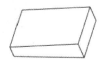 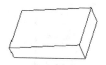

(a) 选取【平滑线】复选框的模型　　　(b) 未选取【平滑线】复选框的模型

图 8.1.9　斜线的"平滑线"显示效果比较

着色状态下曲面模型显示的质量由图 8.1.4 所示【着色】属性页中的【质量】输入框中的数值控制。此输入框可以输入从 1 到 10 之间的整数,输入的数字越大,表示模型显示的质量越高。如图 8.1.10 所示的球,设置着色质量为"10"时显示如图(a)所示,设置质量为"1"时如图(b)所示。

(a) 设置着色质量为"10"时球的显示效果　　　(b) 设置着色质量为"1"时球的显示效果

图 8.1.10　球体显示质量比较

提示

　　默认状态下,模型的边/线显示、着色显示等的质量设置均不高: 边/线显示为"中"、着色质量为"3"。其目的是为了减少在显示时占用的内存、CPU 等计算机资源,以提高系统工作效率。

　　2. 基准显示的控制

　　单击【视图】→【显示设置】→【基准显示】菜单项,弹出【基准显示】对话框如图 8.1.11 所示。使用该对话框可控制基准显示与否,与使用"基准显示"工具条 ![工具条图标] 控制基准显示效果相同。

　　3. 模型可见性的控制

　　使用显示相关设置还可以控制模型的可见性,包括模型可见的深度和比例,单击【视图】→【显示设置】→【可见性】菜单项,弹出【可见性】对话框如图 8.1.12 所示。

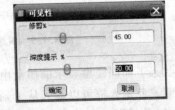

图 8.1.11　【基准显示】对话框　　　　图 8.1.12　【可见性】对话框

　　以图 8.1.13(a)所示模型为例,拖动【修剪】滑块按钮,或直接在后面的文本框输入被修剪的比例,可以看到模型被剖切,此时可以看到模型的断面,以红色显示,如图 8.1.13(b)所示;也可以通过【深度提示】滑块按钮设置模型显示的深度,如图 8.1.13(c)所示。

　　4. 模型网格

　　使用在曲面上创建网格的方法可以使复杂曲面更易于观察,单击【视图】→【模型设置】→【网格曲面】菜单项,显示如图 8.1.14(a)所示的对话框。单击 ![箭头按钮] 按钮,在模型上选定曲面或按住 Ctrl 键选定一组曲面,被选定的曲面就以【网格】对话框中指定的间距显示网格,如图 8.1.14(b)所示。

图 8.1.13　模型可见性示意图

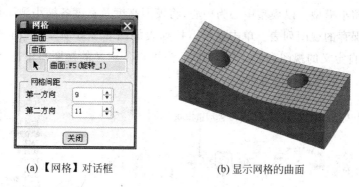

(a)【网格】对话框　　　　(b) 显示网格的曲面

图 8.1.14　以网格显示曲面

8.2　模型方向控制

从不同的位置、角度观察模型是建模软件的基本功能,拖动鼠标中键可任意旋转模型,本节介绍控制模型方向的其他方法。

8.2.1　方向控制相关菜单说明

单击【视图】→【方向】菜单项,弹出子菜单如图 8.2.1 所示,与方向控制相关菜单说明如下。

· 标准方向　以系统默认的斜轴测方向显示模型。

· 上一个　以上一次的视图方向显示模型,如当前为模型的 FRONT 视图方向,由于观察模型的需要旋转了模型,此时单击【视图】→【方向】→【上一个】即可恢复到前面的 FRONT 视图方向。

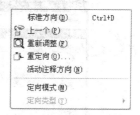

图 8.2.1　【方向】菜单

· 重新调整　重新调整模型大小,使其完全显示在屏幕上,与工具栏按钮 作用相同。此操作仅改变模型显示的比例大小,而不会改变模型的方向。

· 重定向　打开模型重定向的【方向】对话框,设定模型显示视角,与工具栏按钮 作用相同。此部分内容将在 8.2.2 中详细讲解。

· 定向模式　切换定向模式,与工具栏按钮 作用相同,若此菜单项前面有对勾,如

✓ 定向模式(M),表示切换到了定向模型。在定向模式下系统除提供了标准的旋转、平移、缩放之外,还提供了更多的模型查看方式。

• 定向类型 当选中切换到"定向模式"后,此菜单可用,选择其子菜单可以改变视图重定向样式。

为了便于模型的方向控制,系统提供了"视图"工具栏,其中包含了【方向】菜单中大部分的模型方向操作方法,如图8.2.2所示。

• ⊕ 在指定窗口区域放大模型。单击该按钮后在当前图形中选定一个矩形区域,将该区域的所选图形放大到整个屏幕。

• ⊖ 缩小模型。以模型中心为中心,将模型高度及宽度各缩小到原来的一半。

• ⊞ 保存的视图列表。单击显示下拉列表如图8.2.3所示,里面显示的为系统默认的和用户自定义的视图列表(MY VIEW为用户自定义的视图),单击选中其中的任一个,模型即可恢复到此视图方向。

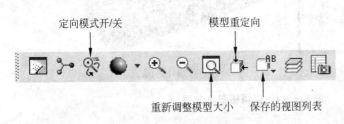

图 8.2.2 "视图"工具栏 　　　　　图 8.2.3 保存视图列表

8.2.2 模型重定向

单击【视图】→【方向】→【重定向】菜单项或工具栏按钮 ⊡,弹出模型重定向的【方向】对话框如图8.2.4所示。使用该对话框可以在不同方式下完成视图设置,并且可将设置好的模型视图保存至【保存的视图】列表。单击对话框上【类型】下拉列表,显示确定视图方向的三种方式如图8.2.5所示。

图 8.2.4 重定向时的【方向】对话框 　　图 8.2.5 重定向时确定方向的方法类型

1.“按参照定向”方式确定模型方向

在用“按参照定向”方式确定模型方向中,最常用的定位方式是分别指定两个相互垂直的平面的方向来确定模型视图方向。例如,指定图 8.2.6 中的 FRONT 面向前、TOP 面向上得到模型视图方向如图 8.2.7 所示。

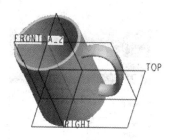

图 8.2.6　原始模型

图 8.2.7　定向后的模型

除了上面使用指定两个相互垂直的平面来确定模型视角外,还可以使用选定某轴为水平轴或垂直轴的方法确定模型方向。对于图 8.2.6 所示模型,在【参照 1】的下拉列表中选择“水平轴”,如图 8.2.8 所示,然后在模型中选定 A_2 轴,使得轴线 A_2 水平,得到的模型视图方向如图 8.2.9 所示。

图 8.2.8　选取水平轴参照

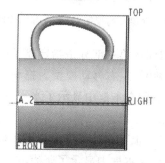

图 8.2.9　定向后的模型

单击对话框下部的 ▶ 保存的视图 按钮,弹出已保存视图列表及视图操作按钮如图 8.2.10所示,在已保存视图列表中存有标准视图及自定义视图。系统中已有“标准方向”、“BACK”等 8 个预定义方向,设计者也可将其他任意方向保存到列表中。选取列表中的某个视图,单击【设置】按钮可以将此视图设定到当前模型中,单击【删除】按钮可以删除选定视图。

可以将模型的任意视图保存到【保存的视图】列表中,在模型中设置好要保存的模型视图方向后,在图 8.2.10 所示【名称】输入框中输入视图名称,单击【保存】按钮即可将当前模型视图存入已保存视图列表中。使用工具栏按钮 可以将自定义视图应用到当前模型中。随书光盘文件 ch8\ch8_2_example1.prt 中存储了自定义视图“MY VIEW”,读者可将其应用到当前模型上,观看此视图方向。

2.“动态定向”方式确定视图方向

从【类型】下拉列表中选取“动态定向”,确定模型方位的对话框如图 8.2.11 所示。使用该对话框可通过指定当前模型在水平与竖直方向的平移、指定缩放比例、指定模型的旋转角度等方式来确定模型视角。

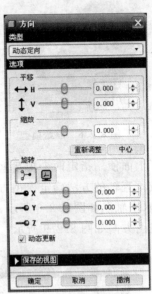

图 8.2.10 【保存的视图】列表及其操作区域   图 8.2.11 “动态定向”时的【方向】对话框

动态定向的第一部分是指定模型的平移,有水平平移和竖直平移两项内容。

• ↔ H 左右移动模型。拖动图标右面的滑块按钮,可以在水平方向内左右平移模型,此时右侧文本框中显示了水平方向上移动的距离,也可以直接在此框内输入模型将要移动的水平距离。

• ↕ V 上下移动模型。拖动图标右面的滑块按钮,可以在竖直方向内上下平移模型,此时右侧文本框中显示了竖直方向上移动的距离,也可以直接在此框内输入模型将要移动的竖直距离。

动态定向的第二项内容是指定模型的缩放。

• 拖动 缩放 下方的滑块按钮,可以图形窗口中心为中心缩放模型,此时右侧文本框中显示了当前的缩放比例,也可直接在此框内输入模型的缩放比例。

• 单击【重新调整】按钮,可将模型移至图形窗口中心,并恢复系统默认的最佳比例。

• 单击【中心】按钮后在图形窗口单击,系统将以此点作为新的缩放中心。

动态定向的第三项内容为指定模型的旋转,在指定模型旋转时有两种方式。

(1)单击 按钮,使用旋转中心上的旋转轴为轴旋转,下面列出旋转中心上的三条旋转轴。

• ━▶ X 以 X 轴为旋转轴旋转。拖动图标右侧滑块按钮,可绕此轴旋转模型,此时右侧文本框中显示了旋转角度,也可以直接在此框内输入模型将要旋转的角度。

- ➡● Y 以 Y 轴为旋转轴旋转。拖动图标右侧滑块按钮,可绕此轴旋转模型,此时右侧文本框中显示了旋转角度,也可以直接在此框内输入模型将要旋转的角度。

- ➡● Z 以 Z 轴为旋转轴旋转。拖动图标右侧滑块按钮,可绕此轴旋转模型,此时右侧文本框中显示了旋转角度,也可以直接在此框内输入模型将要旋转的角度。

(2) 单击 ▣ 按钮,分别使用屏幕中心位置上的水平轴、竖直轴、垂直于屏幕的轴作为旋转轴旋转。

- ⤴H 以水平轴作为旋转轴旋转。拖动图标右侧滑块按钮,可绕此轴旋转模型,此时右侧文本框中显示了旋转角度,也可以直接在此框内输入模型将要旋转的角度。

- ⤵V 以竖直轴作为旋转轴旋转。拖动图标右侧滑块按钮,可以使模型绕此轴旋转,此时右侧文本框中显示了旋转角度,也可以直接在此框内输入模型将要旋转的角度。

- ⤸C 以垂直于屏幕的轴作为旋转轴旋转。拖动图标右侧滑块按钮,可绕此轴旋转模型,此时右侧文本框中显示了旋转角度,也可以直接在此框内输入模型将要旋转的角度。

另外,"旋转"还有一个【动态更新】参数。选中此参数,旋转时可以动态更新视角,模型会随着滑块的移动而实时变化。

3. 确定视角首选项

图 8.2.12 所示为确定模型方向首选项对话框。使用该对话框可以设定模型的旋转中心和默认方向。

- 旋转中心　拖动中键旋转模型时,默认状态下以模型中心为旋转中心,在【旋转中心】选项中可改为使用屏幕中心或选定的点或顶点或选定的边或轴、或选定的坐标系等。

- 默认方向　保存的视图列表中的【缺省方向】在默认状态下为模型的斜轴测,在【缺省方向】选项中可以改为等轴测或是用户自定义的任意的视角。

图 8.2.12　设定【首选项】的
【方向】对话框

8.2.3　定向模式

单击工具栏上的 🔄 按钮,或【视图】→【方向】→【定向模式】菜单项可以切换到【定向模式】下查看模型,此时鼠标形状变为 🔄 ,并且基准特征如基准平面、基准轴、基准点等均不显示。在定向模式下,提供了"动态"、"固定"、"延迟"、"速度"4 种模型查看样式。

- 【动态】样式　模型的方向中心显示为 ◈ 。指针移动时方向实时更新,模型绕着方向中心自由旋转,此种模型查看样式与非定向模式相似。

- 【固定】样式　模型的方向中心显示为 ⚠ 。指针移动时方向实时更新,模型的旋转由指针相对于其初始位置移动的方向和距离控制。方向中心每转 90°改变一种颜色。当光标返回到按下鼠标的起始位置时,视图回复到起始位置。

• 【延迟】样式　模型的方向中心显示为 回 。指针移动时方向不更新,释放鼠标中键时指针模型方向更新。

• 【速度】样式　模型的方向中心显示为 回 。指针移动时方向更新,速度是指操作的速度,受到光标从起始位置所移动距离的影响。

在【定向模式】状态下,鼠标右键单击可打开右键菜单如图 8.2.13 所示,在此菜单中可隐藏旋转中心,也可切换动态、固定、延迟、速度 4 种查看样式,还可退出定向模式。

图 8.2.13　【定向模式】状态下的右键菜单

8.3　模型外观设置

图形窗口中模型的默认颜色为蓝灰色,为更好地表现模型,可对其添加材质以表现更好的视觉效果。同时,对模型表面设置纹理、贴花或设置透明效果等,可加强模型真实感。

模型外观取决于模型颜色、亮度、表面贴图、反射以及透明设置,可以通过颜色、纹理,或者通过颜色和纹理的组合来定义外观。

8.3.1　设置模型外观

使用【视图】工具栏按钮 ● · 可以对选取的组件、元件或模型表面设置外观。设置外观的方式有两种:

(1) 首先激活设置外观命令,然后根据提示选取应用该外观的对象;

(2) 首先选取一个或多个对象,然后激活外观设置命令,完成外观设置。

图 8.3.1　【选取】对话框

【视图】工具栏按钮 ● · 图标中显示的是活动外观的缩略图,在未进行任何选取的情况下直接单击该图标,菜单管理器弹出【选取】浮动菜单如图 8.3.1 所示,同时鼠标变为刷子状 ✎ ,表示当前处于要设置外观的模型或面的选取状态。此时可单击选取模型表面、元件或组件。单击选取一个对象,或按住 Ctrl 键选取多个对象,并单击【选取】对话框的【确定】按钮,即可在选定对象上应用 ● · 图标中显示的活动外观。

若首先选取对象(组件、元件或模型表面),再单击按钮 ● · ,则系统在没有任何提示的情况下,直接将活动外观应用到选定对象上。

8.3.2　编辑模型外观

单击 ● · 图标右侧的向下三角形符号,弹出外观库面板如图 8.3.2 所示。此面板主要有【我的外观】、【模型】和【库】三个调色板以及【清除外观】、【更多外观】、【编辑模型外观】、【外观管理器】等几个功能图标。

【我的外观】调色板显示用户创建并存储在启动目录或指定路径中的外观。该调色板显示缩略图颜色样本以及外观名称。

【模型】调色板显示在活动模型中存储和使用的外观。如果活动模型没有任何外观，则【模型】调色板显示默认外观。当新的外观应用到模型后，它会显示在此调色板中。

【库】调色板显示了系统库或 Photolux 库中预定义的外观缩略图，其右侧显示了库的名称，图 8.3.2 中显示的是系统库"std-metals.dmt"中预定义的外观。单击库名弹出下拉列表可以选取系统库或 Photolux 库中预定义的文件。如图 8.3.3 所示，选取 Photolux 库中的文件 adv-plastics-injected.dmt，调色板中显示其预定义外观如图 8.3.4 所示。

使用外观库面板可编辑模型外观，其具体功能如下。

1. 设置活动外观

活动外观即当前外观，是指选取模型或其表面可以直接应用的外观。从任意一个调色板中单击选取一种外观，此外观即变为当前活动外观，并显示在视图工具栏按钮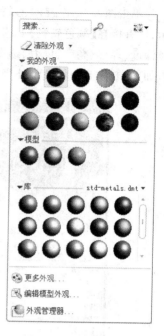图标中。

图 8.3.2　外观库面板

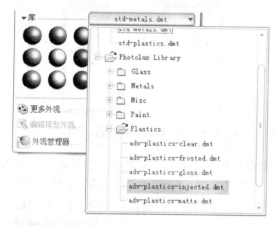

图 8.3.3　从 Photolux 库中选取外观

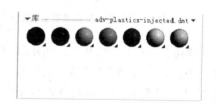

图 8.3.4　"adv-plastics-injected.dmt"中的外观预览

2. 建立新的外观或编辑已有外观

在【我的外观】中，右击任意外观，弹出右键菜单如图 8.3.5 所示。单击【新建】弹出【外观编辑器】对话框如图 8.3.6 所示，将新建一种外观。单击【编辑】按钮也弹出此对话框，将编辑选取的外观。

新建或编辑外观的内容相同，主要是更改外观颜色、深度、环境、亮度、反射、透明等属性以及设置凹凸、纹理和贴图等内容。

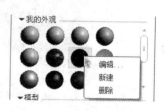

图 8.3.5　外观的右键菜单

单击图 8.3.6 中【颜色】右侧的颜色预览框,弹出【颜色编辑器】对话框如图 8.3.7 所示,可直接在【颜色轮盘】上选取颜色,或使用 RGB 或 HSV 滑块设定所需颜色。对于颜色深度、环境、亮度、反射、透明等其他属性,直接在【外观编辑器】中拖动滑块即可修改。例如,图 8.3.8 中将模型外壳半透明显示,可清楚观察模型内部结构。

图 8.3.6 【外观编辑器】对话框

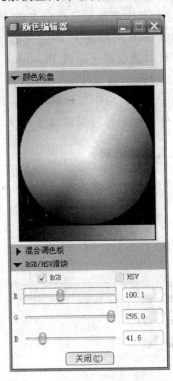

图 8.3.7 【颜色编辑器】对话框

单击打开【外观编辑器】中的【图】属性页设置外观的凹凸、纹理和贴图效果。以设置纹理为例,单击【颜色纹理】区域中的下拉列表如图 8.3.9 所示,选取【图像】并单击左侧的预览框,弹出【打开】对话框选取所要添加的纹理。可以选取系统预定义的文件,也可以自定义纹理图片。如图 8.3.10 所示,选取系统路径下的"blocks.tx3"作为纹理,并将当前

图 8.3.8 设置透明后的模型

图 8.3.9 【颜色纹理】下拉列表

外观设置为活动外观,应用于模型表面如图 8.3.11 所示。

　　除了使用右键菜单打开【外观编辑器】对话框外,单击图 8.3.2 所示外观库面板中的【更多外观】也可打开【外观管理器】对话框建立新的外观。单击【编辑模型外观】可打开【模型外观编辑器】对话框编辑已有外观,如图 8.3.12 所示。单击【外观管理器】或【工具】→【外观管理器】菜单项,打开【外观管理器】对话框如图 8.3.13 所示,可以更方便地编辑与新建外观。

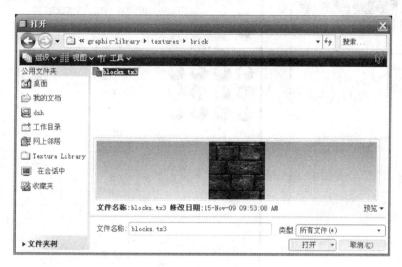

图 8.3.10　【打开】对话框

图 8.3.11　模型应用设置了纹理的外观后的效果图

3. 清除模型上已有外观

　　单击图 8.3.2 所示外观库面板中的【清除外观】图标右侧的下拉三角形符号,弹出下拉列表如图 8.3.14 所示。单击【清除外观】可以清除选定的一个或多个对象上的外观,单击【清除所有外观】清除当前模型上的所有外观显示,模型以系统默认的外观显示。

图 8.3.12 【模型外观编辑器】
对话框

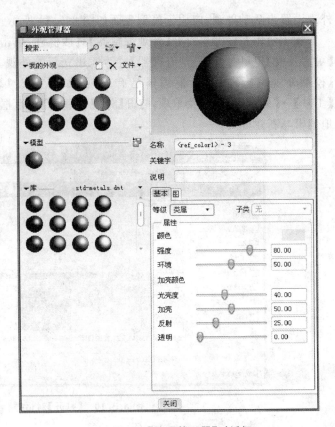

图 8.3.13 【外观管理器】对话框

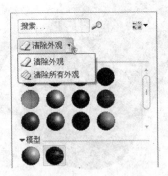

图 8.3.14 清除外观操作方法

8.4 模型渲染设置

设置模型颜色、亮度、表面纹理与贴图、反射以及透明等外观属性,可以增强模型表达效果。但要想使模型显现更逼真的表现效果,就要使用更高级的渲染工具。

Pro/Engineer 的"照片级逼真渲染"模块提供了表现模型外观的全面功能,在其提供

的场景中,可以编辑材料、房间和光源等元素,并创建渲染的图像。渲染图像可显示环境
反射到曲面上的方式,从而可揭示设计缺陷或确认设计目标。同时,也可显示在光照、阴
影和环境的真实设置下模型的外观。

　　使用"照片级逼真渲染"可将材料分配到模型,并将房间、光源以及环境效果添加到模
型,然后创建渲染图像。8.3 节中已经讲述了模型的外观设置方法,本节讲述渲染场景中
的房间、光源以及环境效果等内容。

　　Pro/Engineer 渲染器使用了两种渲染工具：PhotoRender 和 Photolux。使用
PhotoRender 可进行普通场景的图像渲染；而 Photolux 渲染器具有许多高级功能,一般
用于光线跟踪等高级渲染功能,只有在获得了 Photolux 许可证之后才能使用这些功能。

8.4.1　场景

　　场景是一组应用到模型的渲染设置的总称,这些设置包括光源、房间和环境效果。单
击【视图】→【模型设置】→【场景】菜单项,弹出【场景】对话框如图 8.4.1 所示。在【场景】
属性页中,显示了【活动场景】和【场景库】两部分内容。【活动场景】中显示了当前渲染设
置中应用的场景；而【场景库】中提供了多种场景备选,单击其中一种,对话框右侧的预览
区将显示此场景预览。

图 8.4.1　【场景】对话框中的【场景】属性页

　　场景以场景文件来表达,在 Pro/Engineer 中的每一个场景都存储为一个场景文件,
以扩展名.scn 存储。右击场景库中任一场景,弹出右键菜单如图 8.4.2 所示。单击【激
活】设置此场景为活动场景,单击【复制】在此场景基础上生成一个新场景,单击【删除】删
除当前场景。

场景由房间、光源以及其他显示效果构成,编辑场景即编辑其各构成部分。

8.4.2 房间

场景的重要构成之一是设置房间,通过将模型放在房间中,并设置房间的墙壁、天花板和地板,可使模型表现出真实的显示效果。在【场景】对话框的【场景】属性页中,右击场景库中的场景"basic-table-top-maple"并将其激活,如图 8.4.3 所示。然后单击【房间】属性页弹出房间设置页面,如图 8.4.4 所示。

图 8.4.2 【场景】缩略图的右键菜单

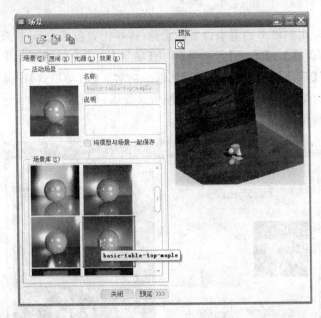

图 8.4.3 激活场景

当前场景的房间由天花板、地板以及 4 个墙壁等 6 个要素构成,单击选中各要素前的复选框显示该要素,否则该要素将不显示。转动要素后面的轮盘或直接在其后的输入框中输入数字可调整要素与模型的位置。单击 图标将模型与该要素对齐。

在图 8.4.4 所示【房间】属性页中,【房间外观】中显示了天花板、地板以及墙壁的预览。单击预览图,弹出【房间外观编辑器】对话框如图 8.4.5 所示,可以设置房间天花板、地板或墙壁的外观。从当前外观或外观库中选取一种外观,在【基本】属性页中可以修改其颜色、强度、亮度、透明、反射等要素,在【图】属性页设置其凹凸、纹理或贴花。

单击选取图 8.4.4 所示对话框中的复选框 ☑ 将房间锁定到模型,当旋转模型时房间同时旋转,若取消选取复选框,则旋转模型时房间不动。单击图 8.4.4 所示对话框中的【高级】弹出对话框的另一部分如图 8.4.6 所示,主要用来旋转和缩放房间。在【旋转】中拖动各滑块可绕各轴旋转房间,在【比例】中旋转轮盘将缩放房间。

图 8.4.4 【场景】对话框中的【房间】属性页

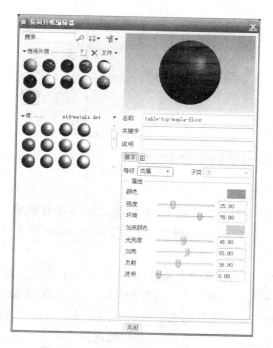

图 8.4.5 【房间外观编辑器】对话框

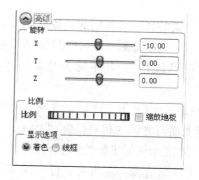

图 8.4.6 【场景】属性页的高级选项

8.4.3 光源

所有渲染都必须有光源,使用光源来加亮模型的某些部分或创建背面衬光,可以提高模型生成图像的质量,每个场景最多可以使用 6 个用户定义光源和两个默认光源。每种预定义的场景,都有已经定义的光源,对于图 8.4.3 所示的场景"basic-table-top-maple",单击其【光源】属性页,弹出对话框如图 8.4.7 所示,在其【光源列表】中已定义了 5 种光源。

图 8.4.7 【场景】对话框中的【光源】属性页

渲染的场景中可用的光源类型有如下 5 种。

(1) 环境光源 能均匀照亮模型所有曲面,其在房间中的位置对渲染没有影响。环境光源默认存在,且不能创建。图 8.4.7 所示光源列表中的 ▢ Environment 即为环境光源。

(2) 灯泡光源 这种光源与房间中的灯泡发出的光相似,光从灯泡的中心向外辐射。根据曲面与光源的相对位置,曲面的反射光会有所不同。在【场景】对话框光源列表右侧单击 ✳ 图标可创建新的灯泡光源。灯泡光源在光源列表中显示为 ✳ lightbulb1。

(3) 远光源 可投射平行光线,无论模型位于何处,均以相同角度照亮所有曲面。此类光源可模拟太阳光或其他远距离光源。单击 ✎ 图标添加新的远光源,在光源列表中显示为 ✎ distant1。

(4) 聚光灯光源 与灯泡相似,但其光线被限制在一个圆锥体之内。单击 ✎ 图标添加新的聚光灯光源,在光源列表中显示为 spot1。

（5）天空光源　提供了一种使用包含许多光源点的半球来模拟天空的方法。要精确地渲染天空光源,则必须使用 Photolux 渲染器。若使用 PhotoRender,则天空光源将被处理为远距离类型的单个光源。单击 添加新的天空光源,在光源列表中显示为 sky1。

对于光源列表中的光源,单击其显示控制图标 ,图标变为 ,此时光源将被隐藏。单击选取某光源,对话框下部将显示此光源的属性。例如,图 8.4.7 中光源"default distant"被选中,对话框下部显示了其颜色、强度、阴影、位置等属性,设计者可拖动修改。若单击其【位置】图标,弹出【光源位置】对话框如图 8.4.8 所示,通过此对话框可修改光源相对于模型的位置以及光源在模型上的瞄准点。

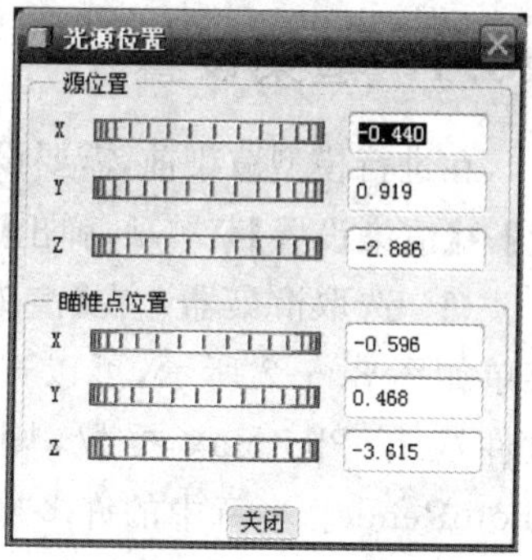

光源除了可以增加模型本身的显示效果外,还可在房间的地板上产生模型的阴影。对于每个光源,均可单独设置其阴影效果。如图 8.4.7 所示【场景】对话框所示,从光源列表中选取光源,单击选取其 启用阴影 复选框启用阴影,拖动下面的滑块可改变阴影的清晰度。

图 8.4.8　【光源位置】对话框

8.4.4　环境效果

使用【场景】对话框中的【效果】属性页,可设置高级渲染功能,主要有反射设置、色调映射、背景以及景深,其对话框如图 8.4.9 所示。本属性页内容仅在 Photolux 中可用。

图 8.4.9　【场景】对话框中的【效果】属性页

8.5　渲染方法与实例

在设置了模型外观及场景中的房间、光源、环境效果以后,使用渲染或即时渲染可得到照片级逼真图像。

8.5.1　渲染设置

在进行模型渲染前,需要设置渲染方法、质量以及结果等内容。单击【视图】→【模型设置】→【渲染设置】菜单项,弹出【渲染设置】对话框如图 8.5.1 所示,从中可设置渲染参数。

（1）选取渲染器　在【渲染设置】对话框顶部,单击【渲染器】后面的下拉框,弹出下拉菜单如图 8.5.2 所示,可以选取 PhotoRender 或 Photolux 渲染器。如果 Pro/Engineer 软件没有 Photolux 授权,则此对话框中没有此项。若没有 Photolux 授权或选取 PhotoRender,本章中的许多操作都不能完成。

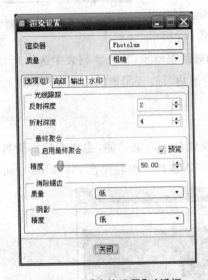

图 8.5.1　【渲染设置】对话框　　　　图 8.5.2　选取渲染器

（2）设置渲染质量　在进行渲染时,默认渲染质量为"粗糙"级,仅用于快速渲染。单击【渲染设置】对话框中的质量下拉框,弹出下拉列表,可选取质量为"高"或"最大"。渲染质量越高,得到的模型效果越逼真,但渲染所耗费的时间也就越长。

（3）渲染结果的输出　单击【渲染设置】对话框中的【输出】属性页,并单击【渲染到】下拉框,弹出下拉列表如图 8.5.3 所示,可以设置渲染结果的输出形式。默认输出到全屏幕,设计者可直接在屏幕上观察渲染效果。要想将渲染结果输出,需要选取【渲染到】为"Tiff"、"JPEG"等图像格式。若要得到质量较高的渲染图像,建议选取"Tiff"格式,并设置图像大小与分辨率。如图 8.5.4 所示,选取【渲染到】"Tiff"格式,并设置图像大小为"工作站"（"工作站"图像大小为 1280×1024）、分辨率为 600DPI(dots per inch,每英寸图像的点数)。

图 8.5.3 设置渲染结果的输出形式

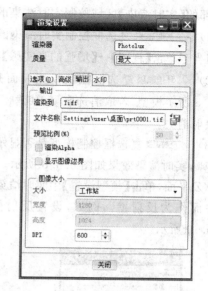

图 8.5.4 设置渲染结果的输出图形格式

（4）其他高级设置 在【渲染设置】对话框中还可以设置光线跟踪、消除锯齿、最终聚合、全局照明、焦散、文本水印、图像水印等高级内容。

8.5.2 渲染方法

系统中提供了三种模型渲染方法：实时渲染、渲染和区域渲染。

1. 实时渲染

实时渲染用于实时显示模型外观，外观效果的显示取决于已经定义的光源、房间、环境效果等场景设置。

实时渲染为开/关命令，单击【视图】→【增强的真实感】菜单项或模型显示工具栏按钮 ，可控制实时渲染的开启与闭合。当下拉菜单中的【增强的真实感】菜单项处于选中状态（如 ✓ 增强的真实感(A) 所示），或工具栏按钮 处于选中状态时，模型处于实时渲染状态。

图 8.5.5 显示了放在地板上并且设置了光源的杯子模型的实时渲染图像，其场景参见随书光盘文件 ch8\ch8_5_scene1.scn，模型参见 ch8_5_example1.prt。打开模型，并在图 8.4.3 所示【场景】对话框中单击顶部的 按钮，找到场景文件并打开即可应用此场景。

实时渲染图像中的阴影由光源产生，模型表面的图案是地板映射效果，模型底部的倒影是模型的反射。

单击【视图】→【模型设置】→【模型显示】菜单项，打开【模型显示】对话框，单击【着色】属性页如图 8.5.6 所

图 8.5.5 模型实时渲染效果图

示,下部的【实时渲染】区域控制实时渲染的结果。

(1) ☑实时渲染 复选框控制实时渲染的开启与关闭。选取复选框可开启实时渲染,其功能相当于单击【视图】→【增强的真实感】菜单项或模型显示工具栏按钮 ☜ 。

(2) ☑环境映射 复选框控制模型表面是否显示房间地板或墙壁的映射效果。对于图8.5.5所示模型,若取消选取 ☑环境映射 ,实时渲染效果如图8.5.7所示,模型表面上地板的映射消失。

(3) ☑反射模型 复选框控制模型是否显示反射效果。对图8.5.5所示模型,若取消选取 ☑反射模型 ,实时渲染效果如图8.5.8所示。默认状态下,设置地板透明显示,且反射壁设置为XZ平面,单击【模型设置】中实时渲染区域的【壁】下拉列表如图8.5.9所示,可选取其他平面作为反射壁。例如,设置反射壁为"YZ平面(－X)"得到实时渲染模型如图8.5.10所示。

图8.5.6 【模型显示】对话框

图8.5.7 去除【环境映射】选项后的
实时渲染效果图

图8.5.8 去除【反射模型】选项后的
实时渲染效果图

(4) ☑阴影 复选框控制光源的阴影是否显示。对图8.5.5所示模型,取消选取 ☑阴影 复选框后的实时渲染效果如图8.5.11所示。

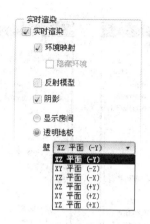

图 8.5.9　渲染时反射壁的设置　　　图 8.5.10　选取 YZ 平面作为反射壁的实时渲染效果图

2. 渲染

根据以上场景的设置,渲染当前模型。单击【视图】→【渲染】菜单项,渲染开始,弹出【渲染中止】对话框如图 8.5.12 所示。注意,如果设置渲染质量较高,渲染时间可能很长,若设置渲染结果为输出图形文件,则文件也可能非常大。若要终止渲染,单击【渲染中止】对话框中的【中止】按钮。渲染后的模型效果如图 8.5.13 所示。

图 8.5.11　去除【阴影】选项后　　图 8.5.12　【渲染中止】　　图 8.5.13　渲染后的效果图
的实时渲染效果图　　　　　　对话框

3. 区域渲染

当需要预览某区域内的渲染效果时,可以先使用【区域渲染】功能进行局部渲染,这样可以在较短时间内观察选定区域的渲染效果。单击【视图】→【模型设置】→【渲染区域】菜单项,系统提示选取要渲染的区域,拖动鼠标选取区域,系统即对该区域进行渲染。

8.6　系统颜色设定

单击【视图】→【显示设置】→【系统颜色】菜单项,打开【系统颜色】对话框,其【图形】、【用户界面】、【基准】、【几何】、【草绘器】属性页如图 8.6.1 所示,可以设定模型、用户界面、

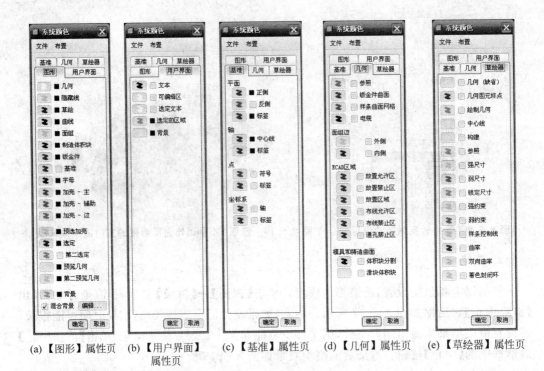

(a)【图形】属性页　(b)【用户界面】　(c)【基准】属性页　(d)【几何】属性页　(e)【草绘器】属性页
　　　　　　　　　属性页

图 8.6.1　【系统颜色】对话框

基准、几何、草图等的颜色。

1. 模型中图形元素颜色的设定

　　模型中线框、尺寸、文字等图形元素的颜色都是可以根据用户的喜好随意修改的,单击【系统颜色】对话框中的【图形】属性页,显示了可修改的图形元素如图 8.6.1(a)所示,图中每种图形元素前的颜色框中显示了图形元素当前的颜色,单击此颜色框,弹出【颜色编辑器】对话框如图 8.6.2 所示,使用"颜色轮盘"、"混合调色板"、"RGB/HSV 滑块"三种方式之一可以编辑颜色。

　　可以使用此【系统颜色】对话框修改 Pro/Engineer Wildfire5.0 中由上到下渐浅的蓝色背景,单击☑混合背景后的【编辑】按钮,弹出【混合颜色】对话框如图 8.6.3 所示,单击对

图 8.6.2　【颜色编辑器】对话框

图 8.6.3　【混合颜色】对话框

话框中的【顶部】颜色框和【底部】颜色框可以分别编辑图形窗口上部和下部的颜色。直接在【系统颜色】对话框中取消 ☑ 混合背景前的对勾,使图形窗口的颜色变为单色。

2. 用户界面、基准、几何和草图颜色的设定

单击【系统颜色】对话框中的【用户界面】属性页,显示了可修改的用户界面如图 8.6.1(b)所示。可以设定的用户界面包括菜单、模型树、消息区、工具栏等所有非图形窗口区域的文字、背景等内容。单击各项目前面的颜色框,即弹出【颜色编辑器】修改当前颜色。

单击【系统颜色】对话框中的【基准】属性页,显示了可修改的基准项目如图 8.6.1(c)所示。可以设定平面、轴、点、坐标系等基准项目。例如:可以修改平面正向显示的暗黄色、负向显示的黑色等;也可以将轴线在屏幕上显示的暗黄色修改为其他颜色。

单击【系统颜色】对话框中的【几何】属性页,显示了可修改的几何如图 8.6.1(d)所示。在此对话框可以设定参照、样条曲线网格等的显示。

单击【系统颜色】对话框中的【草绘器】属性页,显示了可修改的草图颜色如图 8.6.1(e)所示。在此对话框可以设定草图中实线、构造线、尺寸等的显示。

提示

更改系统颜色后,当重新打开软件时各系统颜色会自动重设为默认值。若要恢复以前自定义好的颜色界面,可以在设置好颜色后,将此颜色输出为颜色方案文件,方法为:在【系统颜色】对话框中单击【文件】→【保存】菜单项,在弹出的【保存】对话框中输入一个颜色文件名(其扩展名为.scl)并按【确定】按钮保存。以后要设置此界面颜色时,在【系统颜色】对话框中单击【文件】→【打开】菜单项,导入刚才存盘的颜色文件即可。

设计过程中,单击【系统颜色】对话框的【布置】→【缺省】菜单项,可以恢复系统默认颜色。

习题

1. 在随书光盘目录 ch8\ch8_exercise1 中打开装配文件 ch8_exercise1.asm,将其中各零件设置为不同颜色。

2. 渲染随书光盘文件 ch8\ch8_exercise2.prt,得到效果图如题图 1 所示。渲染过程中,地板所用纹理为"软件安装路径\graphic-library\textures\Fabric\Blue-wool-color.jpg",杯子表面贴花图案位于随书光盘目录 ch8 下。

3. 将随书光盘中的颜色方案文件 ch8\ch8_exercise3.scl 应用到当前打开的 Pro/Engineer 程序中。

题图 1 习题 2 建立的效果图

第 **9** 章　　零部件装配

如同将特征组合到一起形成零件一样,将零件组合在一起将建立组件,这个过程就是模型装配。Pro/Engineer 提供了扩展名为.asm 的组件文件,允许将零件和子组件放在一起形成组件。本章讲解组件特点及装配的约束类型,介绍装配过程中的复制、阵列等元件操作方法,并介绍分解视图的操作方法。

9.1　装配概述

Pro/Engineer 首次采用了单一数据库技术,即零件模型文件建立完成后,可以使用装配的方法将其组合起来形成装配文件,这个装配过程是一个调用零件模型、并将其组合在一起的过程。在最后形成的装配文件中并没有形成零件模型文件的副本,显示在装配模型中的元件仅仅是对零件模型文件的一个链接。

装配模块中正在被装配的零件模型称为"元件",装配完成的模型称为"组件"。同样,一个组件 A 也可被装配到另一个组件 B 中,此时组件 A 也可称为"部件"。

因为组件中用到的元件数据都源自一开始建立的零件模型文件,当零件发生变动时,组件在重新生成时会调用新的零件模型数据,零件模型和组件模型是"全相关"的。由于Pro/Engineer 这种独特的数据结构,使产品开发过程中任何阶段的更改都会自动应用到其他设计阶段,保证了数据的正确性和完整性。

将若干个零件装配到一起建立组件的基本过程如下:

(1) 单击【文件】→【新建】菜单项或工具栏按钮 □ 新建一个文件,类型为 ◎ □ 组件。

(2) 装配元件到组件中。单击【插入】→【元件】→【装配】菜单项或工具栏按钮 ,弹出【打开】对话框,选取要装入的零件,弹出组件装配操控面板如图 9.1.1 所示。单击【放置】,弹出面板如图 9.1.2,选用合适的约束方法将零件放置到组件中。

(3) 使用与(2)相同的方法添加其他零件。

图 9.1.1　组件装配操控面板

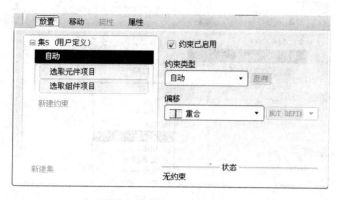

图 9.1.2　【放置】滑动面板

（4）存盘，完成组件模型。

由以上组件模型建立步骤可见，组件模型的建立过程实际就是将零件添加到组件的过程，其重点是怎样放置零件模型的问题。Pro/Engineer 使用了"约束"的方法将新插入的模型与组件中的原模型组合在一起。

例 9.1　建立图 9.1.3 所示装配模型。零件参见随书光盘文件夹 ch9\ ch9_1_example1。

图 9.1.3　例 9.1 图

分析：本例使用简单的"坐标系对齐"和"配对"约束完成模型装配，目的是为了让读者对装配过程和组件文件有一个初步了解。

步骤 1：建立组件文件

单击【文件】→【新建】菜单项或工具栏中 按钮，在弹出的【新建】对话框中选择 组件，输入文件名，使用公制模板 mmns_asm_design，单击【确定】按钮进入组件装配界面。

步骤 2：在组件中装入第 1 个元件

（1）激活装配命令　单击【插入】→【元件】→【装配】菜单项或工具栏按钮 ，从弹出的【打开】对话框中找到要装入的第 1 个文件 ch9_1_example1_1.prt，单击【打开】按钮。图形窗口显示模型预览同时弹出元件放置操控面板。

（2）使用"坐标系对齐"约束将元件固定到当前组件中　单击操控面板中的【放置】弹出滑动面板，单击【约束类型】下拉列表，选取约束方式为"坐标系"，如图 9.1.4 所示。分别单击图形窗口中的组件坐标系"ASM_DEF_CSYS"和元件坐标系"PRT_CSYS_DEF"，这时的【放置】滑动面板显示如图 9.1.5 所示。

通过将元件的坐标系与组件的坐标系对齐的方式，将该元件放置在组件中，滑动面板的底部显示此时零件在组件中的约束状态为"完全约束"。

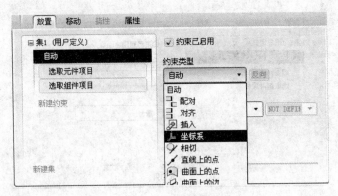

图 9.1.4 选取约束类型为"坐标系"

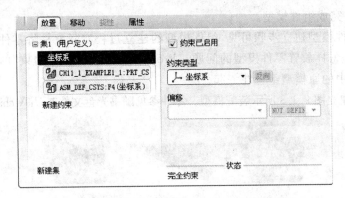

图 9.1.5 使用"坐标系"约束的【放置】滑动面板

提示

在选择坐标系作为约束参照时,将鼠标放在坐标系的名称上,坐标系会高亮显示,此时可单击选取。有时组件坐标系和元件坐标系重合,这种情况下要注意。

步骤 3:在组件中装入第 2 个元件

(1) 激活装配命令 使用步骤 2 相同的方法打开文件 ch9_1_example1_2.prt,图形窗口显示模型预览的同时弹出元件放置操控面板。

(2) 在第 2 个零件和组件间添加"配对"约束 单击操控面板中的【放置】弹出滑动面板,单击【约束类型】下拉列表,选取"配对",然后在图形窗口中分别单击组件上表面和元件下表面如图 9.1.6 所示。

"配对"约束是指使选定的两个参照面彼此相对,即两个参照面平行且方向相反。配对约束可以将两个选定的参照配对为重合、定向或者偏距,此处使用的偏移形式为"重合"。完成后的滑动面板如图 9.1.7 所示。

(3) 在第 2 个零件和组件间添加第 2 个"配对"约束 在如图 9.1.7 所示滑动面板中,单击"集 1"中的 ➡ 新建约束,建立组件和元件间的第 2 个约束。同样选取约束类型为"配对",在图形窗口中分别单击组件上的面和元件上的面如图 9.1.8 所示,偏移形式也为"重合"。

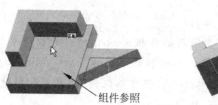

组件参照

元件参照

图 9.1.6 选取"配对"约束的参照

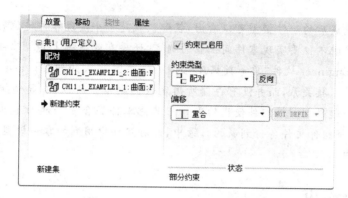

图 9.1.7 使用"配对"约束的滑动面板

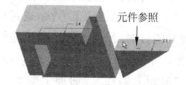

组件参照

元件参照

图 9.1.8 选取第 2 组"配对"约束的参照

　　(4) 在第 2 个零件和组件间添加第 3 个"配对"约束　使用与(3)相同的方法在组件和元件之间添加第 3 个"重合"的"配对"约束,约束参照如图 9.1.9 所示。

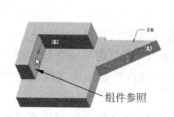

元件参照

组件参照

图 9.1.9 选取第 3 组"配对"约束的参照

　　添加完此约束后,再观察【放置】滑动面板上的状态,由前面的"部分约束"变为了"完全约束",单击操控面板中的 ✔ 图标,完成第 2 个零件的装配。此时,两个零件模型被固定在了组件模型中唯一的位置上。

　　本例参见随书光盘文件 ch9\ ch9_1_example1\ ch9_1_example1.asm。

注意

装配在同一组件中的各零件模型所用的样板必须有相同的长度单位,否则组件中各零件的大小差异很大。如有的零件选用公制样板 mmns_part_solid,长度单位为 mm,而有的零件却选用英制模板 inlbs_part_solidin,长度单位为 in,在装配时这两个零件间大小就会相差一个 25.4 倍的关系(1in = 25.4mm)。

提示

由此装配完成后的组件模型可以看出,装配仅仅是一个实现零件定位的过程,而工厂生产中实际的装配不仅要实现零件间位置的确定,还要在此基础上实现零件的紧固。

由于 Pro/Engineer 软件"单一数据库"的特性,装配形成的组件(.asm 文件)中仅仅记录了元件间的连接关系,而并没有存储所用元件的副本。所以,在复制组件时,要连同所有零件模型一起复制。若组件使用的零件与其他零件混合在一起而不易选出,可采用"备份"的方法,将组件文件备份到新的目录中,此时组件中用到的零件模型也将一块被复制到新的目录中。

9.2 装配约束

例 9.1 中在将元件装配到组件时,使用了两种约束方法。将第 1 个零件装配到空的组件中时使用了"坐标系"约束方法,通过使两个坐标系重合确定元件的位置。在将第 2 个元件装配到组件时,使用了选定参照并使其保持"配对"状态的方法。

除了"坐标系"和"配对"约束之外,Pro/Engineer 还提供了"对齐"、"插入"、"相切"、"直线上的点"、"曲面上的点"、"曲面上的边"、"固定"、"缺省"等多种约束方法,如图 9.1.4 所示。

1. 配对

配对约束是使两个选定面"面对面",即两面相互平行且法线方向相反。"配对"约束又可分为以下 3 种情况。

- 重合 让两个平面位于同一平面上,但法线方向相反。
- 偏移 两个平面相互平行且法线方向相反,同时两平面之间相距一定的距离。
- 定向 与偏移类似,不过平面间的距离未知,需要添加其他约束才能确定两参照面间的确定位置。

若选定两平面间的"配对"方式为"重合",模型中的两个平面将重合在一起且法向相互指向对方。若选定为"偏移",模型中的两个平面间将出现一个偏移数值,双击可以修改此数值,也可以拖动模型中的白色距离滑块修改,如图 9.2.1 所示,或者在【放置】滑动面板中的"偏移"类型后面直接输入偏移值,如图 9.2.2 所示。

例 9.1 介绍的是参照面重合的情况,图 9.2.3 中表示的为选定参照面以"偏移"的形式配对的情况,两个"配对"约束中参照面间分别偏距 30 和 40。

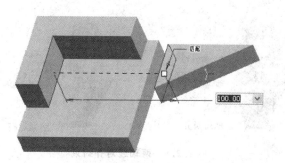

图 9.2.1　修改配对约束的"偏移"值

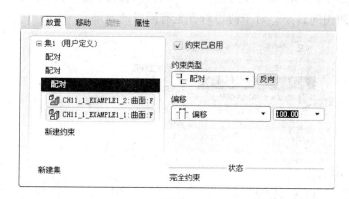

图 9.2.2　在滑动面板中修改配对约束的"偏移"值

图 9.2.3　"偏移"配对约束

提示

关于面的方向问题，参见 3.2 节、4.2 节中的相关说明。

2. 对齐

"对齐"约束是指使两选定平面平行且法线方向相同、或两选定点重合、或两选定轴重合、或两选定边重合。两边对齐的情况如图 9.2.4 所示，两轴对齐的情况如图 9.2.5 所示。

在图 9.2.5 中，两图选择的对齐参照均为两轴线，却能得到两种不同的装配结果。"对齐"约束的【放置】

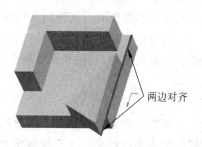

图 9.2.4　两边对齐约束

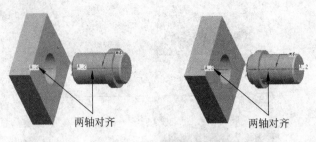

图 9.2.5　两轴线对齐约束

滑动面板如图 9.2.6 所示，单击对齐约束类型右侧的【反向】按钮，即可使两对齐轴线反向，可在 9.2.5 两图间转换。对于两边对齐也有同样的效果。

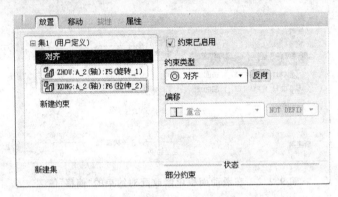

图 9.2.6　"对齐"约束的【放置】滑动面板

两选定面的对齐分"重合"、"偏移"和"定向"三种情况，与"配对"约束类似。

平面间的配对约束和对齐约束都是使两平面平行，不同的是配对约束是两平面"相对"，而对齐约束是两平面方向"同向"。所以，若将两平面的配对约束反向，就变成了对齐，反之亦然。单击图 9.2.2 中【配对】后面的【反向】按钮，约束类型即可变为"对齐"，同时模型中选定的两平面也变为方向相同。

3. 插入

插入约束是指将一个旋转曲面与另一旋转曲面中心线对齐，如图 9.2.7 所示。插入与对齐的区别是插入约束选用的参照为旋转曲面，而对齐选定的是轴线，所以，当轴线选取无效或不方便时可选用插入约束。

当回转半径不相同时也可以使用"插入"约束，此时还是两中心线重合，但两回转面间会有一定的间隙，如图 9.2.8 所示。

4. 相切

相切约束是指控制两个曲面在切点接触，该放置约束的功能与配对约束功能相似，不同之处在于该约束仅仅控制曲面上的一个点与另一参照接触。相切约束的一个应用实例为凸轮与其传动装置之间的点接触，如图 9.2.9 所示。

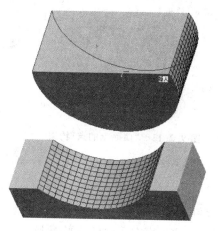

图 9.2.7　"插入"约束　　　　　图 9.2.8　回转面半径不同时的"插入"约束

5. 坐标系

在 9.1 节例子中，装入第一个元件时使用了坐标系约束方法。坐标系约束通过将元件的坐标系与组件的坐标系对齐，从而使两个选定坐标系的每一根坐标轴对齐来约束元件。如图 9.2.10 所示，通过选定元件上的坐标系"PRT_CSYS_DEF"和组件（此时组件为空，不过坐标系是系统模板中预定义好的）上的坐标系"ASM_DEF_CSYS"，使其各轴分别对齐来约束元件。

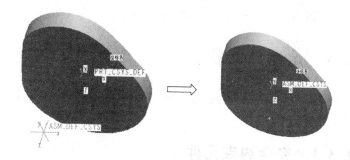

图 9.2.9　"相切"约束　　　　　图 9.2.10　"坐标系"约束

6. 直线上的点

使用线上点约束可以将选定的点约束在边、轴或基准曲线上，或者落在其延长线上。图 9.2.11 中，元件左下角上的点位于组件的一条边上，添加此约束后，此时元件上此点只能沿组件的边移动。

7. 曲面上的点

曲面上的点约束是控制选定的点位于选定的参照面上。如图 9.2.12 所示，使用曲面上的点约束的方法将三角形元件的顶点约束在了组件的平面上。

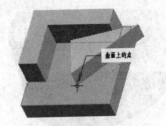

图 9.2.11　"直线上的点"约束　　　　图 9.2.12　"曲面上的点"约束

8. 曲面上的边

与曲面上的点约束类似,曲面上的边约束是控制选定的边位于选定的参照面上。如图 9.2.13 所示,使用曲面上的边约束将三角形元件的边约束在了组件的平面上。

9. 固定

固定约束是指将元件固定在当前位置上,此约束方式不需要任何参照。

10. 默认

图 9.2.13　"曲面上的边"约束

默认约束是指将元件和组件中的默认坐标系对齐,相当于使用坐标系约束并且选用了组件坐标系"ASM_DEF_CSYS"和元件坐标系"PRT_CSYS_DEF"。

9.3　元件放置状态

根据约束状态的不同,装配到组件中的元件可分为完全约束元件、封装元件和未放置元件三类。

9.3.1　完全约束元件

产品装配过程中,一般情况下要求每个装入组件的元件都处于完全约束状态,即:其6 个自由度全部被约束,新装入的元件与组件之间的位置是相对固定的。Pro/Engineer 提供了"匹配"、"对齐"、"插入"、"相切"、"坐标系"、"线上点"、"曲面上的点"、"曲面上的边"、"固定"以及"默认"等 10 种约束方法,用于建立新装入元件与组件之间的约束关系。

9.3.2　封装元件

在向组件添加元件时,有时可能不知道将元件放置在哪里最好,或者不希望将此元件相对于其他元件定位,这时可使这些元件处于部分约束或无约束状态。处于部分约束或无约束状态的元件也称为"封装元件","封装"也就成为临时放置元件的一种措施。创建封装元件的方法有两种。

（1）单击【插入】→【元件】→【装配】菜单项，或工具栏按钮 ，选取零件或子组件进行装配过程中，若在完全约束元件之前关闭"元件放置"操控面板，添加的元件即为处于部分约束或无约束状态的封装元件。

（2）单击下拉菜单中的【插入】→【元件】→【封装】菜单项，在弹出的【封装】浮动菜单中单击【添加】，在弹出的下级菜单中单击【打开】，如图 9.3.1 所示。系统弹出【打开】对话框，可以选取要封装的零件到当前组件模型中。

封装元件也是组件模型的一部分，但与其他以完全约束方式装配的元件是有区别的。在模型树上封装元件图标的后面有一个方框图标 ，如图 9.3.2 所示，表示本元件处于"封装"状态。

对于封装元件，可以使用"编辑定义"的方法将其更改为完全约束状态。从模型树上单击选取一个封装元件，单击【编辑】→【定义】菜单项，或右击并选取右键菜单的【编辑定义】菜单项，图形区底部将弹出【元件放置】操控面板，模型进入装配状态。此时可使用合适的约束方式，限制封装元件的自由度，使其变为完全约束元件。

9.3.3　未放置元件

Pro/Engineer 的组件中允许存在不显示在图形窗口中的元件模型，这类元件称为"未放置元件"。未放置元件属于没有装配或封装的组件，也就谈不上约束。未放置元件出现在模型树中，但不会出现在图形窗口中。未放置元件在模型树中用 进行标识，如图 9.3.3 所示。

图 9.3.1　【封装】菜单

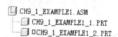

图 9.3.2　封装元件在模型树上的表示

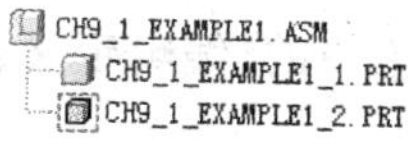

图 9.3.3　未放置元件在模型树上的表示

可对未放置元件执行不涉及在组件或其几何中放置的操作。例如，可使未放置元件与层相关，但不能在未放置元件上创建特征。

有两种方法可以在组件中添加未放置元件：包括未放置元件和创建未放置元件。

1. 包括未放置元件

（1）激活命令　在组件中，单击【插入】→【元件】→【包括】菜单项，打开【打开】对话框。

（2）选取要包括在组件中的元件，并单击对话框中的【打开】按钮。该元件已添加到模型树中,但没有出现在图形窗口中,完成未放置元件的操作。

2. 创建未放置元件

（1）激活命令　在组件中,单击【插入】→【元件】→【创建】菜单项或工具栏按钮 。
打开【元件创建】对话框,如图 9.3.4 所示。

（2）选取【零件】,并在【名称】框中输入名称,或保留默认名称。

（3）单击【确定】按钮,打开【创建选项】对话框。通过从现有元件复制或保留空元件
来创建元件,在放置框中选中【不放置元件】复选框,如图 9.3.5 所示。

图 9.3.4　【元件创建】对话框

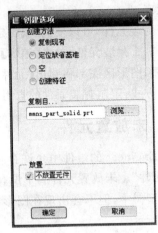

图 9.3.5　【创建选项】对话框

单击【确定】按钮完成操作,该元件被添加到模型树中。

从以上两种添加未放置元件的方法可以看出,"创建未放置元件"的方法适用于创建
新的元件的场合,而"包括未放置元件"的方法则应用于将已有元件添加到组件中。

可以通过重定义未放置元件的方法,对未放置元件添加约束,将其变为完全约束元件
或封装元件。在模型树中选取未放置元件,单击【编辑】→【定义】菜单项,或右击未放置元
件并选取右键菜单中的【编辑定义】菜单项,即可对其添加约束。

9.4　元件操作

右击组件中的元件,弹出右键菜单如图 9.4.1 所示,通过此菜单可编辑元件。

- 激活　在组件界面下打开元件,可在位编辑元件。
- 再生　重新生成此元件,可将零件中的更改同步到组件中。
- 打开　在新窗口中打开此元件,与使用打开文件的方法打开元件相同。
- 删除　删除选中的元件。
- 隐含　隐含选中元件,以及与选中元件有关的子项目。
- 编辑定义　打开元件装配操控面板,可以重新约束元件。
- 阵列　阵列选中的元件。

- 隐藏　隐藏选中的元件,使其在组件中不显示。

9.4.1　模型树操作

默认状态下组件中模型树仅显示各元件,不显示组件和元件中的特征。为方便对模型中特征的操作,可使其显示如图 9.4.2 所示。

图 9.4.1　右击组件中元件的右键菜单

图 9.4.2　在模型树中显示元件特征

单击导航栏中模型树选项卡中的 按钮,弹出菜单如图 9.4.3 所示,单击【树过滤器】菜单项,弹出【模型树项目】对话框,选取【显示】栏中的【特征】复选框,如图 9.4.4 所示,即可显示组件中零件的特征。

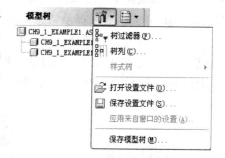

图 9.4.3　设置菜单

9.4.2　元件复制

在组件模式下,可使用"旋转"或"平移"的方式复制元件,这两种复制方法都是以坐标系的坐标轴作为参考方向。复制可以一次产生一个或多个元件,而且产生出来的元件都是独立的,可以分别删除而不会互相影响。

组件模式下的复制功能与特征的"阵列"类似。如图 9.4.5 所示,将图(a)中的圆柱复制为图(b)所示的矩形排列阵列。

例 9.2　使用复制的方法建立图 9.4.5(b)所示元件的圆柱阵列。

(1) 打开随书光盘文件 ch9\ ch9_4_example1\ ch9_4_example1.asm。

(2) **激活命令**　单击【编辑】→【元件操作】菜单项,在弹出的【元件】浮动菜单中单击【复制】菜单项,如图 9.4.6 所示,弹出【得到坐标系】菜单如图 9.4.7 所示。

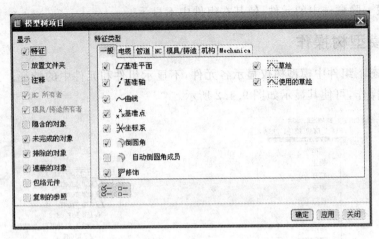

图 9.4.4 【模型树项目】对话框

(a) 初始元件

(b) 复制后的元件

图 9.4.5 元件复制

(3) 选取坐标系 选取圆柱元件的坐标系 PRT_CSYS_DEF。此时系统弹出【选取】对话框,同时消息区显示提示信息 ⇨选取multiply的元件,要求选取被复制的元件。

(4) 选定要复制的元件 单击选中模型窗口中的圆柱体元件,并单击【选取】对话框中的【确定】按钮完成选取。此时的浮动菜单如图 9.4.8 所示,同时消息区显示提示信息 ⇨定义first的复制方向或退出菜单,要求选取第一个方向上的复制方式。

图 9.4.6 【元件】菜单

图 9.4.7 【得到坐标系】菜单   图 9.4.8 【平移方向】菜单

(5) 选定第一方向的复制方式和方向 单击菜单中的【平移】、【X 轴】,并在消息区中的输入框输入 X 轴方向的平移距离−40,单击【完成移动】并输入 X 方向复制的实例数 4。

（6）选定第二方向的复制方式和方向　单击【平移】、【Z 轴】，并在消息区中的输入框输入 Z 轴方向的平移距离−30，单击【完成移动】并输入 Z 方向复制的实例数 2。

（7）完成复制　单击【退出移动】、【完成】菜单项，生成的模型参见随书光盘文件 ch9\ch9_4_example1\ ch9_4_example1_f.asm。

9.4.3　元件阵列

组件中元件的阵列与零件建模中特征的阵列相似，可有"尺寸"、"方向"、"轴"、"填充"、"参照"等多种方式。其操作过程和步骤如下：

（1）选择要阵列的元件。

（2）单击【编辑】→【阵列】菜单项或工具栏按钮 ▦，弹出操控面板如图 9.4.9 所示。

图 9.4.9　元件阵列操控面板

（3）单击特征生成方式列表 ▭，从中选取合适的阵列方式。

（4）选择合适的参照并指定增量、要阵列元件的数量，单击 ✔ 图标完成操作。

例 9.3　元件装配时最常用的阵列方式是参照阵列，如图 9.4.10 所示，在注塑模喷嘴装配中，装配完第一个内六角螺钉后，可利用喷嘴上孔阵列为参照，生成螺钉阵列。

(a) 注塑模喷嘴元件　　　　(b) 装入第一个螺钉元件　　　　(c) 阵列螺钉元件

图 9.4.10　例 9.3 图

（1）打开随书光盘文件 ch9\ ch9_4_example2\ ch9_4_example2.asm，如图 9.4.10(b) 所示。

（2）选取模型上的螺钉，单击【编辑】→【阵列】菜单项或工具栏按钮 ▦，弹出元件阵列操控面板如图 9.4.11 所示。从面板可以看出，因为系统检测到装配位置上已经有一个阵列存在，默认选取"参照"阵列，同时形成阵列预览如图 9.4.12 所示。

图 9.4.11　元件阵列操控面板

图 9.4.12　阵列预览

（3）单击 ✔ 图标完成阵列。完成后的模型参见随书光盘文件 ch9\ ch9_4_example2\ ch9_4_example2_f.asm。

9.4.4　元件激活

在模型树或图形区域中单击选取元件,右击并在右键菜单中选取【激活】菜单项,可使选中的元件处于可编辑的零件状态。同时,组件中的其他元件将半透明显示。如图 9.4.13 所示,在齿轮与轴的装配中,激活键元件可使其他元件半透明显示。处于激活状态的元件就像在零件界面下打开一样,可进行编辑定义,修改其形状、尺寸等相关操作。此时模型树中其图标变为 🗗 ,如图 9.4.14 所示。

图 9.4.13　激活元件

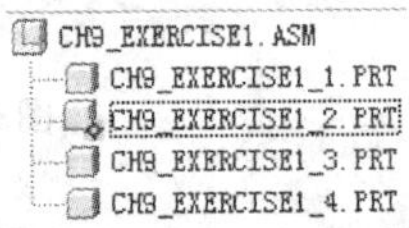

```
CH9_EXERCISE1.ASM
  CH9_EXERCISE1_1.PRT
  CH9_EXERCISE1_2.PRT
  CH9_EXERCISE1_3.PRT
  CH9_EXERCISE1_4.PRT
```

图 9.4.14　激活元件在模型树中的表示

与激活元件类似,右击模型树中的组件名并在快捷菜单中选择【激活】菜单项,可激活组件,此时系统重新返回组件状态。

9.4.5　元件透明显示

当设计者需要查看装配模型内部的元件时,可以选择将外部元件透明显示。选中元件或部件,单击【视图】→【显示造型】→【透明】菜单项,此元件便透明显示。图 9.4.15 中将减速箱上盖部件透明显示,以便观察其内部结构。单击【视图】→【着色】菜单,便可恢复模型原来的显示状态。

图 9.4.15　元件透明显示效果

非活动元件及透明元件的透明显示其默认透明度均为 70%,可通过设置选项"style_state_transparency"来更改元件的透明度。其值范围介于 0 和 100 之间,若设为 100,则元件完全透明,图 9.4.13 和图 9.4.15 中透明元件的透明度均为 50。

提示

单击【工具】→【选项】菜单项,打开【选项】对话框如图 9.4.16 所示。在【选项】输入框中输入项目"style_state_transparency",在其后的【值】输入框中输入透明度并单击【应用】按钮即可完成更改。

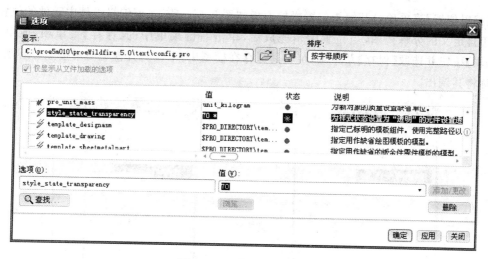

图 9.4.16 【选项】对话框

9.5 分解视图

为了清楚地表达组件的内部结构和组件之间的位置关系,需要将组件分解建立其爆炸图。如图 9.5.1 所示,将减速箱模型分解,可清楚表达减速箱中的元件以及元件间的位置关系。

建立组件时,系统会自动生成一个默认分解视图。在减速器组件中单击【视图】→【分解】→【分解视图】菜单项,打开减速箱的默认分解视图如图 9.5.2 所示。

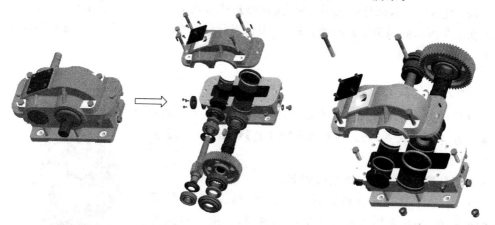

图 9.5.1 减速箱分解视图　　　　　图 9.5.2 减速箱的默认分解视图

默认分解视图并不一定能够表达设计者所要表达的元件间的位置关系。这时需要修改元件的分解位置或重新建立分解视图,分别介绍如下。

（1）新建分解视图　单击【视图】→【视图管理器】菜单项,打开【视图管理器】对话框,单击【分解】属性页如图 9.5.3 所示。单击【新建】按钮新建一个分解视图,右击该视图弹出右键菜单如图 9.5.4 所示。单击【设置为活动】菜单项可将其设置为当前分解视图,单击【编辑位置】菜单项打开编辑位置操控面板如图 9.5.5 所示,可编辑组件中元件的位置。对于自定义的分解视图,当位置编辑完成后,单击右键菜单中的【保存】菜单项,或单击【编辑】按钮并选取【保存】菜单项,可将其保存在模型中,下次打开模型时可按照分解视图名称将其调出。

图 9.5.3 【视图管理器】对话框

图 9.5.4 分解视图的右键菜单

图 9.5.5 分解视图中【编辑位置】操控面板

(2) 直接修改默认分解视图 单击【视图】→【分解】→【编辑位置】菜单项,直接打开如图 9.5.5 所示的编辑位置操控面板,可编辑当前分解视图。完成编辑后,保存默认分解视图。

注意

分解视图并不随着存盘而自动保存,不管是直接对默认视图修改或是新建分解视图,若要保存其分解状态,必须在【视图管理器】对话框中的【分解】属性页中保存。

对于分解位置操控面板说明如下。

• 平移选定元件。可选取直边、轴、垂直于平移方向的平面、坐标系轴或两点作为平移参照,选取平移元件和参照后,在平移元件上显示带有拖动控制滑块的坐标系如图 9.5.6 所示。选取一个轴并拖动鼠标,将沿此轴平移元件。

• 旋转选定元件。可选定边、轴或坐标系轴作为参照旋转选定元件。

• 自由移动选定元件。拖动并任意移动元件。

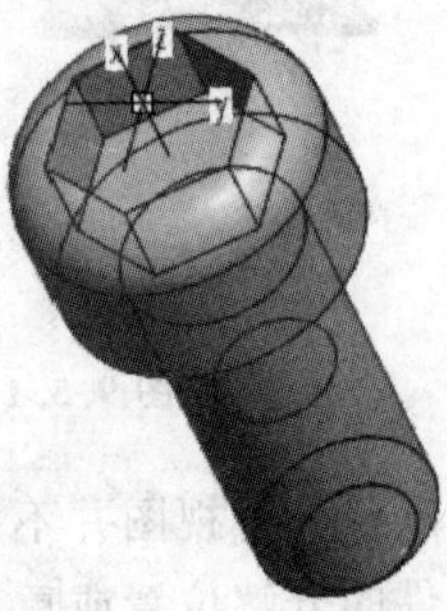

图 9.5.6 带有拖动控制滑块的坐标系显示在平移元件上

• 参照　单击操控面板上的【参照】,弹出滑动面板如图 9.5.7 所示,用于选取要移动的项目和移动参照,按住 Ctrl 键可选取多项。

• 选项　单击操控面板上的【选项】,弹出滑动面板如图 9.5.8 所示。其中【运动增量】指定移动元件的方式,默认为平滑移动,可输入数值以指定增量移动元件。单击【复制位置】弹出【复制位置】对话框如图 9.5.9 所示。当一个元件 A 放置到分解位置以后,若元件 B 也需要此分解方式,可以 A 为参照直接取用(即复制)其分解方式,此时 A 为"复制位置自"项目,B 为"要移动的元件"。

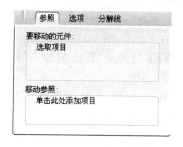

图 9.5.7　【参照】滑动面板

图 9.5.8　【选项】滑动面板

图 9.5.9　【复制位置】对话框

9.6　组件装配实例

本节以图 9.5.1 所示减速箱为例,以现有零件装配模型,并建立其分解视图。

例 9.4　装配图 9.5.1 所示减速箱,并建立其分解视图。减速箱零件模型参见随书光盘文件夹 ch9\ ch9_6_example1。

分析:可将本模型大体分解为上下箱体和高低速轴 4 个部件,以及螺钉等紧固件,按部件装配。

模型装配过程:①装配下箱体;②装配上箱体;③装配高速轴;④装配低速轴;⑤建立减速箱组件,并装配以上部件;⑥装配其他元件;⑦建立分解视图。

步骤 1:装配上箱体 upperbox.asm

(1) 建立组件文件　单击【文件】→【新建】菜单项或工具栏中 □ 按钮,在弹出的【新建】对话框中选择 ◉ □ 组件,输入文件名 upperbox.asm,使用公制模板 mmns_asm_design,单击【确定】按钮进入组件装配界面。

(2) 在子部件中装入第 1 个元件　单击【插入】→【元件】→【装配】菜单项或工具栏按钮 ,从弹出的【打开】对话框中找到随书光盘中的文件 upperbox.prt,单击【打开】按钮。在操控面板中选取约束类型为"缺省",完成第 1 个元件的装配。

(3) 装入第 2 个元件 cushion.prt　同理,激活元件装入命令,并找到零件 cushion.prt,在操控面板中建立以下约束,完成装配。

① 建立两面的配对约束　选取 upperbox.prt 顶面和 cushion.prt 底面,使其"配对",如图 9.6.1 所示。

② 建立轴线对齐约束　选取 upperbox.prt 顶面上孔的轴线和 cushion.prt 孔中心线,使其"对齐",如图 9.6.2 所示。

图 9.6.1 两面"配对"约束

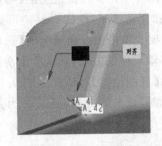

图 9.6.2 两轴"对齐"约束

③ 建立第 2 个轴线对齐约束 选取 upperbox.prt 顶面上另一个孔的轴线和 cushion.prt 上相应孔中心线,使其"对齐",约束元件最后一个自由度。

(4) 在 cushion.prt 上装入第一个螺钉 同理,激活元件装入命令,并找到零件 bolt.prt,建立两个约束:垫板上孔轴线与螺栓轴线"对齐",如图 9.6.3 所示;以及螺栓头底面和垫板顶面"配对",如图 9.6.4 所示。

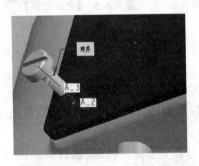

图 9.6.3 两轴"对齐"约束

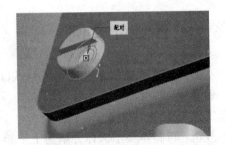

图 9.6.4 两面"配对"约束

(5) 阵列螺钉 选取元件 bolt.prt,单击【编辑】→【阵列】菜单项或工具栏按钮 ▦,接受默认的"参照"阵列方式。完成上盖组件装配,如图 9.6.5 所示。

步骤 2:同理,装配下箱体 bottombox.asm(见图 9.6.6)。

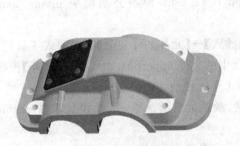

图 9.6.5 上盖组件

图 9.6.6 下箱体组件

步骤 3:同理,装配高速轴 highspeedshaft.asm(见图 9.6.7)。

步骤 4:同理,装配低速轴 lowspeedshaft.asm(见图 9.6.8)。

图 9.6.7 高速轴组件

图 9.6.8 低速轴组件

步骤 5：建立组件模型，并装入下箱体组件

（1）建立组件文件　单击【文件】→【新建】菜单项或工具栏中 按钮，在弹出的【新建】对话框中选择 组件，输入文件名，使用公制模板 mmns_asm_design，单击【确定】按钮进入组件装配界面。

（2）装入下箱体组件　单击【插入】→【元件】→【装配】菜单项或工具栏按钮 ，从弹出的【打开】对话框中找到组件 bottombox.prt，单击【打开】按钮。在操控面板中选取约束类型为"缺省"，完成装配。

步骤 6：装入低速轴组件 lowspeedshaft.asm

同理，激活元件装配命令，找到步骤 2 中建立的组件 lowspeedshaft.asm，建立两个约束：低速轴的轴线与下箱体上端盖的轴线"对齐"，如图 9.6.9 所示；以及低速轴端盖侧面与箱体沟槽侧面"配对"，如图 9.6.10 所示。

图 9.6.9 两轴"对齐"约束

图 9.6.10 两面"配对"约束

步骤 7：同理，装入高速轴 highspeedshaft.asm（见图 9.6.11）。

步骤 8：同理，装入上盖 upperbox.asm（见图 9.6.12）。

图 9.6.11 装入高速轴组件

图 9.6.12 装入上盖组件

步骤 9：装配其他元件

（1）装入销钉　激活装配命令，打开元件"pin.prt"，如图 9.6.13 所示，并使销钉底部与箱体孔底部建立"相切"约束，完成装配。

（2）同理，装入另一端的销钉以及两端的螺钉、垫圈和螺帽，如图 9.6.14 所示。

（3）同理，装配第 1 组螺钉、垫圈和螺帽，如图 9.6.15 所示。

（4）选取（3）中装入的螺钉、垫圈和螺帽建立组　在模型树上选取以上 3 个元件，单击右键菜单中的【组】菜单项，如图 9.6.16 所示。

图 9.6.13　销钉侧面与箱体上孔壁间的"插入"约束

图 9.6.14　装入螺钉、垫圈和螺帽

图 9.6.15　装配第 1 组螺钉、垫圈和螺帽

图 9.6.16　建立局部组

（5）阵列组　在模型树中单击选取（4）中建立的组，并单击【编辑】→【阵列】菜单项或工具栏按钮 ▦ ，接受默认的"参照"阵列方式，完成组件装配，如图 9.5.1 左图所示。

步骤 10：建立分解视图

（1）新建一个分解视图　在组件模型中，单击【视图】→【视图管理器】菜单项，打开【视图管理器】对话框，单击【分解】属性页并单击【新建】按钮新建一个分解视图，并将其设为活动视图。单击【编辑】→【编辑位置】打开编辑位置操控面板。

（2）将减速箱上下分开　在模型树中按住 Ctrl 键选取除螺母、垫片和 bottombox.asm 外的所有元件如图 9.6.17 所示，并选取"ASM_TOP"面作为参照，如图 9.6.18 所示，沿着 X 方向拖动选取的元件到如图 9.6.19 所示位置。

（3）将螺栓与上盖分开　选取所有螺栓和销钉，沿 X 方向拖动至如图 9.6.20 所示位置。

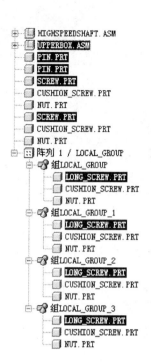

图 9.6.18　【参照】滑动面板

图 9.6.17　选取要移动的元件

图 9.6.19　拖动选取的元件

（4）将上盖顶部垫板、螺钉和上盖分开　选取垫板顶面作为参照，沿 X 轴方向分别拖动 4 个螺钉和垫板至如图 9.6.21 所示位置。

图 9.6.20　分离螺栓和销钉

图 9.6.21　分离上盖顶部垫板和螺钉

（5）分解高速轴和低速轴组件　选取轴心线作为参照，沿 X 方向拖动两轴和轴上各元件至图 9.6.22 所示位置。

（6）分解下箱体组件上的各螺母，完成最终分解视图，如图 9.5.1 右图所示。单击操控面板上的 ✔ 图标完成分解。

（7）保存视图　单击【视图管理器】对话框中的【编辑】→【保存】将分解视图存盘。

本例参见随书光盘文件 ch9\ ch9_6_example1\ ch9_6_example1.asm。

图 9.6.22　分离高速轴和低速轴组件

习题

1. 使用目录 ch9\ch9_exercise1 中的零件建立组件如题图 1(a)所示，并建立分解视图如题图 1(b)所示。

(a)组件模型　　　　　　　　　　(b)分解视图

题图 1　习题 1 图

2. 使用目录 ch9\ch9_exercise2 中的零件建立组件如题图 2(a)所示，并建立分解视图如题图 2(b)所示。

(a)组件模型　　　　　　　　　　(b)分解视图

题图 2　习题 2 图

第10章

创建工程图

本章在概述 Pro/Engineer 工程图特点的基础上,介绍利用三维零件模型生成三视图的方法,并在此基础上讲解尺寸标注、表面粗糙度、各类公差、标题栏、图框等的建立方法。

10.1 工程图概述

Pro/Engineer 的详细绘图模块提供了利用三维模型作为几何源生成二维工程图的方法。通过详细绘图模块中的操作,可以将模型线条、模型尺寸、模型公差信息等设计元素输出到出图页面,打印出符合工程标准的工程图。

在 Pro/Engineer 中,产品的设计过程是先构造三维模型,再根据投影关系创建模型的各平面视图,从而自动生成工程图。而在二维 CAD 系统中,设计人员需要先在头脑中想象三维模型,再通过特定的投影关系将各视图以线条的形式表现出来。所以,在 Pro/Engineer 中只要三维模型构造正确,生成的工程图就不会有图形或标注错误,但在二维 CAD 系统中,因为图中的每条线都是根据想象绘制出来的,难免会有错画、漏画或尺寸标注等错误。

同时,因为在 Pro/Engineer 中生成的零件模型、装配模型和工程图是"基于单一数据库"、"全相关"的,即装配模型和工程图都是采用了零件模型中的数据生成的。所以,零件模型被修改后,装配模型和工程图在重新生成时会调用更改后的数据。而对于装配模型或工程图中数据的修改也就是对其调用的零件模型的修改,其数据变动也会实时传递到零件模型中。

10.1.1 工程图界面简介

单击【文件】→【新建】菜单项或工具栏按钮 ,在弹出的【新建】对话框中选择 绘图类型,并输入文件名(或接受默认的名称),如图 10.1.1 所示。单击【确定】按钮进入下一步,弹出【新建绘图】对话框,用于指定工程图对应的三维模型以及绘图模板。

1. 指定工程图对应的三维模型

在【缺省模型】框内列出了用于创建工程图的三维模型。默认情况下系统选择当前活动的模型文件,可以单击【浏览】按钮打开【打开】对话框选取其他模型文件,也可以不指定模型而在生成视图的时候再指定。

2. 指定模板或图纸类型

在工程图文件建立的一开始,系统可以首先为其指定图纸大小、文件中用的文字高度与字体、标注样式、视图生成方式等设置,还可以预先定义好图框、标题栏等图形信息内容。以上工作可通过指定模板来实现,有三种形式可供选择。

(1) 使用模板 使用系统预定义的或自己建立的模板建立工程图,在模板中已经建立了图纸、文字、标注等相关设置以及工程图的视图等信息,是所有模板里面功能最强大的一种。如图 10.1.2 所示,系统提供了"a0_drawing"到"a4_drawing"5 种公制样板以及"a_drawing"到"f_drawing"6 种英制样板,也可以单击【浏览】按钮使用自定义的样板。

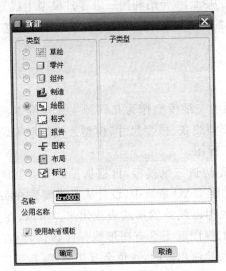

图 10.1.1 【新建】对话框

图 10.1.2 【新建绘图】对话框

(2) 格式为空 使用格式文件作为建立工程图的模板。格式文件扩展名为 frm,是在 Pro/Engineer 中生成的一种文件,可包含预定义好的标题栏、图框等内容。图 10.1.3 所示为使用系统格式"a.frm"建立的新工程图文件。在 Pro/Engineer 的默认安装中,没有符合国标的格式文件,设计者可以使用【文件】→【新建】命令,选取 ◉ 🔲 格式类型自行建立。

(3) 空 不使用任何模板和预定义的格式,仅仅指定所绘制工程图的放置方向和图纸大小。如图 10.1.4 所示,可使用从 A0 到 A4 的各种国标图纸幅面以及 A 到 F 的各种英标图纸幅面。

单击【新建绘图】对话框中指定模板为【空】,且指定横向 A3 幅面大小,单击【确定】按钮,进入工程图界面,如图 10.1.5 所示。

工程图界面中的图形显示区显示了一个矩形图框,大小为 A3 图纸,宽 420mm,高 297mm。

Pro/Engineer Wildfire 5.0 采用了最新基于带状条 Ribbon 的界面,将布局、表、注释、草绘审阅以及发布等所有功能以带状条的形式列于图形窗口的上面,便于设计者操

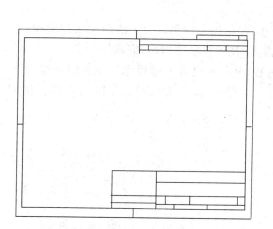

图 10.1.3 使用系统格式"a.frm"建立的工程图

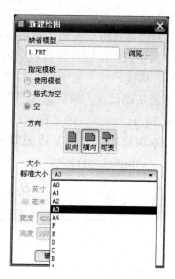

图 10.1.4 选取工程图规格

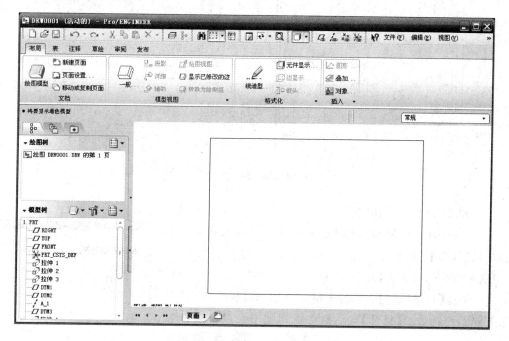

图 10.1.5 工程图界面

作。同时,Pro/Engineer Wildfire 5.0 还添加了"绘图树",改进了建立工程图过程中的导航功能。

10.1.2 简单工程图范例

本小节以创建一个简单零件的工程图作为实例,介绍创建工程图的一般过程。建立工程图的一般过程如下:

（1）新建工程图文件，输入文件名称并选择三维模型、模板，进入工程图界面。

（2）创建视图　添加主视图，并添加主视图的投影图。若需要，添加详细视图等辅助视图。调整视图位置并设置视图的显示方式。

（3）标注尺寸　显示模型的驱动尺寸，并作适当调整。为了清楚地表达模型，还要添加必要的从动尺寸。最后添加公差、粗糙度、技术要求等内容，完成工程图。

例 10.1　根据创建工程图的一般过程，从一个已有三维模型出发创建一张简单的工程图。本例将要生成的工程图如图 10.1.6 所示，其三维模型参见随书光盘文件 ch10\ch10_1_example1.prt。

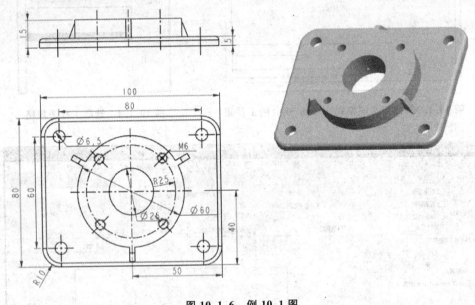

图 10.1.6　例 10.1 图

步骤 1：新建工程图文件

（1）单击【文件】→【新建】菜单项或工具栏按钮 □，在弹出的【新建】对话框中选择 ◉ 🔲 绘图，输入文件名"Ch10_1_EXAMPLE1"，单击【确定】按钮进入下一步。

（2）在【新建绘图】对话框中指定模型和模板　单击【浏览】按钮，在随后的【打开】对话框中找到随书光盘目录中的 ch10\ch10_1_example1.prt，也可先打开三维模型，使其处于活动状态，在建立工程图时，系统将自动选取此模型。指定模板为【空】，选用横向的 A3 图纸，如图 10.1.7 所示。单击【确定】按钮进入工程图。

步骤 2：使用一般视图创建主视图

（1）创建视图。在带状条的【布局】属性页单击 📄 图标，如图 10.1.8 所示，消息区显示提示 ➡ 选取绘制视图的中心点，在图形窗口的矩形框右上部单击，显示视图如图 10.1.9 所示，

图 10.1.7 【新建绘图】对话框

同时弹出【绘图视图】对话框如图 10.1.10 所示。

(2) 指定视图方向　在【绘图视图】对话框的【视图方向】中，选取定位方式为【几何参照】，并选取 TOP 面向前、RIGHT 面向顶，如图 10.1.11 所示，单击【应用】按钮，视图如图 10.1.12 所示。

(3) 指定视图显示样式　单击【绘图视图】对话框中的【视图显示】，单击【显示样式】

图 10.1.8　带状条的【布局】属性页

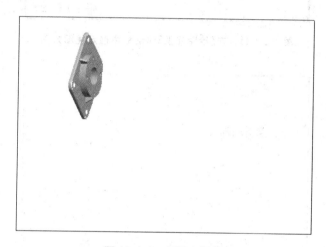

图 10.1.9　显示主视图

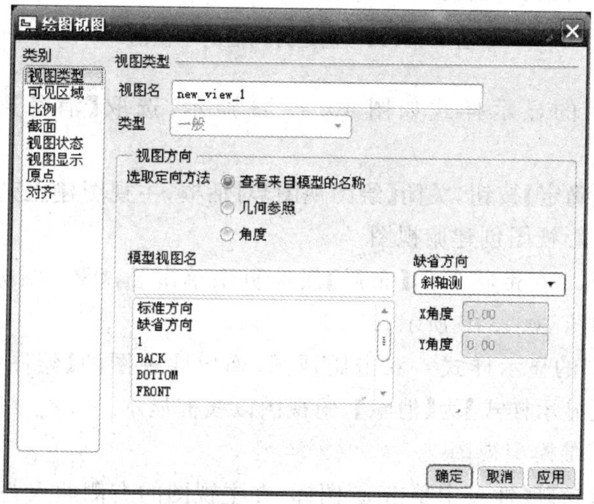

图 10.1.10　【绘图视图】对话框

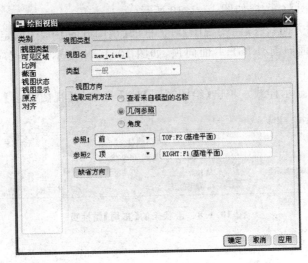

图 10.1.11　在【绘图视图】对话框中确定视图方向

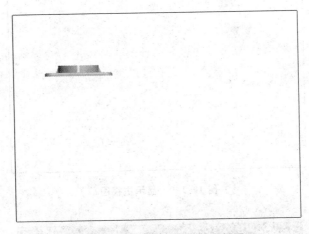

图 10.1.12　确定方向后的主视图

下拉菜单,弹出可用的显示样式如图 10.1.13 所示,选取【消隐】选项,此时视图如图 10.1.14 所示。

单击对话框的【确定】按钮,关闭【绘图视图】对话框,主视图建立完成。

步骤 3:使用投影视图创建俯视图

(1)创建俯视图　在带状条的【布局】属性页中单击 投影... 图标,并在主视图下部单击,显示俯视图如图 10.1.15 所示。

(2)修改俯视图的显示样式　双击俯视图,弹出此视图的【绘图视图】对话框,在其【视图显示】中选取【显示样式】为【消隐】,俯视图以线框显示。

步骤 4:插入三维模型视图

在带状条的【布局】属性页中单击 图标,在主视图的右侧插入一个三维视图,其【视图方向】选用模型中的命名视图"1",如图 10.1.16 所示,并使其视图显示状态为【着色】。

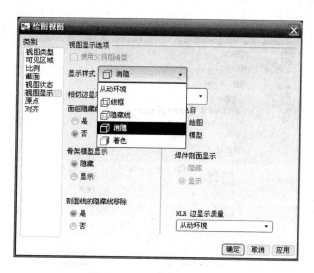

图 10.1.13 选取显示样式

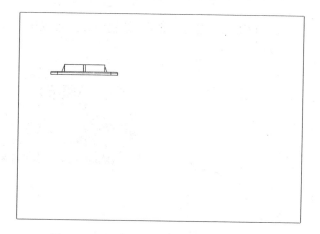

图 10.1.14 选取【消隐】显示样式的主视图

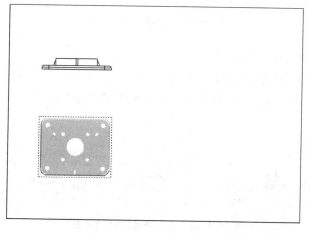

图 10.1.15 创建俯视图

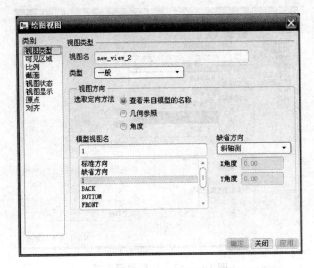

图 10.1.16　三维模型视图的【绘图视图】对话框

此时工程图如图 10.1.17 所示，包含主视图、俯视图和三维视图。

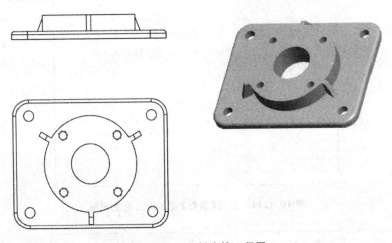

图 10.1.17　创建的工程图

步骤 5：显示视图中的中心线

（1）单击带状条中的【注释】属性页，如图 10.1.18 所示。单击 图标，弹出【显示模型注释】对话框，选取最后一个属性页 ，并单击其【类型】下拉列表如图 10.1.19 所示，选取【轴】。

图 10.1.18　带状条的【注释】属性页

(2) 按住 Ctrl 键,从【绘图树】上选取视图"new_view_1"和"顶部_2",如图 10.1.20 所示,这两个视图上所有的轴线显示在【显示模型注释】对话框中,如图 10.1.21 所示。单击对话框中的 图标选中所有轴线,单击对话框中的【应用】完成轴线的显示,如图 10.1.22 所示。

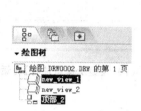

图 10.1.19 【显示模型注释】 对话框   **图 10.1.20** 选取视图   **图 10.1.21** 【显示模型注释】 对话框

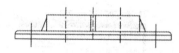

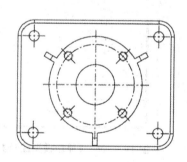

图 10.1.22 显示轴线后的工程图

步骤 6:显示驱动尺寸

(1) 在图 10.1.21 所示【显示模型注释】对话框上,单击第一个属性页 ,并选取显示尺寸的类型为【强驱动尺寸】,如图 10.1.23 所示。

(2) 按住 Ctrl 键,从绘图树上选取视图"new_view_1"和"顶部_2",视图中显示了其所有强驱动尺寸预览如图 10.1.24 所示,同时对话框的列表中显示了每个尺寸如图 10.1.25 所示,将鼠标放在列表中的尺寸上,视图中将显示对应的尺寸。单击选取要标注尺寸的复选框,并单击【确定】按钮,没有被选中的尺寸将被删除。

图 10.1.23 【显示模型注释】对话框(1)

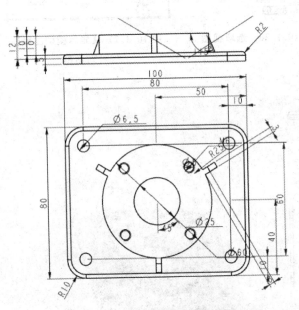

图 10.1.24 显示所有驱动尺寸的预览

图 10.1.25 【显示模型注释】对话框(2)

(3)编辑尺寸位置 单击激活尺寸,将其拖动到合适位置,得到视图如图 10.1.26 所示。

步骤 7:添加从动尺寸

主视图上整个模型的高度不是特征的驱动尺寸,不能用步骤 6 中的方法添加,需要添加从动尺寸。在图 10.1.18 所示带状条中单击 ⊢⊣ 激活新参照尺寸命令,弹出【依附类型】菜单如图 10.1.27 所示。单击如图 10.1.28 所示主视图中上下两条平行线,并在左侧单击中键,添加高度为 15 的尺寸如图 10.1.29 所示。

工程图建立完成,如图 10.1.6 所示。参见随书光盘文件 ch10\ ch10_1_example1.drw。

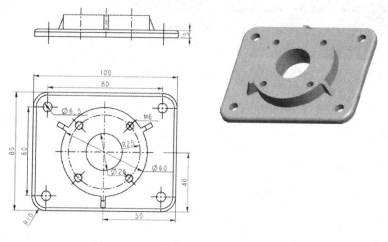

图 10.1.26   标注驱动尺寸后的工程图   图 10.1.27   【依附类型】
                                                              对话框

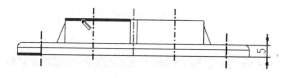

图 10.1.28   选取从动尺寸依附图元

图 10.1.29   标注完成的从动尺寸

10.1.3   工程图配置文件

不同国家在建立工程图的时候标准差别很大,如我国规定投影时使用第一视角,而美英日等国家使用第三视角;我国规定文字高度采用 3.5mm、5mm、7mm 等 7 种标准,而英国等国家采用英寸为单位,默认高度 0.156 25 英寸。

在安装 Pro/Engineer Wildfire 5.0 软件时,系统要求选取软件的单位标准,若选取了【公制】,如图 10.1.30 所示,则建立的工程图基本符合我国标准。如例 10.1.1 中,投影为第一视角,建立的文字高度默认为 3.5mm。

可以通过更改绘图选项的方法来修改工程图的格式。单击【文件】→【绘图选项】菜单项,弹出【选项】对话框如图 10.1.31 所示。单击选中要更改的选项,然后在下面的【值】输入区中输入或选择需要的值,单击【应用】完成设置,单击【关闭】关闭该对话框。

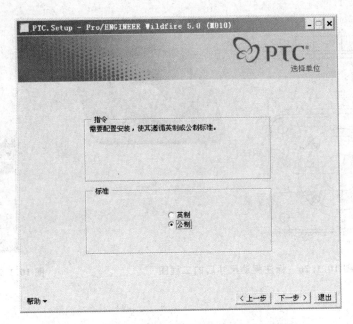

图 10.1.30 在软件安装界面中选取公制标准

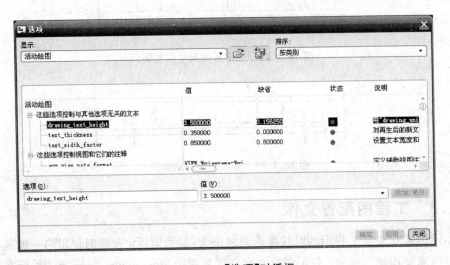

图 10.1.31 【选项】对话框

10.2 视图的建立

建立工程图的重点内容是在图纸中添加各种类型的视图，以表达零件的形状与尺寸。Pro/Engineer 中可以建立的视图有一般视图、投影视图、详细视图、辅助视图、旋转视图等。对于一般视图、投影视图和辅助视图，根据其可见区域的不同又可以有全视图、半视图、局部视图、破断视图等 4 种类型。

建立视图使用带状条的【布局】属性页，如图 10.2.1 所示。单击 💻、品 投影…、

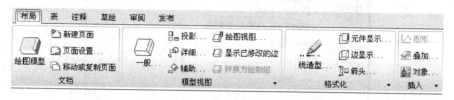图标分别建立一般视图、投影视图、详细视图、辅助视图,其建立方法和过程基本相似。

图 10.2.1　带状条的【布局】属性页

10.2.1　一般视图的建立

创建工程图时,通常情况下建立的第一个视图为一般视图,在图形中称为主视图,它可以作为其他视图的父视图。

建立一般视图时,单击带状条【布局】属性页中的 图标,在屏幕合适位置单击确定视图位置,图形区域显示模型在【缺省方向】的视图,同时弹出【绘图视图】对话框。在对话框中设定视图定向、视图可见区域、视图比例、视图是否剖切、视图显示样式等内容,单击【确定】按钮完成视图。

1. 视图定向

视图定向即确定视图的方向,有三种方式可设定视图方向。

• 查看来自模型的名称　根据模型中的命名视图来定位本视图,如例 10.1 中若选用 TOP 方向定位主视图,将显示如图 10.2.2 所示。

• 几何参照　通过选定几何参照并指定其方向的方法确定视图方向,如例 10.1 中通过指定 TOP 面向前、RIGHT 面向顶确定了主视图的方向。

• 角度　使用选定参照的角度或定制角度定向。

2. 指定视图的可见区域

在【绘图视图】对话框中,还可以指定视图的可见区域,可生成全视图、半视图、局部视图或破断视图。默认状态下生成的视图为全视图,可通过下面方法生成其他种类的视图。

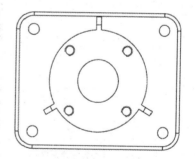

图 10.2.2　使用模型中的命名视图定位的视图

• 生成半视图　指定一个参考平面并选择要保留的侧即可生成保留侧的半剖图。如图 10.2.3 所示,指定视图可见性为"半视图",选取 RIGHT 面作为半剖视图的分界参照,并指定保持右侧,如图 10.2.4 所示,生成半视图如图 10.2.5 所示。

• 生成局部视图　仅显示存在于草绘边界内部的几何图形。如图 10.2.6 所示,要在轴上放大显示退刀槽局部,首先在局部视图中要保留区域中心附近选取视图几何上一点,然后围绕要显示区域草绘一条封闭的样条曲线,单击【应用】按钮生成局部视图,其对话框如图 10.2.7 所示。

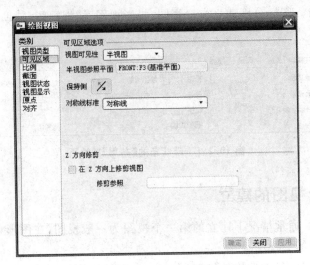

图 10.2.3 【绘图视图】对话框

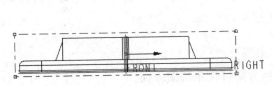

图 10.2.4 指定视图中保留的侧

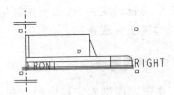

图 10.2.5 半视图

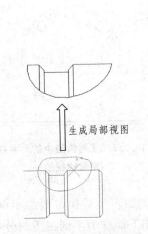

生成局部视图

图 10.2.6 生成局部视图

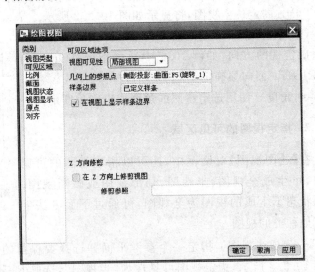

图 10.2.7 【绘图视图】对话框

- 生成破断视图 对较长的零件,当沿长度方向形状一致或按一定规律变化时,如杆、轴等,可以断开后缩短表示。生成视图时,在可见区域中选择【破断视图】可完成此功能。如图 10.2.8 所示为轴类零件的破断视图表示法。

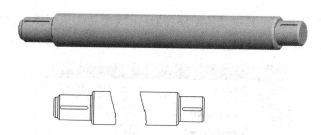

图 10.2.8 生成破断视图

　　在生成破断视图时,选择【绘图视图】对话框的【可见区域】栏目中的【视图可见性】为【破断视图】,单击 ✛ 按钮添加一个破断。在要开始破断区域的边线上单击并拉伸一条线段;再用同样的方法生成第二个破断点,如图 10.2.9 所示。

图 10.2.9 选取破断点

　　在对话框中选择破断线的样式为【草绘】,如图 10.2.10 所示,并在破断点处绘制一条草绘曲线,如图 10.2.11 所示。单击对话框中的【确定】便可生成破断视图。

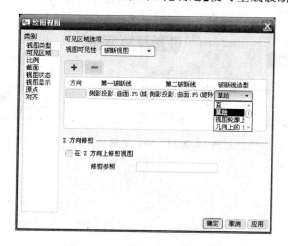

图 10.2.10 【绘图视图】对话框

图 10.2.11 草绘破断线造型

　　在【绘图视图】的【视图显示】栏目中,可设定视图的显示状态,如图 10.2.12 所示。其显示方式列表如图 10.2.13 所示,可以设定视图显示为【线框】、【隐藏线】、【消隐】、【着色】、【从动环境】5 种方式。其中,【从动环境】显示线型是指工程图中视图的显示方式与模型显示工具条 ⬡ ⬡ ⬡ ⬡ 相对应,视图线型显示将随着模型显示样式的改变而改变。

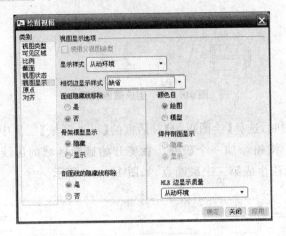

图 10.2.12 【绘图视图】对话框

相切边显示样式列表如图 10.2.14 所示,用于显示模型中的相切边。对于图 10.2.15 所示模型,默认建立的工程图如图 10.2.16 所示,在周边圆角处视图显示相切边。若修改其相切边显示样式为【无】,视图显示如图 10.2.17 所示。

图 10.2.13 视图显示样式列表	图 10.2.14 相切边显示样式列表	图 10.2.15 要建立工程图的模型

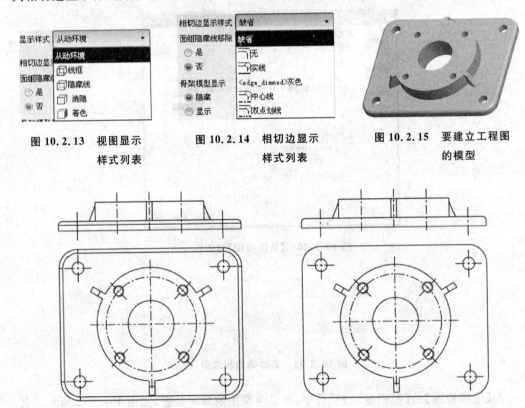

图 10.2.16 显示相切边的工程图   图 10.2.17 不显示相切边的工程图

10.2.2 投影视图的建立

投影视图是主视图沿水平或竖直方向的正交投影。使用第一视角法投影,从主视图的上方向下看生成俯视图,放在主视图的下面;从主视图的左面向右看生成左视图,放在主视图的右面。插入投影视图的过程和步骤如下:

(1)在带状条的【布局】属性页中单击 投影... 图标,并选取投影视图的父视图。若此时工程图中只有一个视图,此视图自动成为其父视图;若激活命令前已经选取了视图,此视图也自动作为新视图的父视图。

(2)在图形窗口合适位置单击,创建投影视图。

(3)双击此视图,或在绘图树中右击新建立的投影视图,选取【属性】菜单项,如图 10.2.18 所示,打开【绘图视图】对话框,修改其可见区域、是否剖切、显示样式等内容。

(4)重复前面三步,建立其他投影视图。

图 10.2.18 视图的右键菜单

注意

工程图是由三维模型经过投影生成的,有两种常用的投影方法。

在观察物体时,把投影面放在被画物体与观察者之间,从投影方向看,依次是人→图(投影面)→物体,这种形成工程图(投影面)的画法,称为第三视角法,其投影关系如图 10.2.19 所示。

第三视角法是日本、英国等西方国家制图时使用的一种投影方法,在我国台湾、香港地区也大都使用这种投影方法。而我国大陆地区一直沿用了前苏联的方法,使用第一视角法来生成投影视图。第一视角法在观察物体时,把物体放在投影面和观察者之间,从投影方向看,依次是人→物体→图(投影面),这种形成图(投影面)的画法,称为第一视角法,其投影关系如图 10.2.20 所示。

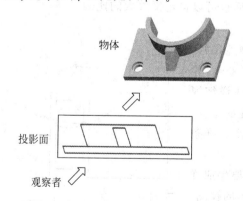

图 10.2.19 第三视角投影法示意图

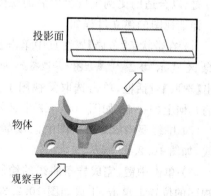

图 10.2.20 第一视角投影法示意图

若没有使用公制模板建立工程图文件,则需要将系统默认的第三视角投影法改为第一视角投影法才可以建立符合我国标准的投影视图。修改方法为:单击【文件】→【绘图选项】菜单项,打开【选项】对话框,将 Projection_type 的值修改为 first_angle。修改方法:在列表中找到此选项,单击后在下面的【选项】和【值】修改区修改;也可直接在【选项】框中输入 Projection_type,将其值选定为 first_angle,如图 10.2.21。

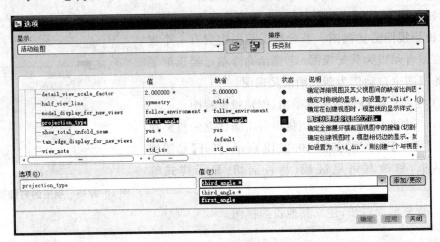

图 10.2.21 【选项】对话框

习惯上,在第一视角法中得到的三视图分别称为主视图、俯视图和左视图;而在第三视角法中得到的三视图是前视图(即:主视图,由前向后投影得到的视图)、顶视图(由上向下投影得到的视图)和右视图(由右向左投影得到的视图)。如无特别说明,本书后面所讲的视图全部是用第一视角法生成的。

10.2.3 详细视图的建立

详细视图是放大显示其父视图中一部分内容的视图。绘制详细视图过程中,要指定在父视图中详细视图的中心点,并草绘一条曲线以形成详细视图的轮廓线,然后系统在合适位置、以合适的比例生成放大后的视图,以后也可以自定义放大的比例。

详细视图的建立过程如下:

(1) 在带状条【布局】属性页中单击 详细... 图标,消息区显示 在一现有视图上选取要查看细节的中心点,并弹出【选取】对话框,单击选取父视图上要生成详细视图的几何上的一点,如图 10.2.22 中叉号所在的位置。

(2) 围绕要生成详细视图的区域草绘一闭合样条曲线,如图 10.2.22 所示。

(3) 单击中键,完成样条曲线的绘制,在要生成详细视图的位置上单击,生成如图 10.2.23 所示的视图。

(4) 双击生成的详细视图,或在绘图树中右击新建立的视图,并在右键菜单中选取【属性】菜单项,打

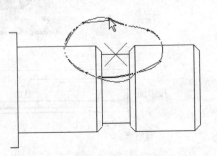

图 10.2.22 围绕要生成详细视图的区域绘制样条曲线

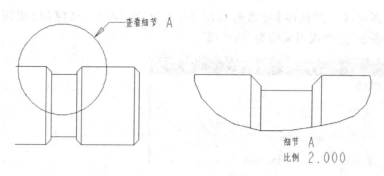

图 10.2.23 详细视图

开【绘图视图】对话框,可以修改其比例等属性。

10.2.4 辅助视图的建立

如图 10.2.24 所示,壳体上接头所在的面是倾斜的且不平行于任何基本投影面,主视图和水平、竖直方向上的投影视图难以表达该部分的形状以及标注真实尺寸,需要建立辅助视图。

辅助视图是一类特殊的投影视图,它的投影方向为要表达的倾斜面的法线方向,因为这类视图是向不平行于基本投影面的平面投影所得到的视图,在机械制图中也称为斜视图。

生成辅助视图的具体步骤如下:

(1)在带状条【布局】属性页中单击 详细... 图标,单击选取父视图中要表达的面上的一条线。因为要生成的辅助视图与其父视图垂直,要表达的平面在父视图上显示为一条线。在图 10.2.25 中选取主视图中箭头所指的斜线。

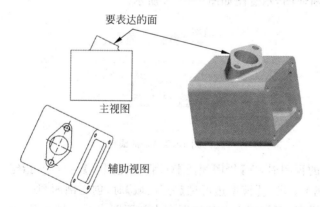

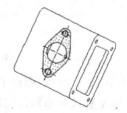

图 10.2.24 辅助视图　　　　　　　**图 10.2.25 选取辅助视图要表达的曲面**

(2)移动鼠标,出现一个跟随鼠标移动的方框,其移动方向垂直于要表达的斜面,此方框即为要生成的辅助视图,在合适位置单击放置视图。

(3)双击辅助视图,弹出【绘图视图】对话框。一般情况下,辅助视图仅需显示所要表达的面,单击【截面】栏目,选取剖面选项为【单个零件曲面】,并选取所要表达的面如

图 10.2.25 所示,【绘图视图】对话框如图 10.2.26 所示,单击【应用】按钮,工程图如图 10.2.27 所示,这个视图又称为"向视图"。

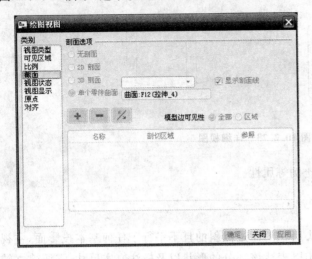

图 10.2.26　【绘图视图】对话框　　　　　图 10.2.27　生成的辅助视图

以上建立辅助视图所用模型参见随书光盘文件 ch10\ ch10_2_example1.prt,建立的工程图参见 ch10_2_example1.drw。

10.3　剖视图和剖面图的建立

剖视图指的是用假想的剖切面把零件切开,移去观察者和剖切面之间的实体部分,将余下的部分向投影面投影得到的图形,剖视图示意图如图 10.3.1 所示。而剖面图指的是用假想剖切面把零件切开后画出的断面图,示意图如图 10.3.2 所示。

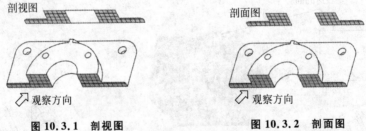

剖视图　　　　　　　　　　　　　剖面图

↑观察方向　　　　　　　　　　　↑观察方向

图 10.3.1　剖视图　　　　　　　　　图 10.3.2　剖面图

如图 10.3.3 所示,创建工程图的视图时,在【绘图视图】对话框的【剖面】栏目中,指定【模型边可见】为【全部】时,创建剖视图;指定【模型边可见】为【区域】时,创建剖面图。

通过【绘图视图】对话框的剖面设置,可将以上各种视图变为剖面图。默认状态下,剖面选项为【无剖面】,生成的视图为非剖面图;若指定剖面选项为【2D 截面】,可生成剖面图或剖视图;若指定剖面选项为【单个零件曲面】则生成"向视图"。

10.3.1　创建横截面

在创建剖视图时需要使用横截面,横截面可以在零件三维建模状态下创建并保存,也

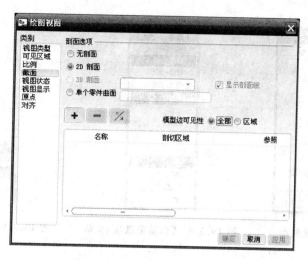

图 10.3.3 【绘图视图】对话框

可以在插入剖视图时添加，其主要作用是显示模型内部形状与结构。横截面的建立方法主要有两种：

- 平面横截面 使用基准面剖切实体得到的截面，如图 10.3.4 所示。
- 偏移横截面 用草绘的多个面对模型剖切，如图 10.3.5 所示。

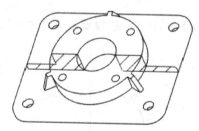

图 10.3.4 平面横截面

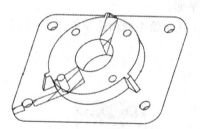

图 10.3.5 偏移横截面

下面以以上两个横截面为例，介绍横截面的创建方法。本例模型参见随书光盘文件 ch10\ch10_3_example1.prt。

1. 创建平面横截面

（1）打开文件 ch10_3_example1.prt，并单击【视图】→【视图管理器】菜单项，在弹出的【视图管理器】对话框中单击【剖面】属性页，如图 10.3.6 所示。

（2）单击【新建】按钮，并在名称列表中输入截面名称，如图 10.3.7 所示，按 Enter 键（或单击鼠标中键）完成后，弹出截面定义菜单如图 10.3.8 所示。

（3）依次单击【平面】、【单一】、【完成】菜单项，弹出【设置平面】菜单如图 10.3.9 所示，单击模型的 TOP 面，完成截面如图 10.3.4 所示。

图 10.3.6 【视图管理器】的剖面属性页

图 10.3.7　新建剖面　　　　图 10.3.8　【剖截面选项】菜单 　　　图 10.3.9　【设置平面】菜单

2. 创建偏移横截面

（1）在上面建立平面横截面的模型中，在【视图管理器】对话框的【剖面】属性页中新建一个横截面，弹出菜单 10.3.8 所示。

（2）依次单击【偏移】、【双侧】、【单一】、【完成】菜单项，弹出【设置草绘平面】菜单如图 10.3.10 所示，选择 TOP 面作为草绘平面，接受默认的草绘方向并使用【缺省】方式定位草绘平面。

（3）在草绘平面内绘制如图 10.3.11 所示的线段，注意：线段要经过三个圆的圆心。

图 10.3.10　【设置草绘平面】菜单

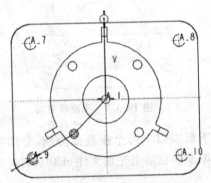

图 10.3.11　偏移横截面的草图

（4）单击草绘工具栏中的 ✔ 按钮完成截面，如图 10.3.5 所示。

带有横截面的模型参见随书光盘文件 ch10\f\ch10_3_example1_f.prt。

10.3.2　全剖视图的建立

利用以上建立的横截面，可以建立剖视图或剖面图。若显示整个剖面，可建立全剖视图。例如，使用随书光盘文件 ch10\f\ch10_3_example1_f.prt 中建立的平面横截面，可建立剖视图如图 10.3.12 所示。

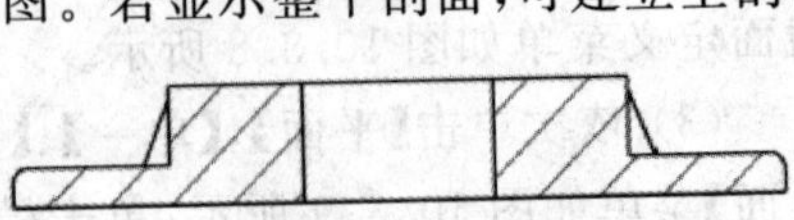

图 10.3.12　剖视图

步骤 1：新建工程图文件

(1) 激活命令　单击【文件】→【新建】菜单项或工具栏按钮 🗋，在弹出的【新建】对话框中选择 ◉ 🖳 绘图，输入文件名，单击【确定】按钮进入下一步。

(2) 在【新建绘图】对话框中指定模型和模板　单击【浏览】按钮，在随后的【打开】对话框中找到随书光盘目录中的 ch10\f\ch10_3_example1_f.prt。指定模板为【空】，选用横向 A3 图纸。单击【确定】按钮进入工程图。

步骤 2：使用一般视图创建主视图

在带状条【布局】属性页中单击 🖵 图标，在图形窗口合适位置单击，显示主视图同时弹出【绘图视图】对话框。选取 TOP 面向前、RIGHT 面向顶定位视图。

步骤 3：建立全剖视图

在【绘图视图】对话框中，单击【截面】，在【剖面选项】中选取【2D 剖面】，并单击 ➕ 按钮添加剖视图，如图 10.3.13 所示。在弹出的横截面列表中选取【XSEC0001】，指定【剖切区域】为【完全】，单击【应用】按钮，建立全剖视图如图 10.3.12 所示。

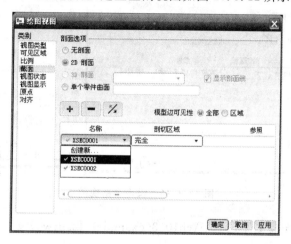

图 10.3.13　【绘图视图】对话框

本例生成的工程图参见随书光盘文件 ch10\f\ch10_3_example1_f.drw。

也可以在轴测图中建立全剖视图。在上例模型中，首先使用命名视图"1"建立视图如图 10.3.14 所示，然后使用已有截面"XSEC0002"建立的全剖视图如图 10.3.15 所示。工程图参见随书光盘文件 ch10\f\ch10_3_example1_f.drw。

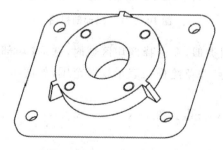

图 10.3.14　模型的命名视图"1"

图 10.3.15　模型的全剖视图

10.3.3 半剖视图的建立

当整个零件或零件中将要表达的部分具有对称关系时,没有必要绘制全剖图,可以仅绘制一个半剖视图,另一半用于表达零件外形。

半剖视图的建立方法与全剖视图类似,只是在选择剖切区域时,将【完全】改为【一半】;然后选择一个面作为参照,并指定要去除的侧即可。

双击随书光盘文件 ch10\f\ch10_3_example1_f.drw 中左侧的视图(见图10.3.67),打开【绘图视图】对话框,选取剖切区域为【一半】,并指定 RIGHT 面作为参照,剖切参照平面的右侧,如图10.3.16所示。单击【应用】按钮生成半剖图如图10.3.17所示。

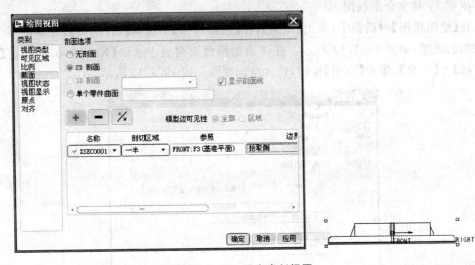

图10.3.16 设定半剖视图

本例参见随书光盘文件 ch10\f\ch10_3_example1_f2.drw。

10.3.4 局部剖视图的建立

当需表达的内容只有零件模型内部一小部分时,可以使用局部剖视图,如图10.3.18所示。

图10.3.17 半剖视图　　　　　　　**图10.3.18 局部剖视图**

局部剖视图的建立方法与全剖、半剖视图类似,在选择剖切区域时,选取【局部】,如图10.3.19所示,然后选定局部剖视图内的一点并草绘样条表示视图范围,如图10.3.20所示。

本例参见随书光盘文件 ch10\f\ch10_3_example1_f3.drw。

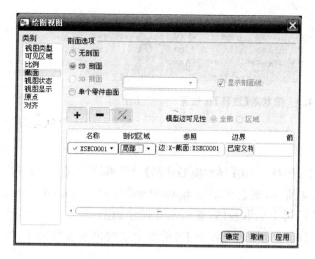

图 10.3.19　【绘图视图】对话框

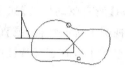

图 10.3.20　选取局部视图的范围

10.4　尺寸标注与公差

尺寸是完整的图纸所不可缺少的重要内容，Pro/Engineer 中的工程图是基于统一数据库建立的，其所有数据均来自与之关联的零件模型，所以工程图和零件模型之间有一个天然的相互关联性：修改工程图中代表零件模型参数的驱动尺寸会使模型发生变化，而修改模型同样也可改变工程图中模型的尺寸。

Pro/Engineer 工程图中主要的尺寸有两类。一类是由定义特征的参数生成的，如图 10.4.1 所示，图中的尺寸"5"是其所在特征的拉伸高度，是驱动特征的尺寸，故称为驱动尺寸。修改工程图中的这个尺寸值时，三维模型中特征的高度也会发生变化。工程图中另一类常用的尺寸称为从动尺寸，如图 10.4.2 中模型高度尺寸"15"。这类尺寸是设计者使用尺寸标注命令根据几何的边界标注的尺寸，它能反映所标注几何的形状和位置。当模型改变时这些尺寸也会随着更新，但它们不是模型中特征的尺寸，不能驱动零件模型，设计者不能修改尺寸值，只有当模型中与之相关的特征发生变化，这些尺寸才能相应发生变化。图 10.4.2 中模型的高度尺寸"15"是上下两个拉伸特征拉伸高度之和，当任一拉伸特征发生变化时，模型的总高度都有可能发生变动，所以这个尺寸为从动尺寸。

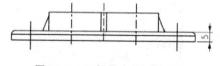

图 10.4.1　视图中的驱动尺寸

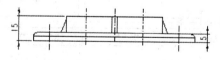

图 10.4.2　视图中的从动尺寸

工程图带状条中的【注释】属性页如图 10.4.3 所示，包括了所有尺寸、基准、表面粗糙度以及形位公差等注释性信息的建立工具。

图 10.4.3   带状条【注释】属性页

10.4.1   建立驱动尺寸

单击带状条【注释】属性页中的 图标,弹出【显示模型注释】对话框,单击【类型】下拉列表选取【所有驱动尺寸】如图 10.4.4 所示,消息区显示 ⇨ 选取图元进行尺寸标注或尺寸移动;中键完成。此时在视图上选取特征,或直接从绘图树上选取视图,显示驱动尺寸如图 10.4.5 所示,这些尺寸包括了所有定义特征的尺寸,同时【显示模型注释】对话框中也列出了这些尺寸,如图 10.4.6 所示。

图 10.4.4   选取要显示注释的类型

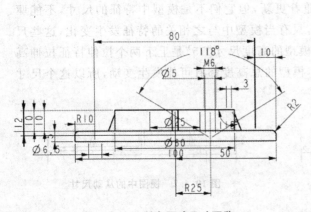

图 10.4.5   所有驱动尺寸预览

图 10.4.6   驱动尺寸列表

将鼠标放置在【显示模型注释】对话框列表中的尺寸上,图中对应的尺寸将高亮显示,若希望工程图中显示此尺寸可单击选取此尺寸前的复选框。单击【应用】按钮,视图中将仅显示被选取的尺寸,其余尺寸被拭除。

10.4.2　插入从动尺寸

驱动尺寸是建立特征时生成的参数,有时这些参数不足以表达工程图上的设计意图,需要在视图上添加额外的尺寸,这些人工添加的尺寸即为从动尺寸。从动尺寸反应了模型上特定几何的尺寸,也会随着模型的变化而更新,但却不能像驱动尺寸那样用来驱动三维模型。也就是说,从动尺寸与模型的关联是单向的,三维模型的改变能驱动从动尺寸,但反过来却不能更改工程图上的从动尺寸来驱动三维模型。

单击带状条【注释】属性页中的 ⊢⊣ 图标,弹出【依附类型】菜单如图 10.4.7 所示,可以插入"新参照"类型的从动尺寸。

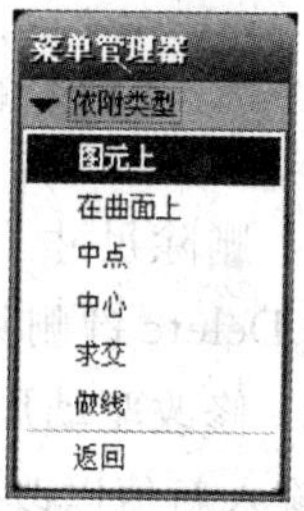

"新参照"从动尺寸的创建与草绘状态下标注尺寸的步骤类似。左键选取图形对象,中键放置位置。根据设计意图,选取下列依附类型之一作为尺寸界线。

- 图元上　尺寸界线位于选定的图元上。
- 中点　尺寸界线位于选定图元的中点处。
- 中心　尺寸界线位于选定图形的圆心。
- 求交　尺寸界线位于多个图元的交点处。
- 做线　参照当前模型视图方向的 x 轴和 y 轴。

图 10.4.7　【依附类型】菜单

例如,要想标注圆心到下边线的距离,在菜单上选取【图元上】菜单项,选择下边线作为第一条尺寸界线;然后在菜单上选取【中点】菜单项,选择圆;系统自动定位所选圆的圆心作为第二条尺寸界线,如图 10.4.8 所示;中键在要放置尺寸文本的位置单击,生成尺寸如图 10.4.9 所示。

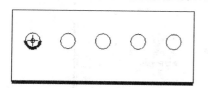

图 10.4.8　选取从动尺寸的参照

图 10.4.9　生成从动尺寸

10.4.3　尺寸编辑

驱动尺寸和从动尺寸均为模型的注释,完成标注后,在绘图树中将显示这些尺寸,如图 10.4.10 所示。

注意

仅当带状条处于【注释】属性页时,绘图树才显示注释。

图 10.4.10　绘图树中显示尺寸注释

　　在视图上单击选取尺寸,也可从绘图树上选取尺寸,被选中的尺寸上有活动点,如图 10.4.11 所示尺寸"15"。尺寸在选取状态下,右击弹出右键菜单如图 10.4.12 所示。对尺寸可进行如下编辑。

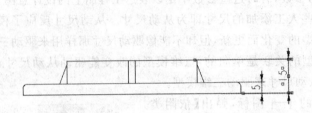

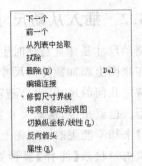

　　图 10.4.11　被选取的尺寸　　　　　　　　　图 10.4.12　尺寸的右键菜单

　　(1) 删除尺寸　选取右键菜单中的【删除】菜单项可删除此尺寸,也可直接在选取状态下按 Delete 键删除。

　　(2) 修改驱动尺寸数值　若选取的尺寸为驱动尺寸,双击尺寸数值,尺寸值变为输入框,可输入新值以改变特征参数。

　　(3) 移动尺寸　拖动尺寸或尺寸线,可移动尺寸位置或尺寸线起点。

　　(4) 反向箭头　选取尺寸,并选取右键菜单中的【反向箭头】菜单项,可将箭头反向到尺寸线内/外。

　　(5) 修改尺寸属性　双击尺寸,或选取尺寸并右击后选取右键菜单中的【属性】菜单项,弹出【尺寸属性】对话框如图 10.4.13 所示。可以修改尺寸值及其格式,单击【文本样式】属性页如图 10.4.14 所示,可修改其字体、字高等文本样式。

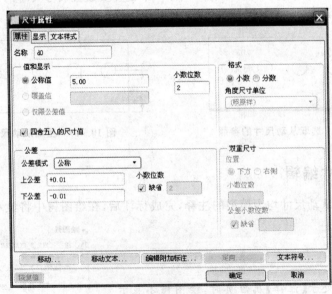

图 10.4.13　【尺寸属性】对话框

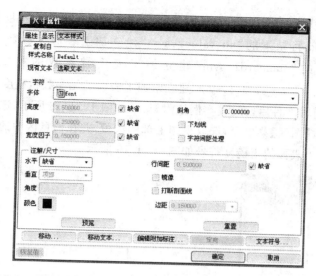

图 10.4.14　【尺寸属性】中的【文本样式】属性页

10.4.4　中心线的显示与调整

若模型中含有旋转特征、孔特征或草绘截面是圆的拉伸特征等,生成工程图时可调整显示其中心线。这些中心线同驱动尺寸一样,默认状态下是不显示的,需要设计者手动将其显示出来。

单击带状条【注释】属性页中的 图标,弹出【显示模型注释】对话框,单击打开 属性页,打开【类型】下拉列表如图 10.4.15 所示,选取【轴】。在此状态下选取特征或视图,可显示轴的预览,并且在【显示模型注释】对话框中将显示这些轴的列表,选取要保留的轴并单击【应用】按钮,完成轴的显示。

单击【取消】按钮关闭【显示模型注释】对话框后,单击可激活视图中的轴,如图 10.4.16 右侧轴所示,拖动轴端点上的活动点,可改变轴的长度。

图 10.4.15　选取要显示注释的类型为"轴"

10.4.5　添加表面粗糙度符号

单击带状条【注释】属性页中的 图标,弹出【得到符号】菜单如图 10.4.17 所示,可在视图中标注表面粗糙度符号。

图 10.4.16　激活视图中的轴

图 10.4.17　【得到符号】菜单

单击菜单中的【检索】菜单项,在弹出的【打开】对话框可选取粗糙度符号文件。常用的符号如 machined 目录下的 "no_value1.sym" 建立加工表面无参数粗糙度符号 ∀、machined 目录下的 "standard1.sym" 建立加工表面带参数的粗糙度符号如 ∀、unmachined 目录下的 "no_value2.sym" 建立未加工表面的无参数粗糙度符号 √ 等。

选取粗糙度符号文件后,弹出【实例依附】菜单如图 10.4.18 所示,选取粗糙度符号依附的对象。如选取【图元】菜单项,选取视图上部的线段,并在消息区中的输入框中输入粗糙度值,建立模型上表面的粗糙度符号如图 10.4.19 所示。

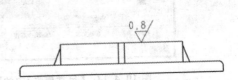

图 10.4.18　【实例依附】菜单　　　　图 10.4.19　建立表面粗糙度符号

10.4.6　尺寸公差

默认状态下,尺寸中仅显示公称尺寸值,即基本尺寸。选取尺寸值并右击,在其右键菜单中选取【属性】菜单项,弹出【尺寸属性】对话框,单击【公差模式】下拉列表,弹出尺寸公差的形式如图 10.4.20 所示。其中,【公称】表示仅显示公称尺寸,为默认选项;【限制】表示显示上下极限尺寸;【加-减】表示显示上下极限偏差;【+-对称】表示以 "±" 符号表达对称的上下偏差;【+-对称(上标)】表示以上标形式表达对称的上下偏差。各种公差形式如图 10.4.21 所示,最上端的 "99.99-100.01" 为基本尺寸为 100 的尺寸的【限制】公差,"$80^{+0.01}_{-0.01}$" 为尺寸 80 的【加-减】公差,"40 ± 0.01" 为尺寸 40 的【+-对称】公差,"$50^{\pm0.01}$" 为尺寸 50 的【+-对称(上标)】公差,其余都是以【公称】形式显示的基本尺寸。

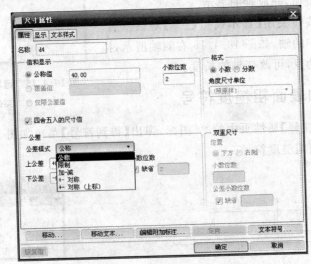

图 10.4.20　公差模式列表

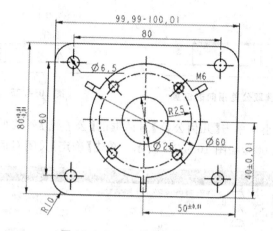

图 10.4.21 各种类型的公差

10.4.7 形位公差

形位公差可以在三维模型中建立,也可以在工程图中建立,本节讲述在工程图中建立形位公差的方法。

1. 形状公差

对于形状公差,因为没有基准,仅需建立形状公差标记即可。如图 10.4.22 所示,以在模型顶面建立平面度公差为例,讲述形状公差的建立过程。本例工程图参见随书光盘文件 ch10\ch10_4_example1.drw。

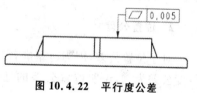

图 10.4.22 平行度公差

(1)激活命令 单击【注释】带状条中的 图标,弹出【几何公差】对话框,选取 图标建立平面度公差。

(2)选取模型参照 在【模型参照】属性页中,单击参照的【类型】下拉列表,选取参照类型为【曲面】并选取视图中最上部的水平线,此线代表模型上表面。

(3)指定类型 在【模型参照】属性页中,选取放置类型为【带引线】,如图 10.4.23 所示,选取公差要指向的位置,如图 10.4.24 所示,单击中键完成。在中键单击处显示公差如图 10.4.25 所示。

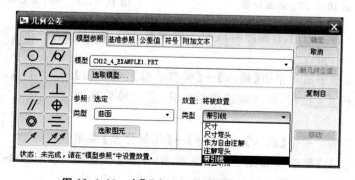

图 10.4.23 在【几何公差】对话框中指定类型

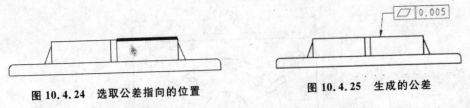

图 10.4.24   选取公差指向的位置   图 10.4.25   生成的公差

(4) 修改公差大小   单击【几何公差】对话框的【公差值】属性页,并在【总共差】输入框中输入公差大小 0.005,如图 10.4.26 所示。单击【确定】关闭对话框。

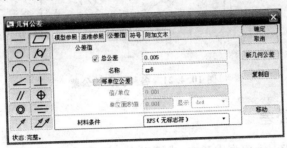

图 10.4.26   设定公差的数值

(5) 移动公差位置   单击激活公差,如图 10.4.27 所示,拖动公差位置至图 10.4.22 所示位置完成公差。完成后的工程图参见随书光盘文件 ch10\f\ch10_4_example1_f. drw。

2. 位置公差

对于位置公差,因为有基准,需要首先建立基准后再建立公差。以图 10.4.28 所示平行度公差为例,说明位置公差的建立方法与步骤。本例原始工程图参见随书光盘文件 ch10\ch10_4_example1. drw。

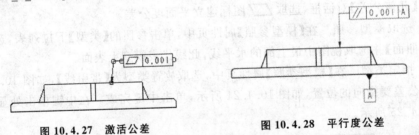

图 10.4.27   激活公差   图 10.4.28   平行度公差

(1) 打开文件   打开工程图对应的三维模型文件 ch10\ch10_4_example1. prt。

(2) 建立基准平面   单击【插入】→【模型基准】→【平面】菜单项或工具栏 ▱ 按钮,激活基准平面工具,穿过模型底面建立基准平面 A。

(3) 设置基准   单击【插入】→【注释】→【几何公差】菜单项,激活【几何公差】菜单项如图 10.4.29 所示,单击【设置基准】菜单项,并选取(2)中建立的基准平面 A,弹出【基准】对话

图 10.4.29   【几何公差】菜单

框,单击类型 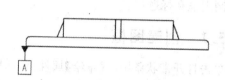 按钮,如图 10.4.30 所示。单击【确定】按钮完成。

（4）打开工程图文件 ch10\ch10_4_example1.drw　如图 10.4.31 所示,视图中显示了以上建立的基准 A,单击激活基准后可拖动其位置,如图 10.4.32 所示。

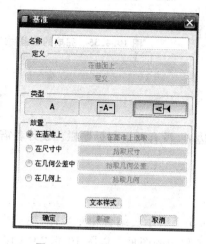

图 10.4.30　【基准】对话框

图 10.4.31　视图中的基准 A

（5）激活公差标注命令　单击【注释】带状条中的 图标,弹出【几何公差】对话框,在左侧选取 // 图标建立平行度公差。

（6）选取模型参照并指定类型　设置参照类型为【曲面】并选取视图中最上部的水平线。设置放置类型为【带引线】,单击选取视图上部的水平线上一点指定公差指向的位置,单击中键完成。显示公差如图 10.4.33 所示。

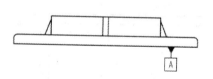

图 10.4.32　拖动修改基准的位置

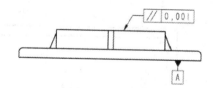

图 10.4.33　完成的公差

（7）选取基准参照　单击打开【基准参照】属性页,在【首要】基准参照中单击【基本】下拉列表,如图 10.4.34 所示,选取基准 A,公差如图 10.4.35 所示。

图 10.4.34　选取公差基准

（8）修改公差值　单击打开【公差值】属性页修改公差值，单击【确定】按钮完成。

（9）移动公差位置　单击激活公差，将其拖动至图 10.4.28 所示位置，完成公差。完成后的工程图参见随书光盘文件 ch10\f\ch10_4_example1_f2.drw。

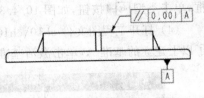

图 10.4.35　完成的公差

10.5　图框、表格与标题栏

使用系统默认模板建立的工程图，只有图纸边界，没有图框与标题栏。设计者需要自己绘制图框和标题栏。

10.5.1　创建图框

单击打开带状条中的【草绘】属性页，如图 10.5.1 所示。结合相对坐标、绝对坐标以及草绘器设置等工具，使用线段绘制命令可绘制工程图的图框。以图 10.5.2 中的图框为例，说明图框建立方法。本例参见随书光盘文件 ch10\ch10_5_example1.drw。

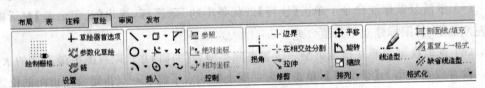

图 10.5.1　带状条【草绘】属性页

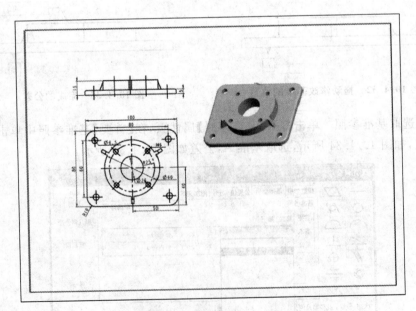

图 10.5.2　添加图框后的工程图

（1）设置草绘器　单击带状条【草绘】属性页中的 ╋ 草绘器首选项 图标，打开【草绘首选项】属性页，单击 ✏ 图标选中【顶点】捕捉，如图 10.5.3 所示。

（2）绘制第 1 条线段　单击带状条【草绘】属性页中的 ＼ 图标，激活线段命令，图纸的左下角处显示绝对坐标的原点。单击带状条中的 绝对坐标 图标，弹出【绝对坐标】对话框，输入 X 坐标 10、Y 坐标 10，如图 10.5.4 所示，单击 ✔ 图标绘制线段起点。

单击带状条中的 相对坐标 图标，弹出【相对坐标】对话框，输入 X 坐标 400、Y 坐标 0，如图 10.5.5 所示，单击 ✔ 图标完成线段终点。绘制的线段如图 10.5.6 所示。

（3）绘制第 2 条线段　捕捉第 1 条线末端，使用相对坐标 (0,277) 建立第 2 条线段。

（4）绘制第 3 条线段　捕捉第 2 条线末端，并使用平行、等长两个约束，建立第 3 条线段，如图 10.5.7 所示。

（5）绘制第 4 条线段　捕捉第 1 条、第 3 条线段的端点建立第 4 条线段。完成后的工程图参见随书光盘文件 ch10\f\ch10_5_example1_f.drw。

图 10.5.3　【草绘首选项】
对话框

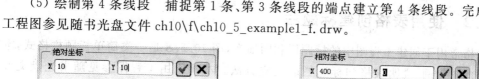

图 10.5.4　【绝对坐标】对话框　　　　**图 10.5.5　【相对坐标】对话框**

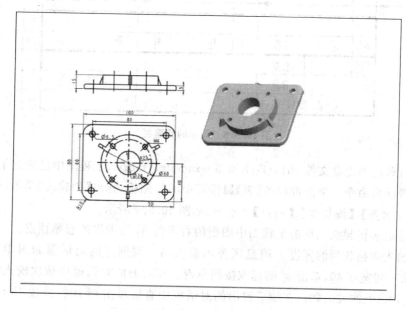

图 10.5.6　绘制图框的第 1 条线

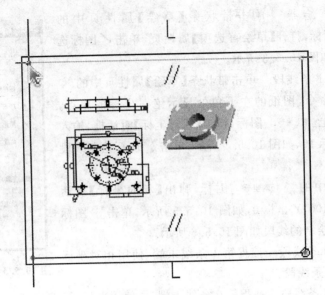

图 10.5.7 绘制图框的第 3 条线

10.5.2 使用表格创建标题栏

表格常用于创建工程图中的标题栏和明细表,图 10.5.8 是一类简单标题栏格式,本小节以此图为例,说明表格和标题栏的建立方法。本例所用工程图参见随书光盘文件 ch10\f\ch10_5_example1_f.drw。

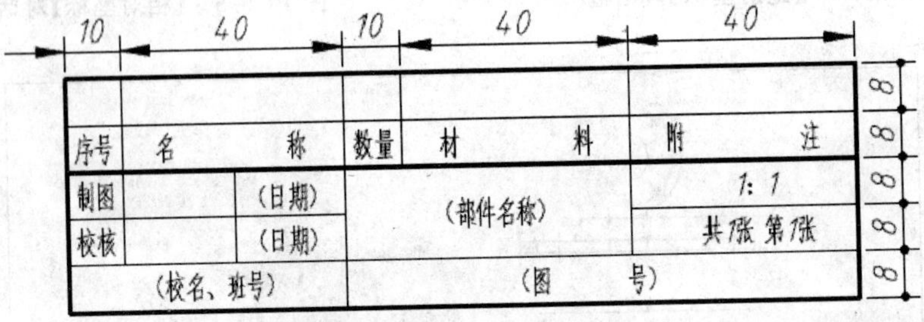

图 10.5.8 简单的标题栏

(1) 打开随书光盘文件 ch10\f\ch10_5_example1_f.drw,工程图中已建立了图框。

(2) 激活表命令 单击带状条【表】属性页中的 图标,弹出【创建表】菜单,依次选取【升序】、【左对齐】、【按长度】、【顶点】菜单项,如图 10.5.9 所示。

(3) 选取表格起点 单击工程图中图框的右下角,作为表格的起始顶点。

(4) 输入表格各列的宽度 消息区弹出输入第一列列宽的对话框如图 10.5.10 所示,输入第一列宽度 40,单击 图标或按回车键。在后面的对话框中依次输入第二至六列的宽度 40、10、20、20、10。在随后弹出的对话框中直接单击 图标或按 Enter 键结束列宽输入。

(5) 输入表格各行高度 消息区弹出输入第一行行高的对话框,输入第一行高度 8,

如图 10.5.11 所示。在后面的对话框中依次输入第二至五行的高度 8、8、8、8。在随后弹出的对话框中直接单击 ✔ 图标或按 Enter 键结束行高输入。

表格建立完成,如图 10.5.12 所示。

图 10.5.10　输入列宽提示

图 10.5.9　【创建表】菜单

图 10.5.11　输入行高提示

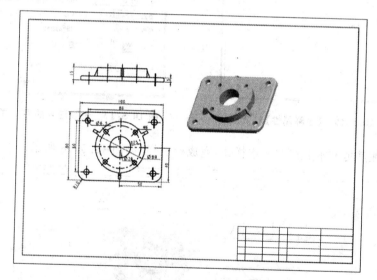

图 10.5.12　建立表格后的工程图

（6）合并单元格　单击带状条【表】属性页中的 合并单元格... 图标,弹出【表合并】菜单如图 10.5.13 所示。单击要合并的第一个和最后一个单元格,如图 10.5.14 所示,将这两个及其中间单元格合并为一个,结果如图 10.5.15 所示。

（7）合并其他单元格　按照图 10.5.8 所示合并其他单元格。

（8）添加文本并修改文本样式　双击左边第一列第二行单元格,弹出【注释属性】对话框,在【文本】属性页中写入单元格文本“序号”,如图 10.5.16 所示。单击【文本样式】属性页，修改字体为"font_chinexe_cn"、字高为5、水平对齐为"中心"，如图10.5.17所示。

首先单击此格　然后单击此格

图10.5.13 【表合并】
菜单

图10.5.14 依次单击要合并的
两端的单元格

图10.5.15 合并后的表格

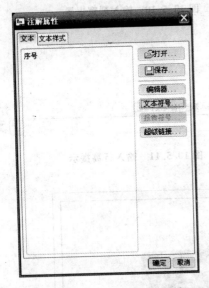

图10.5.16 【注释属性】对话框

图10.5.17 修改注释的文本样式

（9）添加其他文本并修改文本样式，完成标题栏，如图10.5.18所示。

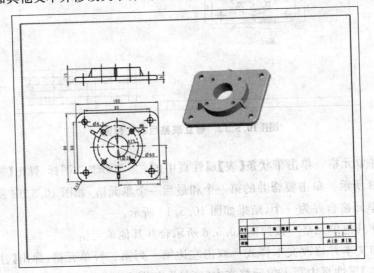

图10.5.18 完成标题栏后的工程图

本例参见随书光盘文件 ch10\f\ch10_5_example1_f2.drw。

10.6　图形文件格式转换

Pro/Engineer 软件中生成的工程图也可以转化为其他矢量图或位图格式。单击【文件】→【保存副本】菜单项,可以选取保存为 dxf、stp、dwg、pdf 等矢量格式,或保存为 iges、tif 等位图格式。

单击带状条中的【发布】属性页,如图 10.6.1 所示。选取 ⦿ 打印/出图图标可打印图纸,也可以选取"DWG"、"PDF"、"DXF"、"IGES"等格式将工程图保存为其他格式文件。

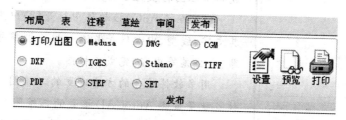

图 10.6.1　带状条中的【发布】属性页

以随书光盘文件 ch10\ch10_6_example1.drw 为例来说明文件格式转换的方法和过程。打开工程图,并单击带状条中的【发布】属性页。

(1) 发布 DWG 格式文件　在【发布】属性页中,选取 ⦿ DWG 单选框,带状条变为图 10.6.2 所示。单击带状条中的 按钮,打开【DWG 的导出环境】对话框如图 10.6.3 所示,从其顶端的【DWG 版本】下拉列表中可选择要生成 DWG 文件的版本,在下部各选项中可进行导出设置。单击 图标,打开【保存副本】对话框,选取输出路径并输入新的零件名称,工程图导出为 AutoCAD 格式,参见随书光盘文件 ch10\f\ch10_6_example1_f.dwg。

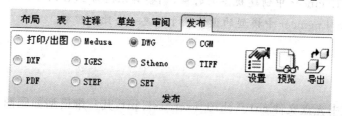

图 10.6.2　选取发布类型为"DWG"

(2) 发布为图片格式文件　在【发布】属性页中,选取 ⦿ TIFF 单选框,单击 图标,打开【保存副本】对话框,选取输出路径和零件名称,工程图导出为 tif 格式,参见随书光盘文件 ch10\f\ch10_6_example1.tif。

提示

Pro/Engineer 的特点及优势体现在其三维建模功能和"参数化"、"基于特征"、"单一

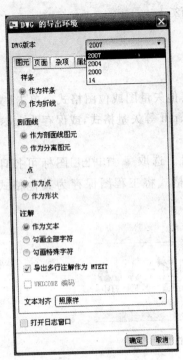

图 10.6.3 【DWG 的导出环境】对话框

数据库"、"全相关"等先进技术上,在二维图形的生成及操控方面 Pro/Engineer 显得较为笨拙。而 AutoCAD 为专业的二维图形绘制软件,其二维功能是大多数三维软件没法比拟的。所以很多设计者采用多软件结合的方法进行产品设计,其过程为:

(1) 在 Pro/Engineer 等三维设计软件中生成三维模型,并建立工程图文件,根据投影关系创建三维模型的各视图并生成尺寸、注释等内容。

(2) 利用工程图的图形文件格式转换功能,将已生成的工程图转换为 DWG 文件。

(3) 在 AutoCAD 软件中打开(2)中生成的文件,对其文字、线型、中心线等做进一步的调整并生成图框、标题栏、公差等内容,完成工程图。

用多软件结合的方法建立的二维图,有一个明显的缺点就是最终 AutoCAD 格式的二维图和三维软件中的三维模型没有关联。如果三维模型变化了,需要重新生成工程图并转换为 AutoCAD 格式,或直接手工修改 AutoCAD 图形。

为了使转换前后的图形尺寸相同,要注意以下两个问题:

• 在 Pro/Engineer 中由三维模型生成工程图的时候,要保持单位的统一,即:要么两者都使用 in 作为单位,要么使用 mm,否则转换到 AutoCAD 中的图形将与模型设计尺寸相差 25.4 倍的转换倍数。

• 在 Pro/Engineer 中创建视图的时候,调整其比例为 1,否则导出的 AutoCAD 图形的尺寸会与 Pro/Engineer 中模型的设计尺寸相差一个比例倍数。

习题

1. 打开随书光盘文件 ch10\ch10_exercise1.prt,其三维模型如题图 1 所示,创建其工程图,如题图 2 所示。

2. 建立题图 3 所示实体,并以此实体为模型建立工程图如题图 4 所示。要求所建立的工程图要与图示一致,包括视图、尺寸、中心线、箭头样式等内容。

题图 1　习题 1 实体图

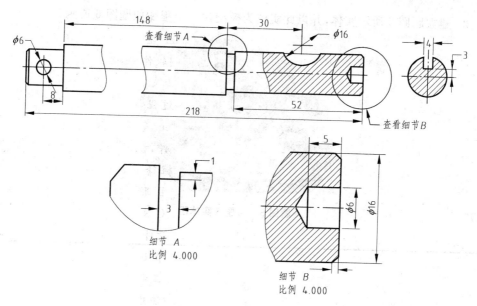

题图 2　习题 1 工程图

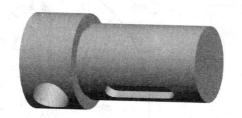

题图 3　习题 2 实体图

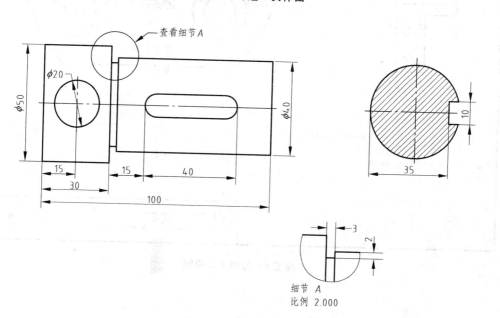

题图 4　习题 2 工程图

3. 建立题图 5 所示实体,并以此实体为模型建立工程图如题图 6 所示。

题图 5　习题 3 实体图

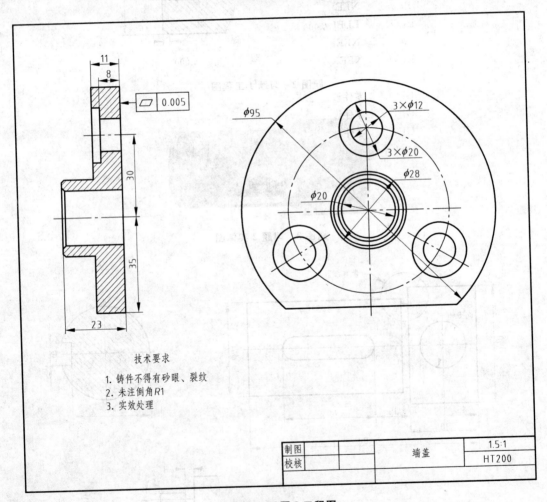

技术要求

1. 铸件不得有砂眼、裂纹
2. 未注倒角 R1
3. 实效处理

| 制图 | | | 端盖 | 1.5:1 |
| 校核 | | | | HT200 |

题图 6　习题 3 工程图

参 考 文 献

1. 丁淑辉,曹连民. Pro/Engineer Wildfire 4.0 基础设计与实践. 北京：清华大学出版社,2008
2. 林清安. Pro/ENGINEER 野火 4.0 中文版工程图制作. 北京：电子工业出版社,2008
3. 大连理工大学工程画教研室. 机械制图. 第 5 版. 北京：高等教育出版社,2003
4. 孙桓,陈作模. 机械原理(第 6 版). 北京：高等教育出版社,2001
5. 宁汝新,赵汝嘉. CAD/CAM 技术(第二版). 北京：机械工业出版社,2006
6. 詹友刚. Pro/ENGINEER 中文野火版教程——专用模块. 北京：清华大学出版社,2004
7. 詹友刚. Pro/ENGINEER 中文野火版教程——通用模块. 北京：清华大学出版社,2003
8. 周四新,和青芳. Pro/ENGINEER Wildfire 基础设计. 北京：机械工业出版社,2003
9. 王雷. PRO/ENGINEER WILDFIRE 2.0 造型设计入门教程. 北京：中国铁道出版社,2005
10. 佟河亭,冯辉. PRO/ENGINEER 机械设计习题精解. 北京：人民邮电出版社,2004
11. 龙马工作室. PRO/ENGINEER WILDFIRE 2.0 中文版完全自学手册. 北京：人民邮电出版社,2005
12. 林清安. Pro/ENGINEER 零件设计——基础篇(下). 北京：北京大学出版社,2000
13. 林清安. Pro/ENGINEER 零件设计——高级篇(上). 北京：北京大学出版社,2000
14. 林清安. Pro/ENGINEER 零件设计——高级篇(下). 北京：北京大学出版社,2000